电子技术随笔
一位老电子技术工作者的心得
（第 2 版）

奚大顺　编著

北京航空航天大学出版社

内 容 简 介

本书是作者在多年教学、科研和产品开发中积累的点滴心得、经验与教训的小结，以作者自身的技术经历，从一个侧面展示电子技术的发展历程；着重介绍了电子元器件的使用方法，记述了对若干模拟电路、数字电路的理解及设计心得，也谈及数字万用表、数字示波器的一些使用经验。内容浅显，通俗易读，紧密结合实践。

本书可供电子专业本专科学生在学习模电、数电及其他相应课程时参考，也可以作为电子设计竞赛培训的辅助读物，同时也能为电子技术工作者借鉴。

图书在版编目(CIP)数据

电子技术随笔 / 奚大顺编著. -- 2 版. -- 北京：
北京航空航天大学出版社，2021.7

ISBN 978 - 7 - 5124 - 3237 - 6

Ⅰ. ①电… Ⅱ. ①奚… Ⅲ. ①电子技术－高等学校－
教学参考资料 Ⅳ. ①TN

中国版本图书馆 CIP 数据核字(2020)第 021049 号

电子技术随笔
一位老电子技术工作者的心得(第 2 版)
奚大顺　编著

策划编辑　胡晓柏　　责任编辑　胡晓柏　张　楠

*

北京航空航天大学出版社出版发行

北京市海淀区学院路 37 号(邮编 100191)　http://www.buaapress.com.cn
发行部电话：(010)82317024　传真：(010)82328026
读者信箱：emsbook@buaacm.com.cn　邮购电话：(010)82316936
涿州市新华印刷有限公司印装　各地书店经销

*

开本：710×1 000　1/16　印张：20　字数：426 千字
2021 年 7 月第 2 版　2021 年 7 月第 1 次印刷　印数：3 000 册
ISBN 978 - 7 - 5124 - 3237 - 6　定价：59.00 元

第 2 版前言

以耄耋之年，仍念念不忘我之最爱——电子技术，念念不忘把所得的不登大雅之堂的点滴知识，告知初学者。

第 1 版遗憾的是，竟然对应用无孔不入的 MCU 没有交代。此次再版必须补上，这是第 2 版与第 1 版的最大不同之处。考虑到当前的应用热点，基本以意法半导体的 STM32F103 为主。

其他章节只做了少量的补充，也纠正了个别错误。

成稿过程中，刘静硕士编写了部分程序，校读了第 5 章；张涛工程师和其他一些研究生也给了不少的帮助，在此一并致谢！

奚大顺
2020 年 1 月于成都理工大学

前　言

余浸淫电子技术多年。就个人而言：1953 年去中药铺买"自然铜"，实现了第一个电子处女作——"矿石收音机"；1956 年从绕电源变压器入手，制成一台电子管五灯收音机；如今，VSLI 超大规模集成芯片成了我的常用器件。使用的工具从一台万用表、一把电烙铁（有时甚至是紫铜的火烙铁），到须臾不能离开的计算机和各种数字仪表，不禁令人感叹电子技术的飞速发展。20 世纪 50 年代中，电子技术大概包含有线、无线通信，广播，雷达，无线电测量仪器等有限的几个领域。之后计算机的横空出世，将电子技术带入一个"信息大爆炸"的时代。有人称："电子技术的知识每 10 年淘汰一半"，所言非虚也。

笔者 60 余年来在教学、科研和产品开发工作中，几乎每天都在不停地碰到各种技术问题，不停地解决问题。其中酸辣苦甜，五味杂陈，然则孜孜不倦，乐此不疲。如今年逾古稀，电子技术仍然是日常的"娱乐节目"。回首往昔，虽然始终以"遍插桃李满天下，无怨无悔效烛光"自勉，也只不过是个平凡的"教书匠"和一位电子技术应用工程师而已。

这本随笔试图从笔者自身的技术经历，将半个多世纪电子技术的发展历程，作为科普知识介绍给诸君。元器件是电子设备的基石，比较全面地了解其特性，尤其怎么用好它，仍然值得关注。模拟电路令不少人觉得有点麻烦，笔者希望能将教学和实践中的一些心得与君共享。数字技术大家比较熟悉，故本书只谈了一些平时不大注意的小问题。万用表、示波器只有些许点滴知识。

本书内容浅显，尽量不涉及深奥的理论，易读易懂，比较适合正学习模电、数电等学科的小友阅读，也希望对广大电子工作者有所助益，这是笔者写作此书的初衷。

成书中，老友周航慈、刘怀宜、何为民、陆坤等提出了许多中肯的建议，同时也得到廖斌、蒿书利、蔡顺燕、王洪辉、任骏、肖婷婷、谢群芳等博士、硕士多方面的帮助，在此一并致谢！

当今电子技术浩若瀚海，笔者仅"取一瓢饮"，所谓"经验、心得"更是常失偏颇，真诚地希望与读者交流。

奚大顺

2015 年 1 月于成都理工大学

目 录

电子技术随笔（第2版）

第 **1** 章

龙门阵

1.1　半导体器件出现前电子技术的有源器件——电子管

在 20 世纪 60 年代以前,电子电路的有源器件完全靠电子管(又称真空管)这一"栋梁"来完成。

典型真空三极管的符号如图 1.1(a)和图 1.1(b)所示。其中图 1.1(a)中的 F 脚是三极管的灯丝,灯丝体由钨丝制成,表面涂覆有低逸出功的碱土金属氧化物(如氧化钍——既有很高的电子逸出率,又耐高温),当加上灯丝电压,灯丝被加热后,在阳极正电压的作用下将向外发射电子流。图 1.1(b)中的灯丝在外面套了一个金属圆筒,其表面涂覆碱土金属氧化物,称为"阴极",灯丝加热后由阴极发射电子。图 1.1(c)为三极管横截面结构示意图。在密封并被抽真空或充满惰性气体的玻璃壳(C)中部为灯丝或阴极(K),阴极外是由金属细丝一圈一圈绕成的"栅极"G。一方面,由于栅极靠近阴极且加有适当的负电压,对阴极发射的电子流有一定的排斥作用;另一方面,栅极呈栅栏状,它又不会阻挡电子流主流奔向阳极,栅极的这种结构使得叠加于栅极的信号电压可有效控制阴极流向阳极的电子流,从而在阳极回路的负载电阻上得到放大后的信号电压。栅极外部则为桶状的阳极(板极)A,它负责收集电子流。小功率管屏极的材料最主要的是镍和电镀镍的铁。

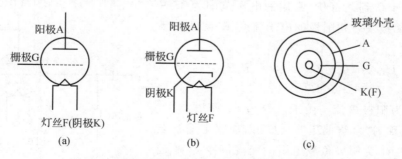

图 1.1　真空三极管的符号及电子管的横截面图

电子管各国命名方法不尽相同。以我国而言,它由 4 个字符组成:

第一个字符代表灯丝电压的整数值,如 6 代表灯丝电压为 6.3 V。图 1.1(a)直热式电子管常用的灯丝电压为 1.2 V、1.5 V、2.5 V、5 V,灯丝电流为几十到几百毫安。图 1.1(b)旁热式电子管的常用灯丝电压为 6.3 V、12.6 V,灯丝电流在几百到几安之间。

　　第二个字符代表电子管的类型,如 A 为七极变频管,B 为双二极五极复合管,C 代表三极管,D 为小功率二极检波/整流管,E 为调谐指示管(这是一种指示收音机调谐情况的阴极射线管),F 为三极/五极复合管,G 为双二极/五极复合管,H 为双二极检波小功率管,J 为锐截止电压放大五极管,S 为高跨导四极管,Z 为整流二极管。

　　第三个字符代表该类管的序号。

　　第四个字符为汉字拼音字母,代表管子的外形,如 P 为标准的 8 脚玻壳管(图 1.2(a)),无第四个字符则为花生管(拇指管),见图 1.2(b)。比它更小的叫"橡实管"。

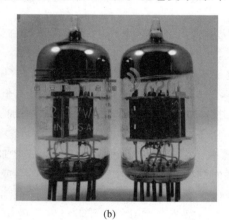

(a)　　　　　　　　　　　　　(b)

图 1.2　电子管外形

真空三极管构成的典型放大电路如图 1.3 所示。图中灯丝加的是交流电压。阳极的直流供电电压为几十伏到几百伏,常用的电压范围为 45～250 V。阴极发射到阳极的电子流受栅-阴间电场控制。

$$U_{GK} = U_G - U_K = U_G - I_A R_K$$
$$- I_A R_K < 0 \qquad (1.1)$$

式中 I_A 为阳极电流。由 R_K、C_K 产生栅极负压,这种电路称为"自给偏压"。也可以加固定偏置电压。图中 R_2 为阳极负载电阻。交流信号 v_i 通过 $R_1 C$ 耦合电路叠加于栅极,从而控制了阳极电流:

$$U_A = E - I_A R_2 \qquad (1.2)$$

而交流输出电压:

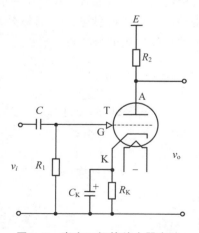

图 1.3　真空三极管放大器电路

$$v_。= - i_A R_2 \tag{1.3}$$

式中，i_A 为阳极电流的交流成分。

电子管的工作情况与 N 沟道 MOS 管十分近似，是一种消耗信号源电能很少的电压控制器件。其最重要的参数也是跨导：

$$S = \Delta I_A / \Delta V_G \tag{1.4}$$

S 一般在几到几十毫安/伏。其他参数还有对高频特性十分重要的极间电容以及最大阳极电流、最大阳极耗散功率等。

表 1.1 为 2A3(美、日名称)型三极管做功率放大时的一些参数。

表 1.1　2A3 的标准工作参数

类　别	阳极电压 /V	阳极电流 /mA	栅负压 或 R_K	负载阻抗 /kΩ	输出功率 /W	谐波失真 /(%)	备　注
A 类单管	250	60	−45 V	2.5	3.5	5	固定栅负压
A 类单管	295	60	750 Ω	2.5	3.5	5	阴极自给栅负压
A 类推挽	300	80/147	−62 V	3	15	2.5	固定栅负压
A 类推挽	300	80	750 Ω	5	10	5	自给栅负压

电子管的种类较多。图 1.4(a)为直热式双二极小功率整流管。图 1.4(b)为旁热式共阴极双三极管。图 1.4(c)为四极低频功率管，其中 7 脚为控制栅极(第一栅极)，2、9 脚为廉栅(第二栅极)，和阴极连在一起斜放的电极称"屏栅"，它使电子流集中流向阳极。图 1.4(d)为电压放大五极管，和阴极连在一起的称第三栅极。图 1.4(e)为三极/五极复合管，它可完成振荡、混频和低放的作用。图 1.4(f)为三极/四极复合管，可完成前级电压放大和后级功率放大的作用。图 1.4(g)多了第四、第五两个栅极，通常做变频用。图 1.4(h)为调谐指示管，其中一种在端面显示调谐情况，如

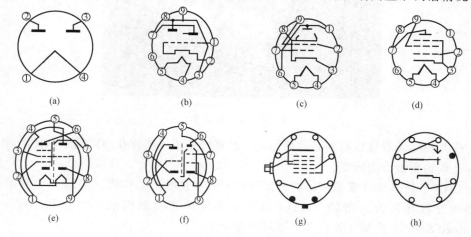

(a)　　　　(b)　　　　(c)　　　　(d)

(e)　　　　(f)　　　　(g)　　　　(h)

图 1.4　几种电子管

图 1.5 所示,图中绿色荧光区的大小由指示管栅极电压控制,以显示调谐情况,调谐准确时不发光面积最小。另一种为侧面显示。

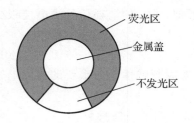

荧光区

金属盖

不发光区

图 1.5   端面型调谐指示管工作示意图

电子管设备和当今半导体设备在使用时有一个明显的区别,就是它需要几十秒给灯丝加热方能工作,并且工作时可以清楚地看到暗红色的灯丝。也就是说,一台电子管收音机,打开电源后,要等待一段时间,声音才会出现,并且逐渐加大。

时至今日,电子管并未退出历史舞台,在某些场合继续发挥着"余热",例如在频率特性、失真度、功率都要求很高的音频功率放大器(胆机)中仍大显身手。

1.2   从电视剧《潜伏》中的"雷人"录音机说起

前些年在脍炙人口的电视剧《潜伏》中,余则成身陷绝境,靠一部袖珍录音机,巧妙地移花接木,挽狂澜于既倒,绝地反击,赢得了胜利。这个道具——袖珍录音机无疑起到了决定性的作用。图 1.6 为剧中余则成号称"德国造"的袖珍录音机。Potsdam 是德文,意指"波茨坦","专用"两个汉字符合当时的书写习惯,也可以解释为保管室加的。但是这明显就是一台盒式磁带录音机。

图 1.6   袖珍录音机

作为袖珍录音机核心的有源器件——晶体管或集成器件在当时尚未出世。

下面简单地介绍历史:

1947 年美国 Bell 实验室研制出世界第一只点接触式晶体管。1954 年世界第一台晶体管收音机投入市场。为此,1956 年威廉·布拉德福德·肖克利(William Bradford Shockley)等 3 人获得诺贝尔物理学奖。

也就是说在 20 世纪 50 年代之前，电子设备（收音机、收发报机、录音机等）的有源器件只能采用真空管。真空管在 20 世纪 40 年代前也在朝着低功耗、小体积发展，如灯丝电压降到 1.2 V，阳极电压下降到 30～45 V，体积则小至"花生管"。但高的阳极电压和大的整机功耗，使其要么由手摇发电机供电，要么由高电压的"B"电（其中最常见的一种由 60 节 1.5 V 一号电池串联而成，体积约为宽 35 cm、高 21 cm、深 6 cm 的长方体，电压值 90 V）和"A"电（一种大体积、特制的 1.5 V 电池，圆柱形，直径约 6 cm，高约 18 cm）作为灯丝电源，图 1.7 为这两种电池的外形示意图。

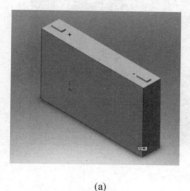

(a)

(b)

图 1.7　A、B 电池

再看看录音机的发展：

1898 年丹麦的波尔森（Valdemar Poulsen）利用钢琴线录音获得专利。1949 年美国 Magnecord 公司开发出一种双轨录音机。1964 年在晶体管应用已成熟的基础上，Philips 公司推出了携带式录音机。

综上所述，在《潜伏》故事发生的当时（1945—1949）是不可能有剧中的那种袖珍录音机的。

1.3　电视剧中"穿帮"的电子设备

描写 20 世纪 50 年代前的谍战剧、战争剧遍地开花，其中必不可免地都会出现各种电子设备，试举几种来与诸君共享。

1.3.1　微型窃听器

微型窃听器早已成了编剧为了编造剧情而得心应手的利器。图 1.8 为《潜伏》第 1 集开篇就出现的微型窃听器（箭头所示），安装在灯柱顶的小黑色物体。这玩意还被安装在电话机里、桌子底部、画轴里不一而足。试问以当时的电子元器件及电池制作水平，能做出这种无线（无一例外）的、可长期工作、有相当传输距离的微型窃听器吗？要知道 1954 年才出现以晶体管为核心的收音机。何况高能量的微型的电池又怎么解决？

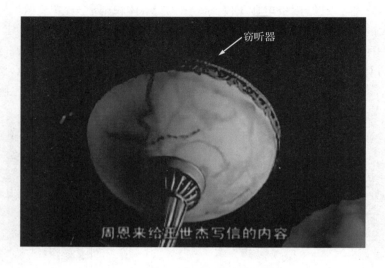

图 1.8 微型窃听器

1.3.2 收发报机

收发报机是谍战剧或战争剧绝不可少的。收发报机分成交流供电的台式和由电池或手摇（脚踏）式发电机供电的便携式两种。它们工作在短波或中波波段，普通收音机可以收听到电码声。一般用脉冲调制的电码发报，但也可以直接通话（主要是业余无线电爱好者使用）。发报机利用电波持续时间的短、长（点、划）代表字符。其中以莫尔斯码应用最广，它由美国人艾尔菲德•维尔发明。例如"．—"代表 a，"———"代表 o。

为保守信息的秘密需要进行严格的编码与相应的解码。加、解密可以用机器或人工进行。二战期间最著名的"埃尼格玛"（ENIGMA，意为哑谜）密码机（电视剧《五号特工组》中出现）如图 1.9 所示，它可以进行电码的加密与解密。希特勒错以为它是不可破解的，结果被英国在几位波兰科学家（波兰三杰）的帮助下成功破解，这一"超级机密"的破解对战争起到了重大影响。

图 1.9 "埃尼格玛"机

反对对美战争，但又策划和实施了"偷袭珍珠港"的日酋山本五十六，也是在被美海军破译日军密码的情况下，行踪暴露，被复仇者击毙在荒岛。

在许多谍战剧、战争剧中出现的收发报机，如图 1.10 所示，实际是 20 世纪 70 年代我国的产品，面板上 TO-3 封装的晶体管清晰可见（箭头所示）。

图 1.10　20 世纪 70 年代国产的收发报机

图 1.11 是延安时期新华社用过的小型收发报机和手摇发电机。其中手摇发电机就是为电子管提供高压和灯丝的电源，也是解放战争时部队无线电收发报机必备的装备。

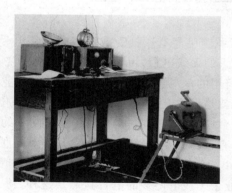

图 1.11　延安时期新华社用过的小型收发报机

图 1.12 则是刘邓大军挺进大别山期间使用过的 S-38 型收发报机——一台功勋设备。它是美国 20 世纪 40 年代生产的军用收发报机。该机长 33 cm，宽 19.5 cm，高 19.5 cm，收听频率范围广，从中波到短波，机内自带扬声器，可不戴耳机直接收听、抄报。除按电键发报外，还可外接话筒，使用明语直接通话。

图 1.12　S-38 型收发报机

国共合作期间，家父曾为八路军西安办事处制造过一批收发报机，对抗战做出了贡献。

1.3.3　录音机

在第二次世界大战期间德国已将录音机应用于无线电广播，着实让盟军迷惑了一阵，但是像《潜伏》中的那种盒式磁带录音机确实是子虚乌有。谍战剧、战争剧中出现的各种电子设备大可不必求全责备，它们无非是个道具，说明有这样东西而已，只不过在电子工作者眼中有点不伦不类罢了。

1.4　新中国成立前的无线电台

20 世纪三四十年代我国已经有一批为数不多的无线电爱好者。他们一项重要的活动就是建立自己私人的无线电台，可谓"无线电台的发烧友"。当时的无线电台大体分 3 类：一类是政府用的；一类是商业电台，专门传递商业信息；一类就是爱好者拥有的业余电台。家父就是一位专业无线电工作者，也是一位痴迷的无线电台的发烧友。回忆起来当时电台应该是工作在短波波段，发射功率约为几瓦到十几瓦，用的是语音通话。每个电台有自己的"呼号"（由英文字母和阿拉伯数字组成），印有一张约莫 15 cm×40 cm 大小的漂亮的卡片，上面大字为自己的呼号，小字为个人信息。图 1.13 为当时的中国业余无线电协会的电台执照。这种"协会"就是一个专业学术团体罢了，和当今的"电子学会"没什么差异。

坐在电台前，先开通发射状态，不停地报出自己的呼号。然后转为接收状态，听听有无回应。一旦有回应，两者就联系上了。接着就互寄卡片。记得当时屋里的一面墙贴满了形形色色的卡片，十分吸引眼球。卡片以国内的居多，也有国外的。

短波电台信号不稳定，声音时有时无、时大时小、通信距离时远时近。当代业余无线电爱好者可以建立自己的电台。

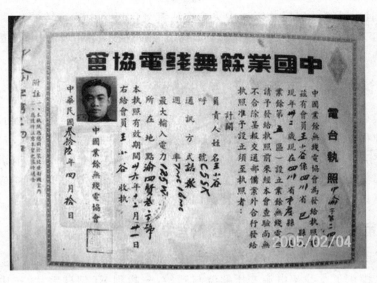

图 1.13 当时的电台执照

1.5 我的第一个……

1.5.1 第一个电子作品

那已经是 1953 年的事了。作者制作的"矿石收音机"核心部件检波二极管,用的是从中药店买的"自然铜"。把它敲成碎块,挑出大小合适、结晶面多的一小块,装在买来的一个小小的专用矿石支架上,支架有两个固定脚,支架面对矿石的另一端装有固定在万向球上的调节杆,杆接触矿石的是一根弹性金属丝。调整调节杆寻找最佳的接触点(见图 1.14)。现在看来,这实际上就是形成了一个点接触的氧化铜半导体二极管。天线绕组是在直径数厘米的硬纸圆筒上自行绕制。调谐用的是 270 pF 空气介质的双连电容器。耳机是德国"德律风根"牌的。在三楼的顶楼安了个"蛛网"天线。这些无线电知识是从给业余爱好者看的书上学到的。可惜,现在很少看到此类书籍了!

图 1.14 矿石支架

这台小小的矿石机,可以把耳机放在桌上清晰地收听中央人民广播电台,愉悦之情,自不待言,也使我自此沉迷"无线电",一生乐此不疲! 至于不在北京怎么能收听中央台，当时也不懂。以后才听说中央台在成都郊区凤凰山建有转播台。

1956 年高考填写志愿，不论重点大学还是一般院校，全部填的是"成都电讯工程学院"（现为电子科技大学），皇天不负有心人，得偿所愿。

1.5.2　读的第一本无线电专业书籍

高中最后一年，酷爱历史的我，已经知道"雷达"在二战中的赫赫战功，所以很想了解这个神秘的装备到底是怎么回事，于是从四川省图书馆借了一本《雷达原理》的书。这本书有二三百页。兴趣盎然地读了起来，谁知只有第一章第一节讲电磁波探测原理的那部分还能读明白。到后面的内容，什么磁控管等就只有望洋兴叹了。第一本专业书籍的阅读就此结束，连"浅尝辄止"都谈不上。

1.5.3　制作的第一台电子管收音机

那是 1955 年的事了。记得当时还是有几本业余无线电爱好者读物的，我参考的是哪些书已模糊了。我从电源变压器绕制开始：先找到 EI 型硅钢片，按中心的大小做一只木心，中心钻孔，以便套在绕线机上。用厚纸板套在木心上做线圈的骨架。用绘图纸做导线层间绝缘。按每匝十几圈的比例，先绕制 220 V 的初级绕组，再绕制 250 V 的高压绕组，最后用粗导线绕制 6.3 V 的灯丝绕组。用黄蜡绸垫在导线下直接将引线引出。交叉插上硅钢片并敲紧，一只变压器就算搞定。

我没有做过再生式、来复式，直接做超外差式。记得本机振荡和混频用的是七极管 6A2，中频放大是 6K4，检波、低放是双三极管 6N1，功放是 6P1，整流是 5Y3。调谐是 50～270 pF 空气介质双联，中频为 465 kHz。输出为甲类，输出变压器买的成品，输出功率约 5 W，用的是"飞乐"牌纸盆扬声器。它只能工作在中波波段。这台收音机在成都只能收几个电台，即使如此，也使制造者陶陶然了好些日子！

1.5.4　参加的第一个科研项目

1960 年，在恩师张世箕、陆玉新老师的指导下，和几位同学组成了一个小组，仿制苏联的一种台式电子管电压表，我们的主要参考资料只有一本俄文的仪器手册。从消化电路到自己焊接、调试，历尽波折，总算完成任务。事后，同学们委托我为全班同学介绍了试制的全过程。当时我们的专业是"无线电测量仪器设计与制造"。专业课"无线电测量仪器设计与制造"是年轻的张世箕老师讲授的，我是他的课代表，也是恩师直接带我参加了学校组织的制造收音机的勤工俭学活动。

张世箕教授 1929 年出生，广东东莞人，1952 年毕业于中山大学电机系，师从苏联测量仪器专家罗金斯基，后任成都电讯工程学院无线电技术系和自动化系主任，中国电子学会电子测量与仪器专业学会副主任。

1.5.5　制作的第一个 PCB

还是在 1960 年，听说有一种新电路板叫"印制电路"，后来不知从哪里得到了一块覆铜板，想试着做做。做什么呢？本来做几条导线，钻几个小孔，焊上几只元件就很圆满了，真不知从哪里来了灵感，竟然打算做最难做的电感。用油漆在不大的覆铜板上画了几圈渐近线。油漆干透，浸入三氯化铁溶液，腐蚀掉油漆未覆盖部分，清洗后用丙酮去除油漆，于是一块印制电感就大功告成。其实，这套工艺现在还是业余电子爱好者的拿手活。不过这个印制电感只是徒有其表，没有用在电路里，甚至连它的电参数也没测量过就寿终正寝。

1.5.6　参加的第一个合作"研制"的电子产品

1968 年，在江西省除了"共产主义劳动大学"保留外，所有高校全部解散，本人在农村安家落户期间，幸亏靠一本科学出版社出版密尔曼著的《脉冲电路》，自学了其中的电视技术的相关知识，对电视有了了解。就仗着这点本钱，我和其他几位老师筹建"黎川电视机厂"，并被抽调到上海无线电四厂参加了一台 16 英寸晶体管-电子管混合电视机的研制。我参加的是高频头的调试，照着已设计好的图纸，靠扒拉调谐线圈，满足频率特性的要求：既要满足频宽要求，又要满足增益要求。幸好还有扫频仪可用，就这样调好 VHF、UHF 和 XX 三个频段，通常要花一周的时间。好在总算做成一台，到刚刚组建的江西电视台试看，尚属正常。

虽说该电视机被列入当年"四机部"（现"工业和信息化部"）的新产品简报，实际上我们只是进行了装配和调试，谈不上"研制"。

1.5.7　开设的第一门电子课程

1961 年，我为电子专业大二的学生开设了平生讲授的第一门课程——"电子学"。第一章讲电子管。由于整门课 120 多学时，每学时 50 分钟，时间充裕，所以光是讲二极管就花了 2 个学时。全课涉及整流、放大等经典模拟电路，也包括触发器、计数器、数码显示器等数字技术的内容。

一个比学生大不了几岁的毛头小伙，第一次讲课竟非常受欢迎，这让我喜出望外，感到从未有过的成就，这也确立了我一生从事教育事业的志向。

为配合课堂教学，开课前几位教研组的老师自制了实验板，当时的"二机部"（后来的"核工业部"，现在的"中国核工业集团公司"）"财大气粗"，电子器件、实验仪器种类齐全。

1.5.8　合作试制的第一种数字实验仪器

20 世纪 60 年代初，脉冲发生器在学校是得不到的，示波器也只有模拟的，如 SB10 等型号之类，倒也适用。李智仁老师设计了一台全部由电子管构成脉冲发生器。教研组老师全部动手，焊接、组装、调试，圆满完成任务。记得仪器的底板是自行加工，木头机箱，玻璃纤维面板，请人喷字。所需的零星元器件是到上海采购的，好在02 单位（二机部）介绍信备受优待，通行无阻，能买到一般单位买不到的东西。上海是我们电子元器件、零星材料甚至紧固件的唯一供应地。

1.5.9　接触的第一台晶体管仪器

20 世纪 70 年代初，学校接到了一台苏联的新型 γ 辐射仪，这是一种便携式野外用铀矿普查仪器。打开仪器才看到是全晶体管的。现在来看那种仪器应当属于数字仪器。它采用 NaI 晶体、光电倍增管型的闪烁探测器。仪器将探测器输出的 mV 级的电脉冲先行放大，然后整形为矩形脉冲，再由二极管、电容组成的泵计数率电路转换为电流信号，由 μA 表显示辐射强度。仪器使用前需由固体镭源标定。仪器及晶体管的型号不复记忆，但已感到晶体管低功耗的无比优越的性能，必将成为电子设备的主流。从此开始学习、掌握这一新型器件。

1.5.10　编写的第一本电子教材

由于教课的学生主要是"放射性地球物理勘探"专业的，电子专业的教材显然过于庞大，国内又没有适用的教材，于是只能自己编写。教材的名称为《电子学》，内容涵盖：电路分析基础最基本的知识、经典模拟电路、以分立元件构成的数字电路，还包括由苏联列宁格勒矿业学院教材翻译过来的部分放射性仪器单元电路的内容。插图有一些由学生绘制，比较粗糙。教材为小 32 开，铅印，有三四百页，校内使用。当时校内教材还很少有铅印的，一般是油印。

1.5.11　编写的第一本专业书籍

1978 年，在科学技术是第一生产力的背景下，出版界也开始活跃起来了。中国原子能出版社向我们约稿撰写《铀矿普查勘探仪器检修》一书。我们对铀矿普查勘探仪器检修经验有限，但对一些诸如晶体管、小规模数字逻辑器件比较熟悉。所以我和何为民一起深入到湖南的地质队，和有多年维修经验的老师傅探讨、交流，并到仪器生产厂家搜集详尽的仪器资料。书中仪器使用部分由何为民编写。学校绘图室绘制了全书图件。尤其是请到了古生物学李罗照老师，用描绘古生物的技法画出了 500型万用表、SBT-5 同步示波器、MFS-70A 型双脉冲发生器等 5 种仪器的三维素描立体图，精细美观，是我之前和之后没见过的技法。图 1.15 为其中一种仪器的外形。

1979 年 1 月此书正式发行。按当时约定的做法，只能以"铀矿普查勘探仪器检修编写组"署名。

幸运的是，赶上了实行稿酬制。对于单价仅 3.4 元的书籍，拿到了约 1000 元不菲的银子。作为主编，我分得 400 元，买了一台当时少见的奢侈品：SONY 卡式盒式磁带录音机，犒劳自己。

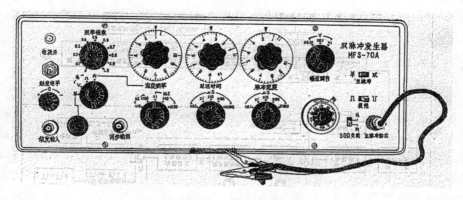

图 1.15　素描的仪器外形

1.5.12　维修的第一台工业设备

可能是 20 世纪 70 年代初，当地一家电镀厂的主要生产设备——整流柜突然罢工，全厂生产停顿，厂长急得团团转。听说高校有懂电子的，风风火火地赶来请我们去看看。从未接触过工业设备的我们，怀着忐忑的心情立马赶到现场，原来就是一款大电流低电压的可控硅整流器，用的是双基极管移相触发电路。这可是轻车熟路，估计多半是双基极管损坏，真的没猜错，换上新器件，一切 OK！100 A 的电流用粗铜条做导体，倒是前所未见，大长见识。以现在的知识来衡量，上述的设备真是小儿科，不值一顾。

1.5.13　第一个集成电路的控制装置

20 世纪 60 年代初，可能电子专业的人太少，你是带"电"的专业，只要是用电设备，就是你义不容辞的责任范围。从我一参加工作，学校周末放电影就成了例行公事。

电影机分固定和移动式两类，以胶片的宽度又分为 8、8.75、16、35 mm 等几种。我们主要使用的是 35 mm 的两台移动式放映机（"皮包机"）。当时每卷胶片只能大约放映 8 分钟，一部一个半小时的电影，需要十几卷胶片。因此每放完一卷，另一部机子必须先启动电机，然后在影片出现换机光学标记时，同时开关两部机子的光源。如果两个放映员配合稍有差池，要么出现重影，要么出现"白板"、"黑幕"。

为了解决这一衔接问题，我研制了一套"电影放映自动切换装置"。事先在每卷胶片光学切换处贴一小块铝箔，用自制的金属感应探头检测开电机和开关放映灯的铝箔。剩下的就是数字逻辑控制电路了。我第一次使用 SSI 器件构成整个装置。在 20 世纪 70 年代初买不到数字逻辑控制器件，也不了解什么 Motorola、Texas Instruments 公司，只能用上海元件五厂生产的 C000 系列数逻器件（比如 C006 为四重二输入与非门）。当时此类器件还是表贴状的，我们称之为"螃蟹脚"。这个装置的成功使用,使我们得到解脱,也提高了放映质量。整理的资料发表在《电影机械》杂志,也算我正式发表的第一篇文章了。

1.5.14　开发的第一套单片机应用系统

1987 年我购得上海复旦大学和南翔电子仪器厂研制的 SICE - Ⅳ 型适用于 MCS - 51 系列芯片的仿真器。它本来的标准配置是和 IBM - AT 联机。可怜的我们教研室只有一台 Apple。当时我连 RS - 232C 协议是怎么回事、如何和 Apple 联机,都不了解,费了老大劲,靠一块串口板联机成功。但连接指令是什么?我找不到资料,碰了无数次壁,总算成功了。成都的其他单位还闻风来取经。就靠它,我学会了单片机,开发了不少产品。

我开发的第一台实用的系统是由成都制药四厂委托研制的“电渗析微机控制系统”。它本质上就是一个时间控制装置,现在看来真简单:以 8031MCU、74LS373 地址锁存器、EEPROM2732 构成最小系统,用 ASM51 编写汇编程序,如此而已。不过初学乍练,我还据此发表了一篇文章,确实令人难以忘怀。

1.6　PCB 绘制沿革

20 世纪 70 年代,绘制 PCB 就是沿袭至今最古老、最简单的油漆＋腐蚀。如果交给板厂加工,常常需要在半透明的绘图纸上画上电路元件和线条。

20 世纪 80 年代中技术有了进步,市场上有专用的绘制贴片:各种黑色的芯片引脚、焊盘印在透明的聚酯薄膜上,各种粗细不同的黑色导线绕成圆圈。绘制 PCB 时,先在方格坐标纸上分别用红、蓝笔画出元件面和焊接面的接线。把聚酯薄膜覆盖在绘好的方格纸上,再用上述贴片分别贴好元件面和焊接面,送厂照相、制板。

20 世纪 80 年代末电子技术工作者有了福音:可以在计算机上用软件画图了。这时的 CAD 软件名为“TANGO”,真感觉像“探戈”一样美妙。放元件、连线等基本功能已具备。自动生成 PCB、仿真尚未开发出来。即使这样,也把电子技术工作者解放出来了。用当时的 IBM - AT 机运行,从一个点到另一个点,单击后可以看出计算机的连线过程,速度之慢,现在用 CAD 的朋友可要大跌眼镜了!打印图纸也令人头痛,那时只有点阵打印机,打印大面积的地和粗导线都很费打印针和墨带,到校计算中心去打印,人家也很肉痛。

此后的“Protel”“Protel99SE”“DXP”、“Altium Designer”等 CAD 的强大功能,使电子技术工作者再也不受那份折腾了。

1.7　可怜的小水电站

1968 年秋,江西省革委会一纸命令,除了“共产主义劳动大学”,全省所有高校全部解散，二机部所属的我校也不能幸免。高校教职工奉旨"接受贫下中农再教育"，下放农村"安家落户"。10 月，我们夫妇俩抱着 4 个月的婴儿，与其他 11 位教师一起，被安插到闽赣交界的黎川县洵口公社下寨大队下寨生产队。

下寨是武夷山下一座美丽的小山村，四周小山环绕。一条潺潺小溪穿村而过，雨季它的宽度也就 1 m 左右，深度只有几米。小溪流出村口形成一湾 100 m 见方，最深处不到 1 m 的池塘，真真是一个池塘而已。就在村口傲立着两株粗可环抱的老桂花树，当黄色的桂花绽放时，醉人的芳香，沁人肺腑，香飘十里。村里没有什么副业，好在粮食还算富余，家家养猪，村民轮流每过几个月杀只猪，我们沾光能分点猪肉。春节几乎户户杀猪，我们集体可得到半条猪，大快朵颐之余，尚能做少许腊味。

在村民的眼中，我们这一群高级知识分子应该学富五车，无所不能。实际上这批人确实很牛，是二机部从各知名学校精选而来的，其中还包括啃过"大列巴"的留苏生。生产队并不期望我们在农业生产上能为村里做多少贡献，也从不记工分。所幸我们行政 22 级 51.5 元的工资保留。别看不起这点工资，它比公社书记还高不少！我们生活无忧，但心情苦闷。

山村夜晚，静谧得落针可闻。村民祖辈只能靠昏暗的煤油灯照明。我们能把电和光明带给他们吗？能建一座小水电站吗？我们这个性价比不高的想法竟得到了大队队长、书记的全力支持。

前期的准备工作开始了。在总指挥——毕业于四川大学物理系的刘怀宜老师的带领下，我们测小溪的流量，测池塘的容积，去县水利局查资料，在历年全村可怜积累的基础上，制定物资计划，最后决定建一座小型的水轮泵发电站。水轮泵基坑由博士制作模板。也许你很奇怪，简单的模板也得"博士"来做吗？原来"博士"是当地村民对木匠的称谓。从农机站购回水轮泵。发电机咋办？用的是 5 kW 的三相发电机。输电线就用普通的双股塑胶线（这可是完全违背电气工程安装规范的）。我们 11 人全体动员，为家家户户拉线、装灯。

1969 年秋冬之交，历时 3 个月的"水电工程"基本告竣，我们决定 12 月 26 日放水试机发电。这天是毛主席的诞辰吉日。选择这一天并非刻意，只能是巧合吧。

为了试机万无一失，我们特从另一公社请来学机械的周兴才老师，请他来把关。那天，周兴才身着四兜的蓝布中山装，蓝布解放帽，随身携带一只万用表。他敦实，憨厚，一副工人老大哥形象。

傍晚时分，天空祥云朵朵，库水碧绿，平静如镜，一切如常。收工归来的社员们直把工地围得结结实实，都想先睹"如何发电"为快。

万事俱备，"放水！"，一声令下，霎时间导水渠的哗哗声，水轮机的呜呜声，皮带的啪啪声，直把山村的平静撕破。最激动人心的一幕是合闸通电。闸一合上，哇，一缕缕白光直把工地照得如同白昼。社员们欢呼雀跃，这难道不是山区农民对我们的最

注：楷体字部分的内容为已故刘怀宜老师所加。

高褒奖吗！

　　两三个小时以后，随着池塘水的干涸，各家的灯光越来越暗，终于无力地熄灭了。这倒在我们的意料之中，不过还是太短了点。小水电站很多人见过，谁见过这么小的？

　　35年以后，我重返下寨。山村几乎没什么变化。小电站已不复存在，电已经由公社送过来了。但当年的大队领导、能挑200多斤重物的生产队长、那些强劳力们，除了一个"赤脚医生"外，全都谢世。人生之际遇，何其不公？我等又有什么理由不珍惜眼前的一切！实在令人不胜唏嘘，感慨良多！

1.8　弥足珍贵的"电"

　　在当今社会最普遍、最不起眼的大概要算"电"了。

　　20世纪70年代，地处"临川才子"之乡——抚州的"华东地质学院"没有专线供电，经常停电。这让以"电"为生的这群教师怎么做这"无米之炊"？

　　好在学校领导很了解我们的苦衷，于是专门给我们实验室配了一台3 kW的汽油发动机，就放在实验楼楼梯的拐角。每天一进楼，先检查发动机的机油和汽油，然后用摇把发动汽油机。那"腾腾腾"的噪声，简直就像音乐。

　　跑上楼打开仪器，烧上烙铁，挽起袖子，开始大干了。

　　一次忘记检查机油，把活塞杆烧坏了。没办法，自己动手磨活塞，总算又让它欢叫起来。

　　此种境遇，加上下放农村无电的经历，让我对"电"无比珍惜！但愿今日的电子技术工作者能体会。

　　几年以后给学校架了专线，总算有了"可炊之米"。

　　这一章的回顾，有点像回忆录了，不过按四川话说，就是摆摆"龙门阵"而已。

第 2 章

用好元器件

2.1 电阻器

2.1.1 电子元器件的减额设计

电子系统的设计大致可分为 3 个内容：功能设计、可靠性（Reliability）设计和工艺设计。

满足电子系统各种功能的要求是设计者理所当然首先要考虑的出发点，但是功能设计的完成仅仅只能算做该系统"能用"而已。在未进行可靠性设计的情况下，该系统的功能是难以保证的。电子技术的发展已深刻地说明了这一点。美国航空无线电公司（ARINC）在 1950 年发现海军船用电子设备只有 33％能够在任何一个时刻正常工作，民用电子产品就更不说了。1978 年国产电视机平均无故障工作时间 MTBF 低于 500 小时，年返修率达 95％以上，而 1980 年国产计算机的平均无故障时间 MT-BF 仅为 50 小时，广大消费者苦不堪言。

随着可靠性技术的迅猛发展，特别是电子系统设计者将其有机地融入电子系统设计制造的各阶段，电子产品的可靠性得到了极大的提高。目前国产名牌彩色电视机的 MTBF 均达到了 30 000 小时以上及"长征"系列火箭发射的无一失败就是两个很好的明证。

由此可见，可靠性设计是电子系统设计不可或缺的一个方面，是产品性能的保证，它使产品达到"好用"、"耐用"的境界。

在元器件选用时，可靠性首先体现在"减额"设计上。减额是可靠性设计中必须采用的、最重要的设计方法。所谓"减额"是指使系统中所有电子元器件的实际应力低于其额定应力。这里的应力通常为电应力和热应力。电应力可以是指电压、电流、功率、频率和数字集成电路的扇出数等。实际应力与额定应力之比称为应力比或减额因子：

$$减额因子\ S = \frac{实际应力}{额定应力}$$

电子元器件的额定应力是由元器件本身决定的。

电子元器件的失效率和工作温度、电应力密切相关。对晶体管和二极管而言，其基本失效率为

$$\lambda_b = A \exp \left[\frac{N_T}{T+273+\Delta TS} \right] \exp \left[\frac{T+273+\Delta TS}{T_M} \right]^P$$

式中：A—失效率换算系数；N_T、T_M、P—形状参数；T—工作温度（℃）；ΔT—没有结电流或功率时最大允许温度与满额结电流或功率时最大允许温度之差；S—减额因子。

对于分立半导体器件而言，形状参数 $P=9.5\sim22.5\gg1$，故上式第二个 exp 项对 λ_b 影响强烈得多。该项中的主要影响因素为环境工作温度 T 和减额因子 S。

表 2.1 列出了影响分立半导体器件 λ_b 的各参数。表 2.2 则清楚地说明了环境工作温度 T 和减额因子 S 对 Ⅰ 类硅 NPN 晶体管 λ_b 的影响。图 2.1 利用曲线的形式也说明了 λ_b、T 和 S 之间的关系。

表 2.1　影响分立半导体器件基本失效率的参数

类　　别		器件类型	λ_b				
			A	N_T	T_M	P	T
晶体管	Ⅰ	硅，NPN	0.13	−1052	448	10.5	150
		硅，PNP	0.45	−1324	448	14.2	150
		锗，PNP	6.5	−2142	373	20.8	75
		锗，NPN	21.0	−2221	373	19.0	75
	Ⅱ	场效应	0.52	−1162	448	13.8	150
	Ⅲ	单结	3.12	−1779	448	13.8	150
	Ⅳ	通用硅	0.9	−2138	448	17.7	150
二极管	Ⅳ	通用硅	0.9	−2138	448	17.7	150
		通用锗	126	−3568	373	22.5	75
	Ⅴ	齐纳或雪崩	0.04	−800	448	14	150
	Ⅵ	可控硅	0.82	−2050	448	9.5	150
	Ⅶ	微波					
		锗，检波	0.33	−477	343	15.6	45
		硅，检波	0.14	−392	423	16.6	125
		锗，混频	0.56	−477	343	15.6	45
		硅，混频	0.19	−394	423	15.6	125
	Ⅷ	变容，阶跃	0.93	−1162	448	13.8	150
		隧道	0.93	−1162	448	13.8	150

表 2.2　Ⅰ类晶体管(硅 NPN)的基本失效率(失效/10^6 小时)

$T/℃$	S									
	0.1	0.2	0.3	0.4	0.5	0.6	0.7	0.8	0.9	1.0
0	0.0034	0.0041	0.0048	0.0057	0.0067	0.0079	0.0095	0.011	0.014	0.018
10	0.0038	0.0046	0.0054	0.0064	0.0075	0.0089	0.010	0.013	0.017	0.023
20	0.0043	0.0051	0.0060	0.0071	0.0084	0.010	0.012	0.015	0.020	0.029
25	0.0046	0.0054	0.0064	0.0075	0.0089	0.010	0.013	0.017	0.023	0.033
30	0.0040	0.0057	0.0067	0.0079	0.0095	0.011	0.014	0.018	0.025	
40	0.0054	0.0064	0.0075	0.0090	0.010	0.013	0.017	0.023	0.033	
50	0.0060	0.0071	0.0084	0.010	0.012	0.015	0.020	0.029		
55	0.0064	0.0075	0.0089	0.010	0.013	0.017	0.023	0.033		
60	0.0067	0.0079	0.0095	0.011	0.014	0.018	0.025			
65	0.0071	0.0084	0.010	0.012	0.015	0.020	0.029			
70	0.0075	0.0089	0.010	0.018	0.017	0.023	0.033			
75	0.0079	0.0095	0.011	0.014	0.018	0.025				
80	0.0084	0.010	0.012	0.015	0.020	0.029				
85	0.0089	0.010	0.013	0.017	0.023	0.033				
90	0.0095	0.011	0.014	0.018	0.025					
95	0.010	0.012	0.015	0.020	0.029					
100	0.010	0.013	0.017	0.023	0.033					
105	0.011	0.016	0.018	0.025						
110	0.012	0.013	0.020	0.029						
115	0.013	0.017	0.023	0.033						
120	0.014	0.010	0.025							
125	0.015	0.020	0.029							
130	0.017	0.023	0.033							
135	0.018	0.025								
140	0.020	0.029								
145	0.023	0.033								
150	0.025									
155	0.029									
160	0.033									

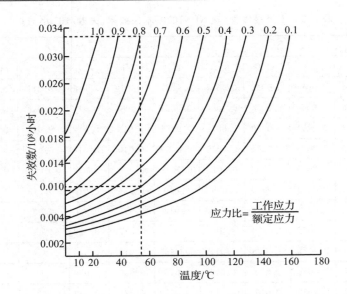

图 2.1 Ⅰ类晶体管（硅 NPN）基本失效率与电应力、温度的关系图

图 2.2 是电子元器件典型的（例如 78××系列三端稳压器）减额图。图中 T_S 为温度减额点，它通常为 25℃，也可以是其他温度；T_{max} 为器件的最高结温；T_A 和 T_C 分别为环境温度和管壳温度。可以从电子元器件规范所给出的该曲线确定 S、T_A 和 T_C。许多元器件实际的减额曲线在 A、B 两点外张，所以使用上图更为安全。

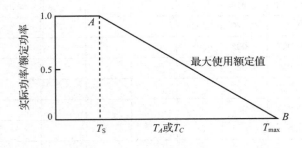

图 2.2 典型减额图

表 2.3，表 2.4 为各种常用电子元器件在进行电路设计时常取的减额因子值。不同种类的电子元器件减额电应力不同，如电阻器主要是功率减额；电容器主要是电压减额；功率晶体管则为功率、电压和电流减额。

表 2.3　常用电子元器件

元器件类型	应力参数	减额因子	备　注
碳合成电阻器	功率	0.50	一般环境工作温度应≤45 ℃
薄膜电阻器	功率	0.50	
功率型薄膜电阻器	功率	0.70	
线绕电阻器	功率	0.40	
热敏电阻器	功率	0.50	
功率型线绕电阻器	功率	0.50	
螺杆驱动线绕电位器	功率	0.70	
精密线绕电位器	功率	0.20	
半精密线绕电位器	功率	0.50	
功率型线绕电位器	功率	0.60	
螺杆驱动非线绕电位器	功率	0.20	
绝缘合成电位器	功率	0.70	
塑料或纸介电容器	电压	0.50	峰值电压（包括浪涌和瞬变电压）要小于标称额定值的 0.5
云母电容器	电压	0.50	
玻璃电容器	电压	0.40	
陶瓷电容器	电压	0.50	
固体钽电解电容器	电压	0.50	
液体钽电解电容器	电压	0.50	
铝电解电容器	电压	0.40	
陶瓷微调电容器	电压	0.50	
玻璃微调电容器	电压	0.50	
数字集成电路	扇出	0.80	最大结温值：CMOS 不超过 90 ℃，TTL 不超过 110 ℃
	工作频率	0.75	
线性和混合集成电路	电流	0.65	
稳压电源电路	电流	0.60	
	功率	0.50	
普通晶体管	功率	0.30	晶体管的最大结温不超过 100 ℃（所有类型的晶体管都适用）
	电流	0.50	
	电压	0.60	
功率晶体管	功率	0.30	
	电流	0.50	
	电压	0.60	

续表 2.3

元器件类型	应力参数	减额因子	备 注
开关晶体管	功率	0.50	
	电流	0.50	
	电压	0.60	
场效应晶体管	功率	0.20	
	电流	0.50	
	电压	0.60	
双基极二极管	功率	0.30	
	电流	0.50	
	电压	0.60	
普通二极管、开关二极管和可控硅整流器	功率	0.30	最大允许结温不超过 100℃
	峰值反向电压	0.50	
	浪涌电流	0.30	
	正向电流	0.40	
稳压二极管	功率	0.30	工作电流不大于 $I_z = 0.5(I_{z\max} + I_{\mathrm{mon}})$ 式中：$I_{z\max}$ 为最大工作电流 I_{mon} 为标称工作电流
	正向电流	0.40	
变容二极管	功率	0.30	
	击穿电压	0.75	
	正向电流	0.60	
继电器	纯阻性电流	0.75	继电器的每一对触点都应减额，其减额比与规定的负载有关
	感性电流	0.40	
	灯丝电流	0.10	
	容性电流	0.75	
	马达电流	0.20	
电路断路器	电流	0.80	
按钮开关、灵敏开关、带灯按钮开关、旋转开关、拨动开关	纯阻性电流	0.75	所有开关都要根据负载减额每一对接点的电流都应减额
	感性电流	0.40	
	灯丝电流	0.10	
	容性电流	0.75	
	马达电流	0.20	

续表 2.3

元器件类型	应力参数	减额因子	备　注
白炽灯	电压	0.80	
氖　灯	电压	0.80	
发光二极管	功率	0.80	
射频同轴连接器	电流	0.50	
多插针连接器	电流	0.50	
电缆连接器	电流	0.50	
晶体	功率	0.50	驱动功率

表 2.4　扼流圈、射频线圈、电感器、变压器的减额因子

元器件类型	减额因子/(%)		
	电　流	电　压	
		应用值	瞬间值
饱和(铁芯)扼流圈	60	60	90
固定射频线圈	70	60	90
通用电感器	70	60	90
音频变压器	70	60	90
小功率脉冲变压顺	60	60	90
功率变压器	70	60	90
射频变压器	60	60	90
饱和铁芯变压器	60	60	90

值得提出的是:

(1) 上述两表给出的是一般情况下,设计电路选择元器件参数时必须考虑的减额应力。有时还必须考虑其他减额应力,如固定电阻器在工作电压>100 V 时,应该再考虑电压减额。

(2) 对于模拟集成电路,应考虑的电应力为供电电压、输出电流、平均功耗,实际应力应小于最大应力的 70%～80%。

(3) 对于 LSI、MSI、VLSI 和 MCU、FPGA、DSP 等大规模数字器件,其应力除了时钟频率外,还应着重考虑端口的输出驱动能力和结温,必要时采取散热措施。

(4) 两表中减额因子的取值已兼顾了元器件的体积、重量和成本。过分的减额虽然会使可靠性提高,但可能导致体积、重量和成本付出过大的代价。

2.1.2　电阻器应用要点

1. 根据电路对电阻的要求，选取相应种类的电阻

当进行电路设计时，需要根据电路对电阻工作频率、功率、精度的要求确定电阻的种类。例如若要求阻值在 30 Ω～10 MΩ 之间，噪声较小，功率不大于 2 W，工作频率在 10 MHz 以下，应优先选用金属膜电阻；如对电性能要求一般，价格要低，则应选碳膜电阻；若实际电功率大于 1 W，且在低频电路中使用，则可选线绕电阻；若工作频率高于 10 MHz，则建议选用小型表贴电阻。

2. 根据误差要求，按表 2.5 选系列标称值

电阻生产厂家，根据电阻的种类和允许误差，按表 2.5 系列标称值生产普通固定电阻器。表 2.5 覆盖了一定允许误差下的数个阻值范围。读者使用的电阻器只能从表中选取，而不是想要什么阻值的就能买到什么阻值的。

表 2.5　普通固定电阻标称值系列

允许误差/（%）	标称阻值/kΩ
5	1.0　1.1　1.2　1.3　1.5　1.6　1.8　2.0　2.2　2.4　2.7　3.0 3.3　3.6　3.9　4.3　4.7　5.1　5.6　6.2　6.8　7.5　8.2　9.1
10	1.0　1.2　1.5　1.8　2.2　2.7　3.3　3.9　4.7　5.6　6.8　8.2
20	1.0　1.5　2.2　3.3　4.7　6.8

图 2.3 是一种利用发光二极管 LED 指示电压 V 的电路。LED 导通发光时的正向压降 $V=1.2\sim2.5$ V，高亮 LED 正常亮度对应的电流 $I_f=1\sim3$ mA，现取 $I_f=2$ mA，$V_f=1.6$ V，则相应的限流电阻为

$$R=(V-V_f)/I_f=1.7 \text{ k}\Omega$$

显然，限流电阻 R 的取值直接影响 LED 的亮度。因 LED 仅用作电压有无指示，故对亮度，也就是对 R 的误差无要求。考虑到市场最常见的是允许误差为 $\pm5\%$ 的电阻，故根据表 2.5 选 1.6 kΩ 或 1.8 kΩ 的电阻均可。

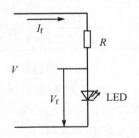

图 2.3　LED 限流电路

3. 减额设计

当应力为功率时，则

$$S=\frac{P_{实际}}{P_{额定}}<1$$

对于薄膜电阻而言，通常 $S\leqslant0.5$，即 $P_{额定}\geqslant2P_{实际}$。

对图 2.3 中的 R 而言,其实际消耗功率为

$$P_{实际} = I_f(V - V_f) \approx 6.8 \text{ mW}$$

常用电阻器的标称额定功率如表 2.6 所列。

表 2.6 电阻器额定功率标称系列值

类 型		标称值/W
线绕	固定电阻器	0.05 0.125 0.25 0.5 1 2 4 8 10 16 25 40 75 100 150 250 500
	电位器	0.25 0.125 0.25 0.5 1 2 5 10 25 50 100
非线绕	固定电阻器	0.05 0.125 0.25 0.5 1 2 5 10 25 50 100
	电位器	0.025 0.05 0.1 0.25 0.5 1 2 3

故 $P_{额定} \geqslant 13.6 \text{ mW}$,根据表 2.6,$P_{额定}$ 可选为 0.05 W 或 0.125 W。显然实际的 S 远小于 0.5,这对系统的可靠性十分有利。

电压减额设计:当电应力指电压时,则

$$S = \frac{V_{实际最高电压}}{V_{额定最高电压}}$$

若电阻应用于电压超过 100 V 的电路,选用时必须考虑电压减额。

4. 精确电阻的获得

在模拟电子电路中,许多场合都需要十分准确的电阻,如桥式传感器、有源滤波器、精密电阻衰减器、电流-电压变换器等。精度高于 0.1% 的精密电阻难以从市场上直接购得,往往必须向电阻生产厂家直接订制。这种办法供货周期长、价格昂贵。

直接用一只大于所需阻值的 3296 型精密可调电阻可替代精密电阻。

如果用图 2.4 的办法,使 $R_1 \approx 0.9R$,可调电阻 $W \approx 0.3R$ 则可以更好地取代 R,并且 W 很容易调到 1/1 000 的精度。

例如,9 kΩ(±0.5%) 的电阻可用一只 8.2 kΩ(±5%) 的固定电阻和一只 2 kΩ 的 3296W 可调电阻代替。

3296 型精密(可调)电阻(电位器):广泛用于各种需要精确调整阻值的场合。图 2.5 为其外形图。

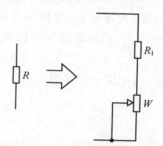

图 2.4 精密电阻的替代

3296 电位器的阻值范围:10 Ω～2 MΩ;阻值容差:±10%;温度系数:±100 ppm/℃;额定功率:0.25～0.5 W;终端阻值误差:≤1%R 或 2 Ω;接触电阻:≤1%R 或 3 Ω;旋转寿命:500 圈;可旋转 25 圈。调整 3296 电位器时,每旋转 1° 的阻值分辨率为 1/9 000,可见可以调整得很精细。

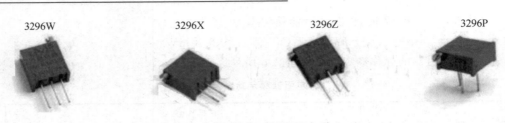

图 2.5　3296 电位器外形图

5．注意噪声和频率特性的要求

一般线绕电阻（无感线绕电阻除外）具有较大的分布电感，高频特性差，且在交流电通过时，周围产生交变磁场，易产生磁干扰。

在低噪声（如前置放大电路）和高频电路中，优先考虑选用片状表贴电阻，其次为金属膜电阻，而且功率减额应更充分一些，以降低热噪声。

同类电阻器在阻值相同时，功率越大，高频特性越差；在功率相同时，阻值越小，高频性能越好。

6．上拉和下拉电阻的选用

对于 TTL 或 LSTTL 数字逻辑器件，图 2.6（a）中的上拉电阻应满足：

$$R_{\min} < \frac{V_{CC} - V_{IH}}{I_{IH}}$$

式中，$V_{IH} \approx 3.4$ V，$I_{IH} \approx 40$ μA，若 $V_{CC} = 5$ V，考虑到集成芯片参数的离散性，则 $R < 40$ kΩ，通常取 10 kΩ。

对于 HCMOS 芯片，则 R 可以大得多。图 2.6（b）为 8421BCD 码拨盘开关与 MCU（微控制器，或称单片机）的数码输入接口电路。由于当今的 MCU 均为 HCMOS 型，故由电阻网络构成的上拉电阻可以选得相当大，通常在 $10 \sim 100$ kΩ 之间。

图 2.6（c）中 TTL/LSTTL 集成电极开路门驱动同类逻辑门的上拉电阻（n 个 OC 门中仅一个导通）：

$$R_{\min} > \frac{V_{CC} - V_{OL}}{I_{IM} - m I_{IL}}$$

$$R_{\max} < \frac{V_{CC} - V_{OH}}{n I_{OH} - m I_{IH}}$$

式中：V_{OL}、V_{OH} 分别为门的输出低/高电平；I_{IM} 为流入 OC 门的最大允许电流，m 为负载门的个数；I_{IL}、I_{IH} 分别为负载门输入低高电平的电流；n 为 OC 门数；I_{OH} 为每个 OC 门输出管截止时的漏电流。

图 2.6（d）中，对于 TTL/LSTTL 逻辑门，为保证下拉时的低电平，R 必须小于或等于 1 kΩ。对于 CMOS/HCMOS 器件，R 则可大到 100 kΩ，这也能保证输入端为低电平。

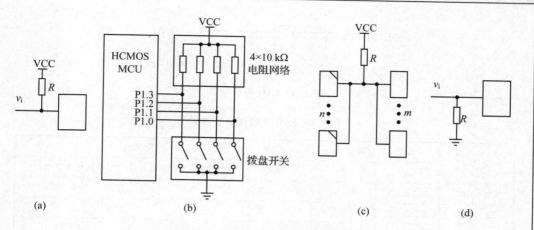

图 2.6 上拉和下拉电阻的典型应用

7. "零电阻"与磁珠

"零电阻"就是电阻阻值很小（mΩ 级）的电阻。表 2.7 为零电阻的参数。从电气角度来看零电阻就是一根导线,主要用在单面 PCB 上做跳线,或在模数混合电路里连接数字地与模拟地。

表 2.7 零电阻参数

型 号	尺寸/mm				额定功率/W	电阻值/mΩ	最大容许电流/A	额定环境温度/℃	使用温度范围/℃
	L	D	d	H					
Z1/6W	3.2±0.2	1.8±0.2	0.5±0.05	28±3	0.16	<20	1.5	70	−55~155
Z1/4W	6.5±0.5	2.3±0.3	0.6±0.05	28±3	0.25	<20	2.5		

模数混合电路里数字地与模拟地的连接最好使用磁珠。图 2.7 为磁珠的外形与等效电路。图 2.8 为抗电磁干扰磁珠的外形,导线外套了铁氧体磁环。表 2.8 为其参数。

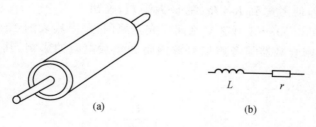

图 2.7 磁珠

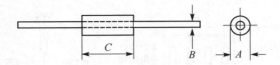

图 2.8　EMI 吸收磁珠

表 2.8　EMI 吸收磁珠参数表

型　号	尺寸/mm			阻抗值/Ω	
	A	B	C	工作频率 26 MHz	工作频率 100 MHz
CX－A01	3.5±0.2	0.6±0.1	6.0±0.3	50	90
CX－A02	3.5±0.2	0.6±0.1	9.0±0.3	70	120
CX－A03	6.0±0.2	0.6±0.1	10±0.4	320	580

2.1.3　电阻衰减器

电阻衰减器（分压器）可以说是电阻器应用得最广泛的电路，通常完成直流或交流信号的衰减。

1. 直流电阻分压器

图 2.9 为一个简单的电阻衰减器。

该电路中，

$$V_\mathrm{o} = \frac{R_2}{R_1 + R_2} V_\mathrm{i} = K V_\mathrm{i}$$

其中 K 称为衰减系数或分压比，$K \leqslant 1$。

曾经发生过这样一件事：当 $V_\mathrm{i} = 2.000$ V，R_1、R_2 均为 0.1%1 MΩ 的精密电阻时，用 4 1/2 位 DT－890 数字万用表 1 MΩ（±1%），读出的输出电压 V_o 竟然只有 0.952 3 V。即使考虑到 R_1、R_2 的最大误差，输出

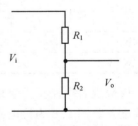

图 2.9　简单电阻衰减器

电压 V_o 也应该在 0.998～1.002 V 之间。究其原因，是万用表的 10 MΩ 内阻对 R_2 分流所致。故精密衰减器需考虑信号源内阻和负载电阻的影响，其电路如图 2.10 所示。

此时，

$$K = \frac{\dfrac{R_2 R_\mathrm{i}}{R_2 + R_\mathrm{i}}}{R_\mathrm{s} + R_1 + \dfrac{R_2 R_\mathrm{i}}{R_2 + R_\mathrm{i}}}$$

为减少这种影响，如果设计允许的话，使 $R_1 \gg R_\mathrm{s}$、$R_2 \ll R_\mathrm{i}$。

简单电阻衰减器也可以由若干个电阻串联组成电阻分压链。

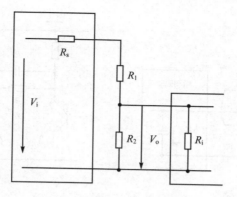

图 2.10　完整的电阻分压器电路

2. 交流衰减器

当衰减器负载的容抗（即负载电路的输入电容）不可忽略时，衰减的高频特性变差，如果传输的是脉冲信号，则输出信号前沿明显失真。这时就必须使用图 2.11 的交流衰减器了。

若在输入端输入一个如图 2.12（a）所示的矩形脉冲，则：

当 $R_1C_1 < R_2C_2$ 时，输出波形为图（b）所示，是"欠补偿"。图中 $V_o = R_2 V_i/(R_1+R_2)$。

当 $R_1C_1 > R_2C_2$ 时，出现如图（c）所示的"过补偿"。

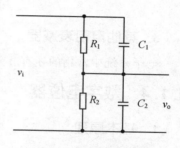

图 2.11　交流衰减器

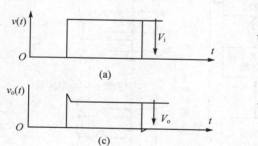

(a)

(c)

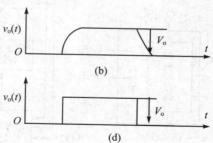

(b)

(d)

图 2.12　交流衰减器的脉冲响应

$R_1C_1 = R_2C_2$ 时，出现如图（d）所示的"最佳补偿"。

交流衰减器的一个典型应用是示波器的 10∶1 探极，如图 2.13（a）所示。图中探极内的 C_1 为微调电容，调整它可获最佳补偿。图（b）中的 T_1 集电极向 T_2 基极传送脉冲信号，考虑到 T_2 的发射结电容，以及使 T_2 由截止到快速饱和，以及由饱和向截止态转换时，加快 I_{bS} 的减少，都必须使用 C_j。C_j 称为"加速电容"。显然它工作在过补偿状态。

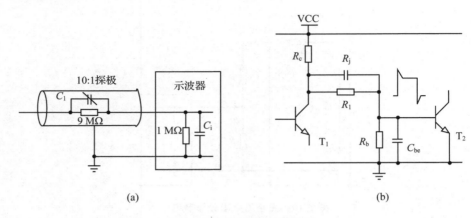

图 2.13　交流衰减器的应用

3. 其他电阻衰减器

电子系统中常用的还有 T 形、H 形、π 形、O 形和桥式 T、H 形衰减器。

2.1.4　数字电位器

1. 基本原理

数字电位器（DCP/DPOT）是一种可以由数字信号控制其阻值的电位器，其中一种的内部结构可由图 2.14 表示。

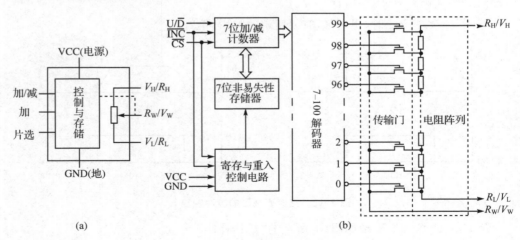

图 2.14　数字电位器内部组成

其中图（a）为简化框图。可数控的电位器有 3 个端点：上端（R_H/V_H）、调整端（R_W/V_W）、下端（R_L/R_L）。调整端的位置由 3 个控制信号：加/减 $U/\overline{D}$、触发端（$\overline{INC}$）和片选端（$\overline{CS}$）通过控制与存储电路决定。图（b）为详细的内部方框图。电位器(V_H 与 V_L 之间)由 16/32/64/100/256/1 024 个电阻阵列串联而成。调整端 V_W 通过多个模拟开关连接到电阻阵列的各节点上。这些模拟开关由 7 – 100 解码器的输出控制其通断。7 位加/减计数器的计数值控制解码器唯一一位有效输出。$U/\overline{D}$ 的电平决定加/减计数器的计数方式($U/\overline{D}=1$,加计数;$U/\overline{D}=0$,减计数)。$\overline{INC}$ 为计数触发信号端,下降沿有效。$\overline{CS}=0$,芯片选中,$U/\overline{D}$、$\overline{INC}$ 方有效。内部的 7 位非易失性数据存储,存储了上次操作时的计数值,即记忆了上次调整端的位置。该 NVRAM 由存储与重入控制电路控制。

现以美国 Xicor 公司(后被 Intersil 收购)的 X9C102/103/104/105 为例说明数字电位器基本特性。

(1) 三线串行接口($\overline{CS}$、$U/\overline{D}$、$\overline{INC}$);

(2) 99 个电阻阵列,100 个可控点,调整端接入电阻约为 40 Ω;

(3) 总电阻误差为 ±20%;

(4) 端点电压为 ±5 V;

(5) 低功耗 CMOS 器件,$V_{CC}=5$ V,工作电流<3 mA,待机电流<750 μA;

(6) 高可靠性,每位允许 100 000 次数据擦写,数据保存期 10 年;

(7) 总阻值:

X9C102 为 1 kΩ,X9C103 为 10 kΩ,X9C506 为 50 kΩ,X9C104 为 100 kΩ;

(8) 封装:SOIC 和 DIP。

2. 应用要点

(1) 由于调整端由模拟开关接至电阻阵列节点,故应用时 V_H、V_{HL} 必须与系统电源相关。最简单的做法是 V_L 接地(如果电路允许的话)。

(2) 对于数字电位器,当电压衰减器使用时,有

$$V_{WL}=\frac{N_i}{N_{max}}V_{HL}$$

式中:N_i 为输入数字量,N_{max} 为抽头点数,V_{HL} 为输入待衰减的电压。

(3) 数字电位器可以串联、并联和混联使用,如图 2.15 所示。

其中图(a)把两只数字电位器串联当可变电阻使用,V_{W1} 精调,V_{W2} 细调,实际分辨率可以提高到 10 000 个点。

(4) 调整端接入电阻的影响不容忽视。

(5) 数字电位器可用程序和按钮两种控制方式。如果采用程控,希望上电后控制在某一确定点。办法是:在上电初始化时,先减去其最大点数 N_{max}。这样不论上电后,数字电位器由于失电记忆在哪一个点,都可以回到 0 点。

(6) 据 Xicor 公司测定,在输入 1 kHz 信号的情况下,X9408 数字电位器噪声<−110 dB。在 200 kHz 输入时,变化为 ±0.5 dB。总谐波失真＋噪声<−80 dB。即数字电位器可以在 200 kHz 以下频率很好地工作。图 2.16 为数字电位器的一些应用电路。

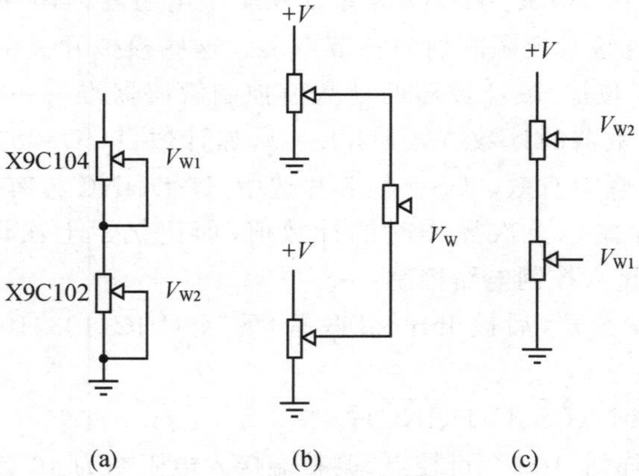

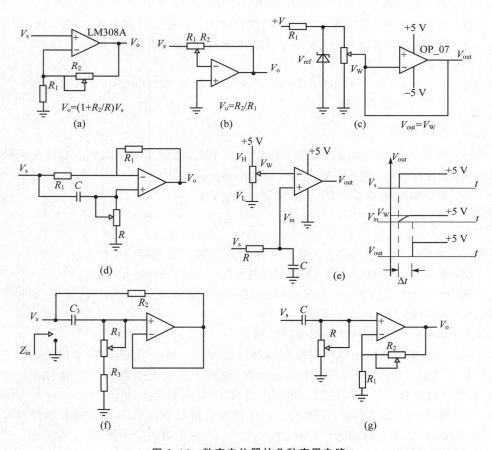

图 2.15　数字电位器的连接方式

图 2.16　数字电位器的几种应用电路

其中，图(a)和(b)为增益可数控的同相和反相放大器。图(c)为参考电源缓冲电路，其中 $V_{out} = (N_i/N_{max})V_{ref}$。图(d)为数控移相器，输出信号将被相移 $\phi = 180° - 2\arctan\omega RC$。图(e)为数控定时电路，定时时间为

$$\Delta_t = RC\ln\left(\frac{5\text{ V}}{5\text{ V} - V_w}\right)$$

图(f)为等效 LR 电路，其输入端阻抗为

$$Z_{in} = R_2 + sR_2(R_1 + R_3)C_1$$

图(g)为一阶 RC 数控高通滤波器，其增益 $G = 1 + R_2/R_1$，$f_c = 1/(2\pi RC)$。

图 2.17 为数字电位器控制的稳压电源，其工作原理请读者自行分析。

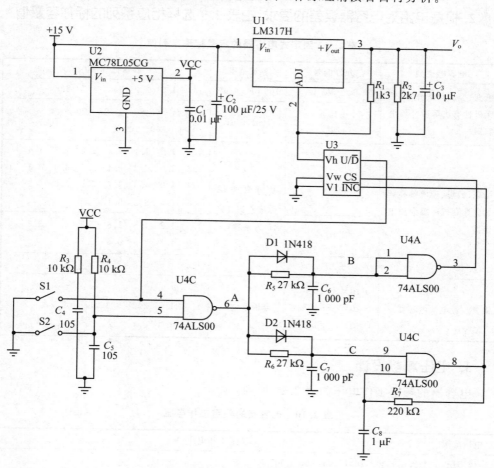

图 2.17　数字电位器控制稳压电源

2.2　电容器

2.2.1　你能用好电容器吗？

1. 根据电路特性的要求选用相应种类的电容器

根据电容器在电路中的作用（如滤波、去耦、耦合、振荡、定时、储能等），电容，工作频率，准确度，承受的电压等情况，选择能满足各项要求的电容器。

2. 根据电路对电容器误差的要求，由表 2.9 选择相应系列的标称容量值

表 2.9　固定式电容器的容量标称系列值

电容器类型	允许偏差	容量范围	容量标称值/μF
纸介、金属化纸介、低频无极性有机薄膜介质电容器	±5%	100 pF～1 μF	1.0　1.5　2.2　2.6　4.7　6.8
	±10% ±20%	1～100 μF	1　2　4　6　8　10　15　20 30　60　80　100
陶瓷、云母、玻璃釉高频无极性有机薄膜介质电容器	±5%	其容量为标称值乘以 10^n（n 为整数）	1.1　1.0　1.1　1.2　1.3　1.5　1.6 1.8　2.0　2.2　2.4　2.7　3.0　3.3 3.6　3.9　4.3　4.7　5.1　5.6　6.2 6.8　7.5　8.2　9.1
	±10%		1.0　1.2　1.5　1.8　2.2　2.7　3.3 3.9　4.7　5.6　6.8　8.2
	±20%		1.0　1.5　2.2　3.3　4.7　6.8
铝、钽、铌电解电容器	±10%、±20% −20%～+50% −10%～+100%	容量单位	1.0　1.5　2.2　3.3　4.7　6.8

3. 电压减额设计

电容器的额定工作电压如表 2.10 所列。

表 2.10　电容器的额定工作电压

电压范围	额定工作电压/V
低　压	1.6,4,6.3,10,16,25,32,40,50,63
中　压	100,125,160,250,300,450,500,630
高　压	1 000,1 600,2 500,3 000,4 000,5 000,6 300,8 000,10 000,16 000,25 000,50 000,100 000

电容器推荐的电压减额因子 $S=0.5$。即电容器的额定工作电压必须比实际工作电压大一倍以上。

此外，由于电容器在交流电压作用下介质损耗增加，发热量增加，因此安全交流工作电压总小于安全直流工作电压，并且频率愈高，波形尖峰愈大，安全交流工作电压就愈低。对于使用频率高于几兆赫或几十兆赫的电容元件，工作过程中其发热量更是大为增加，此时的直流安全工作电压值主要取决于无功功率 Q，它可以由下式计算：

$$V \leqslant \sqrt{Q/2\pi fC}$$

式中，f 为工作频率，C 为标称容量。

即电容器在交流电压下工作时，其电压减额因子 $S < 0.5$（此时的 $S = V_{实际工作电压}/V_{额定工作电压}$）。

2.2.2　耦合电容的"耦合"何解？

"耦合"（Coupling）二字在电子技术中大家耳熟能详，那么，它的定义是什么？"耦合"何解？

在物理学上，两个或两个以上的体系或运动形式间通过各种相互作用而彼此影响或联合的现象叫耦合。在电子技术领域，耦合应该指两个或两个以上电子元件或系统之间的信号连接，也应该是能量在其间的传输。

电路间的耦合分为直流、交流、光电耦合等几类，也可以分为人为耦合和寄生耦合两类。人为的交流耦合传送交流信号，同时隔离直流信号。直流耦合则直流、交流一起传送。光电耦合使用光电耦合器，传送信号的类型由光电耦合器决定。"寄生"本是生物学的术语，在电子技术中泛指那些非人为的、电子实体间自然存在的耦合。"电磁兼容"是抑制寄生耦合的一种技术。

图 2.18 为应用十分广泛的 RC 耦合电路。耦合电容的容量为

$$C \gg \frac{r_i + R}{2\pi f_{min} r_i R}$$

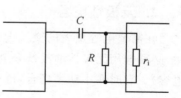

图 2.18　RC 耦合电路

式中，f_{min} 为被传输信号的最低频率，R 为耦合电阻，r_i 为后级电路的输入电阻。在音频电路里，C 通常在 $10\ \mu F$ 以上。RC 耦合电路可以看成是一个高通滤波器，故截止频率即为信号的最低频率，若 $r_i \gg R$ 则

$$f_{min} = \frac{1}{2\pi RC} \ \text{或}\ C = \frac{1}{2\pi f_{min} R}$$

C 若采用铝电解等有极性电容，要根据电容两端的实际电位，决定电容正、负端的接法。

2.2.3　注意对电容的特殊要求

在精密线性积分电路如双积分 ADC 中，积分电容的电黏滞会导致在积分最高点，线性被破坏。故此处的积分电容必须采用黏滞效应很小、稳定性好和低损耗的聚苯乙烯或聚碳酸酯电容。

2.2.4　用好电解电容

电子系统中电解电容使用最多，怎样正确使用才能发挥其特有的功能，而不致发生严重后果，还得从其结构说起。铝电解电容器有两个铝箔电极，电极间为含有电解液的多孔状材料。为增大电容量，两个电极采用卷绕形式。制好的电解电容在规定的正负极间加上赋能直流电压，电极间的电解液产生电解作用，在铝箔上形成一层很薄的三氧化二铝介质，这是电解电容器的绝缘介质。这种介质绝缘性能较差，故电解电容器的绝缘电阻有时低达几十千欧，而允许漏电流在 $0.2 \sim 1.4\ \mu A$ 之间。其损耗也是电容器中最大的一种。

1.　危险的"炸弹"

一般的电解电容均为有极性电容，故只能使用在直流电路或虽有交流成分通过，但电容器两端的电压始终能保证其极性要求的电路里。在整流器的电容滤波电路里，电容始终承受的是单方向的脉动电压。在 RC 耦合电路里，耦合电容 C 两端直流电压的方向也是固定的。

如果不慎将电解电容的极性接反，则通电后，电容器内部电解作用反向进行，正常介质逐渐消失，漏电流迅速加大，电容器将发热，最终导致其像个"小炸弹"似的爆裂！

2.　无极性电容

在需要电容量大的交流设备如电风扇、UPS 不间断电源、中频电源设备、洗衣机中，必须选用无极性油浸低介电容器或聚苯乙烯电容器（如 $4.7\ \mu F$ 单相电机的启动电容）。有时在小功率场合，也可选用表贴无极性钽电解电容。

3.　漏不起的电

实际电容器介质的绝缘电阻不是无穷大，因此必然存在损耗。实际的电容器可以等效地看作是理想电容器和介质绝缘电阻的并联，如图 2.19(a) 所示。图 (b) 为等效电路的矢量图。其中 φ 角称为"电容器的损耗角"。电容器的损耗指损耗角的正切值 $\tan\varphi$。一般电容器的损耗很少，只有电解电容器由于绝缘电阻较小而损耗较大。实际的电容器也可以等效地看作是理想电容器和"等效串联损耗电阻"（Equivalent Series Resistance，ESR）的串联。对于理想电容，当通过电流发生突变时，其两端电压只能按指数规律变化。但 ESR 的存在使其两端电压也随之突变，只不过此突变值由 ESR 决定。故在电源滤波时,尤其在开关电源滤波时,滤波电容的 ESR 直接影响滤波后的波纹。ESR 一般在几十到几百毫欧,铝电解电容的 ESR 大,钽电解电容的小,陶瓷电容的更小。用电容并联的方法可减小 ESR。ESR 可以用 RLC 数字电桥测量。

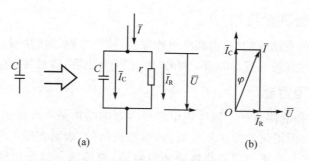

图 2.19　电容器的损耗

笔者曾打算用图 2.20(a) 的 RC 定时元件和一个 CMOS 反相器构成延时数秒的简单电路,其工作原理如图(b)所示。其中 V_{th} 为 CMOS 反相器输入端的阈电压,大约为 $0.5V_{DD}$。当电容充、放电到 V_{th} 时,形成相对于输入信号前沿延迟 Δt 的输出信号。$\Delta t \approx 0.69RC$。当 $R = 1$ MΩ, $C = 100$ μF 时,欲获得约 69 s 的延时。结果令人大失所望,电路根本不工作。测量反相器输入端的电压竟然达不到 V_{th}。这是为什么呢?原来当 R 和电解电容器 C 的绝缘电阻可拟时,电路输入端的等效电路如图(c)所示。其中 r 为电容器的绝缘电阻。利用戴维南定理,图(c)可等效为图(d)。其中等效电动势 $V_{eq} = V_i r / (R + r)$,等效内阻为 $rR / (r + R)$。V_{eq} 就是这种情况下 C 充电结束时的最大电压。倘若 r 较小,就有出现 $V_{eq} < V_{th}$ 的可能,以致反相器无法翻转,电路无法正常工作。由此可见,电容器绝缘电阻是造成反常现象的根本原因。解决此问题需选用漏电流小的钽、铌电解电容或将电容串联。

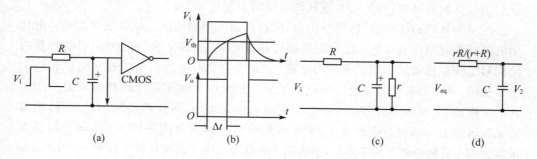

图 2.20　漏电流的影响

4. 串并联以提高耐压能力

在电力电子技术中,常常将两个额定工作电压相同、容量相同的铝电解电容器串联使用以提高耐压能力。但由于电容器的绝缘电阻难以保证相同，两只电容按绝缘电阻分压后，所承受的实际电压不同，可能导致两只电容器先后击穿。为保证均匀分压，可用两只阻值相同、耐压能力足够的电阻器分别和电容并联，当然要求电容器的绝缘电阻应比这种"均压"电阻器的阻值大几倍。

5. 怎样改善高频特性

电解电容器的卷绕式结构，使其高频特性差，故作去耦等应用时，一般均并联一只小容量的高频特性好的电容，如 CT4 型的"独石"瓷介电容，容量为 1 000 pF～0.1 μF。

6. 钽电解电容器

它分为固体和液体两种。固体钽电解电容器的结构是将金属钽的氧化物经模压工艺加工成形后，再用化学方法氧化处理，得到极薄的、表面粗糙的氧化钽层，作为绝缘介质，然后在其上涂覆一层氧化锰固体电解质，再喷涂一层导电金属箔焊接引线、封装而成。液体钽电解电容器是将液体电解液做负极。

由于氧化钽的介电常数很高，故容量/体积比大，具有性能稳定、漏电流小、绝缘强度高、使用寿命长等优点，缺点是容量不能做得太大（<470 μF），价格较贵。

钽电解电容常用于电压基准、时间基准、测量放大器等对电容器性能要求较高的地方。

7. 铌电解电容器

它以稀有金属铌为原材料，其加工过程和特性与钽电解电容器类似。

2.2.5 储能高手——"超级电容"

20 年以前，在论证电动汽车方案时，最感头痛的就是电池。当时只有铅酸蓄电池，其重量、体积、容量均难以接受。特别是若要考虑汽车启动、加速和爬坡时的大电流似乎只有加大电池容量一途，这就使电池的容量更大了。

时至今日，"超级电容"的横空出世，使这一困惑得到解决。超级电容器又称电化学电容器或双电层电容器，是一种新型储能器件，它和以上介绍的物理型电容器的结构和工作原理截然不同。它利用电极/电解质交界面上的双电层或在电极界面上发生快速、可逆的氧化还原反应来储存能量。超级电容器采用活性炭材料制作成多孔碳电极，同时在相对的多孔电极之间充填电解质溶液，当在两端施加电压时，相对的多孔电极上分别聚集正负电子，而电解质溶液中的正负离子将由于电场作用分别聚集到与正负极板相对的界面上，形成两个集电层。由于活性炭材料具有≥1 200 m/g 的超高比表面积（即获得了极大的电极面积），而且电解质与多孔电极间的界面距离不到 1 nm（即获得了极小的介质厚度），所以这种双电层结构的超级电容器比传统物理电容的容值要大很多。超级电容器的特点有：容量可大到 5 000 F；充放电快（10^{-6}～10^{-3} s）；充放电循环寿命几乎无穷；功率密度可达数千瓦/千克。后三点是蓄电池等储能元件绝对无法比拟的。超级电容器在电动汽车、航空、后备电源、轻轨、通信等领域的电源中可广泛应用。在电动汽车里超级电容器和蓄电池配合使用，在汽车正常行驶时，超级电容器充电；在汽车加速、载重爬坡时，它高功率放电；在汽车突然制动时，它通过高功率充电吸收制动过程中产生的能量。

2.3　电解电容的寿命

读者可能已经用熟了铝电解电容，可是一旦需要开发一款长时间连续工作的设备，如煤、水、电等三电产品，地质灾害监测系统等，读者会想到铝电解电容能工作那么长时间吗？

普通铝电解电容器的寿命通常为 2 000 h，如果每天 24 h 连续工作，那么只能工作 83 天！选用军品，寿命可达 5 000 h，但也只能工作半年。家家都有的电视机，如平均每天看 5 h，普通铝电解电容只能保证使用 13 个月。可是实际上电视机不会工作这么短的时间！这到底是怎么回事？

原来，铝电解电容的寿命是在规定温度下的保证值。有的电容寿命的规定温度是 85℃，有的是 105℃。例如 CD289C 型电解电容在 105℃ 下的寿命为 5 000 h。注意：使用温度每减低或增加 10℃，寿命增加或降低 1 倍。若使用的是 85℃ 2000 h 的普通电解电容，在年平均室温 25℃ 的环境下，其使用寿命为 128 000 h，若每天收看 5 h，一台彩电也可以工作 70 年，考虑"减额"，至少可工作 30 年。

即使如此，为保证设备长寿命，还是需要充分注意寿命问题。在要求特别高的军品或家用三表等民用产品中，应选择长寿命产品，或采用几只电容器并联的硬件"冗余备份"办法来延长设备寿命。

2.4　有十大特点的 VMOS 管

关于 MOS 管教科书均有介绍，学电子的读者也都懂。VMOS 则是另一回事。那个"V"是什么意思？和普通 MOS 又有哪些不同？

双扩散金属-氧化物-半导体场效应晶体管，简称 VDMOS 管或 VMOS 管。由于内部有一个 V 字形的栅极而得名。和双极型器件的不同之处如表 2.11 所列。

表 2.11　VMOS 器件与双极型器件的比较

VMOS 器件	双极型器件
多数载流子器件	少数载流子器件
没有电荷存储效应	基区、集电区有电荷存储
高开关速度，对温度不敏感	低开关速度，对温度敏感
漂移电流（快过程）	扩散电流（慢过程）

VMOS 器件	双极型器件
电压驱动	电流驱动
纯电容输入阻抗,不需要直流电流驱动	低输入阻抗需要直流电流驱动
驱动电路简单	驱动电路复杂
漏极电流为负温度系数	由大基极电流引起的集电极电流为正温度系数
无热崩	会发生热崩
易并联	不易并联(V_{BE} 匹配和局部电流聚集)
不存在二次击穿,安全工作区大,小电流 $I-V$ 特性为平方律,大电流 $I-V$ 特性为线性	存在二次击穿,安全工作区小,$I-V$ 特性为指数
导通电阻较大,有较大静态损耗	低导通电阻(低饱和压降)
开关损耗小	开关损耗大
漏极电流正比于沟宽度	集电极电流近似正比于发射条长度和面积
跨导线性	跨导非线性
高击穿电压,由沟道–漏 P–N 结的轻掺杂区决定	高击穿电压,由基区–集电极 P–N 结的轻掺杂区决定

VMOS 器件的特点:

1. 开关速度非常快

VMOS 器件为多数载流子器件,不存在存储效应,故开关速度快。一般低压器件开关时间为 10 ns 数量级,高压器件为 100 ns 数量级,适合于做高频功率开关。

2. 高输入阻抗和低驱动

VMOS 器件的输入电阻高,直流驱动电流小。故只要逻辑电平的幅值超过 VMOS 的阈电压,则 VMOS 器件的可被 CMOS 和 LSTTL、标准 TTL 等器件直接驱动。驱动电路简单,可以用上拉电阻提高驱动电平。上拉电阻值影响 VMOS 管开关时间。实际驱动有时也需要 mA 级的电流。

3. 安全工作区大

VMOS 器件无二次击穿,安全工作区由器件的峰值电流、击穿电压的额定值和功率容量来决定,故工作安全,可靠性高。

4. 很低的导通损耗

VMOS 器件的充分导通后的导通电阻 $R_{DS(on)}$,最差的 1 Ω 左右,最好的甚至低到 1～2 mΩ。这就使得其导通损耗降至 mW 的数量级,这对用其作为电源管理非常合适。开关应用时也能使 VMOS 管的整体功耗大为降低。

5. 存在阈电压

VMOS 管的沟道结构,使其也像双极型器件一样,有一个导通阈电压。大多数

VMOS 管的阈电压为 $3.5 \sim 4$ V。近些年为适应低电源便携式设备的需要，已出现阈电压小于 1 V 的 VMOS 管。

6. 热稳定性好

VMOS 器件的最小导通电压由导通电阻 $R_{DS(on)}$ 决定。低压器件的 $R_{DS(on)}$ 甚小，但是随着漏源间电压的增加而增加，即漏极电流有负的温度系数，使管耗随温度的变化得到了一定的自补偿。

7. 易于并联使用

VMOS 可简单并联，以增加其电流容量。而双极型器件并联使用须增加均流电阻、内部网络匹配以及其他额外的保护装置。

8. 跨导高度线性

VMOS 器件是一种短沟道器件，当 V_{GS} 上升到一定值后，跨导基本为一恒定值，这就使其作为线性器件使用时，非线性失真大大减小。

9. 管内存在漏源二极管

VMOS 器件内部漏源之间"寄生"了一个反向的漏源二极管，它的正向开关时间小于 10 ns，和快速恢复二极管类似，也有一个 100 ns 数量级的反向恢复时间 t_{rr}。此二极管在实际电路中可起钳位和消振的作用。

10. 注意防静电破坏

尽管 VMOS 器件有很大的输入电容，不像一般 MOS 器件那样对静电放电很敏感，但由于它的栅源最大额定电压约为 ± 20 V，远远低于 $100 \sim 2\,500$ V 的静电电压，因此要注意采取防静电措施，运输时器件应放在抗静电包装或导电的泡沫塑料中。拿取器件时要带接地手镯，最好在防静电工作台上操作。焊接要用接地电烙铁。在栅源间应接一个电阻保持低阻抗，必要时并联 20 V 的稳压管加以保护。

由这些特点不难发现，VMOS 特别适合开关运用，如逆变、数字功放、开关电源、电源管理等。

表 2.12 为几种典型 VMOS 管的参数。

表 2.12 部分 VMOS 特性

型　号	沟　道	$V_{(BR)DSS}$/V	I_{Dmax}/A	$R_{DS(on)}$/Ω	P_D/W	封　装
2SK163	N	250	15	0.22	75	TO-220
2SK302	N	20	0.03		0.15	TO-236
IRF3250	N	55	110			TO-220
IRF250	N	200	30	0.1	150	TO-3
IRF630	N	200	9	0.4	75	TO-220

型 号	沟 道	$V_{\text{(BR)DSS}}/\text{V}$	I_{Dmax}/A	$R_{\text{DS(on)}}/\Omega$	P_{D}/W	封 装
IRF640	N	200	18	0.18	125	TO - 220
IRFZ44NS	N	55	49	0.0175	110	TO - 220
IRF540	N	100	27	0.05	150	TO - 220
IRF9540	P	−100	−19	0.2	150	TO - 220
IRF4905	P	−55	−74	0.02	200	TO - 220
CDS1615Q5	N	40	38	0.99		SON
CDS25401Q3	P	−20	−60	12		SON

表中 TI 公司 CDS25401Q3 的 $V_{\text{GS(th)}}=0.85\text{ V}$。

2.5 电源管理所用器件

电源管理是低功耗设备所必需的。其中的有源器件应该如何选？如何才能使管理电路本身的插入功耗最低,同时又适合低电压电池供电？

首先想到的是用 NPN 双极型晶体管和最灵活而价廉的 MCU 做通断控制,MCU 通常由电池 BT 供电,如图 2.21(a)所示。当 $V_{\text{C}}=0$ 时,Q 管截止,负载失电。当 $V_{\text{C}}=V_{\text{DD}}$ 时,Q 管饱和,此时 $V_{\text{o}}=V_{\text{BT}}-0.7\text{ V}$,如果采用单节锂电池供电,$V_{\text{BT}}=3.6\text{ V}$,则 $V_{\text{o}}=2.3\text{ V}$,0.7 V 的电压损失,几乎损失 1/5 的电源电压。此时 Q 管的管耗为 $I_{\text{o}}V_{\text{o}}$,若 $I_{\text{o}}=1\text{ A}$,则 Q 管将白白消耗约 0.7 W 的电能,显然这是无法容忍的。图(b)中 $V_{\text{c}}=0\text{ V}$,Q 管饱和,负载得电。$V_{\text{C}}=V_{\text{DD}}$,Q 管截止,负载失电。Q 管管耗为 $I_{\text{o}}V_{\text{ces}}$,若 $I_{\text{o}}=1\text{ A}$,0.3 W 的损耗还是太大。原因是双极型晶体管的饱和压降。因此,选用管压降低的 VMOS 管是个好主意。

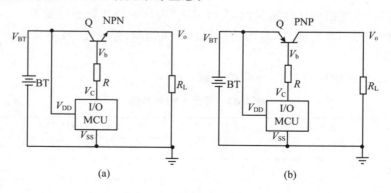

图 2.21 双极型晶体管电源管理电路

图 2.22(a)为 N 沟道 VMOS 管电路。当 MCU 的 $V_{\text{C}}=0$ 时,Q 管截止,负载失电。但要使 Q 管充分导通,则必须满足 $V_{\text{C}}\geqslant V_{\text{o}}+V_{\text{th}}$,或 $V_{\text{DD}}\geqslant V_{\text{o}}+V_{\text{th}}$。对于多数

VMOS 管而言,$V_{th}=4$ V,这就意味着甚至不能使用两节以下的锂电池。好在这时 Q 管的损耗为 $I_o^2 R_{DS(on)}$,是比较低的。

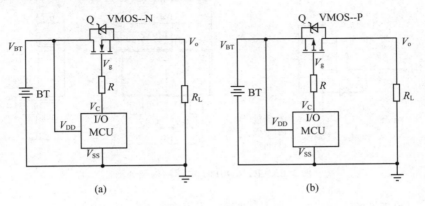

图 2.22　VMOS 电源管理电路

图 2.22(b)为 P 沟道 VMOS 管,当 $V_C=0$ 时,Q 管充分导通,$V_o=V_{BT}-I_o R_{DS(on)}$,假设 $I_o=1$ A,$R_{DS(on)}=50$ mΩ,电压仅损失 0.05 V,功率仅损失 0.05 W。如果选用 $V_{th}=4$ V 的 Q 管,V_{BT} 必须大于 4 V,才能保证 Q 管的导通和截止,还是不能用 3.6 V 的单节锂电池。可见,瓶颈在 V_{th}。

综上所述,用 V_{th} 小、最好还是表贴的 P 沟道 VMOS 管已无疑问。RZR040P01 是一款栅极阈电压 $V_{GS(th)}$ 小于 1 V 的 P 沟道 VMOS 管。其主要电气特性如表 2.13 所列。

表 2.13　RZR040P01 主要电气特性

参　数	符　号	Min	Typ	Max	单　位	测试条件
漏-源击穿电压	$V_{(BR)DSS}$			−12	V	$I_D=1$ mA, $V_{GS}=0$ V
漏极电流	I_D			−4	A	
总功耗	P_D			1.0	W	
栅-源漏电流	I_{GSS}	—	—	±10	μA	$V_{GS}=\pm10$ V, $V_{DS}=0$ V
栅极阈电压	$V_{GS(th)}$	−0.3		−1.0	V	$V_{DS}=-6$ V, $I_D=-1$ mA
上升时间	t_r		70		ns	
下降时间	t_f		210		ns	

图 2.23 为 RZR040P01 内部结构及外形尺寸。其内部除了漏-源钳位二极管外,在栅-源间尚有一只静电保护二极管,非常适合便携式设备使用。

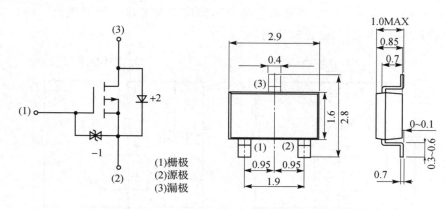

图 2.23 RZR040P01 内部结构及外形

2.6 晶闸管

曾经看到过报道，世界晶闸管年产值占电子元器件产值的一半。对于成天只接触弱电设备的读者，有点匪夷所思。接触强电设备以后才知道那些晶闸管多么值钱。不过从另一方面也说明了其重要性和应用的广泛性。想彻底理解它，得学通诸如《电力电子技术》之类的教材。不过，只要了解下面一些简单知识，读者就知道如何使用它们。

晶闸管（Thyristor）又称为可控硅（Silicon Controller Rectifier），其中的单向可控硅是一种具有 3 个 PN 结的 PNPN 四层半导体元件。图 2.24（a）为其内部结构及符号，图（b）为其加控制电流后的伏安特性。

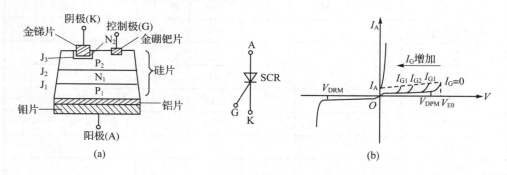

图 2.24 SCR

双向可控硅（TRIAC）是一种 NPNPN 五层半导体器件，也称双向开关，其伏安特性及符号如图 2.25 所示。它的正向与反向伏安特性基本相同。两个方向均能控制导通，但只有一个控制极。它可以看成两只 SCR 反向并联，在交流开关及交流调压中电路很简单。

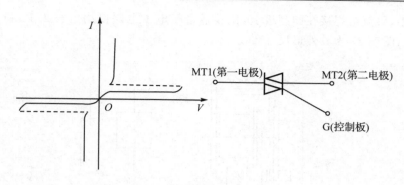

图 2.25　TRIAC

晶闸管的工作特点如下：

（1）对于 SCR，必须在阳极与阴极间加正向电压；对于 TRIAC，必须在 MT1 与 MT2 之间加电压，方向无要求。

（2）对于 SCR，控制极与阴极间加正向触发电压；对于 TRIAC，控制极与 MT1 或 MT2 之间加电压，方向无要求。

（3）触发电流必须大于规定值。

（4）晶闸管导通后，阳与阴极或 MT1 与 MT2 之间的电流必须大于维持电流 I_H。

（5）晶闸管一旦导通，只有阳与阴极或 MT1 与 MT2 之间的电压为 0，才会截止。

2.7　电磁继电器与固态继电器

2.7.1　电磁继电器

1. 基本特性

电磁继电器是最古老的弱电-强电接口器件，是一种利用电磁效应控制大电流、高电压或仅起隔离作用的器件。如图 2.26 所示是典型的电磁继电器结构，其工作原理一目了然。它由一个带软铁铁芯的绕组 J、簧片、弹簧及若干对合金触点构成。在绕组未通电时，触点 1-2 是闭合的，称常闭触点，1-3 触点是断开的，称常开触点。继电器可以只带一对常闭触点，用字母 H 表示，也可以带一开一闭两个触点，用字母 Z 表示。绕组得电后 1-3 接通，1-2 断开。1-2-3 这 3 个触点为一组，继电器可以带多达 7 组触点。图 2.26(b) 为继电器的常用符号。

2. JQX－14F(4124)小型大功率继电器

这种继电器负载能力强，开关功率可达 2 200 W，具有 5 000 V AC 的高抗电强度,体积小,可直接焊接在印制板上,比较适合于电子电路使用。表 2.14 和表 2.15 为其参数,图 2.27 为其外形尺寸。

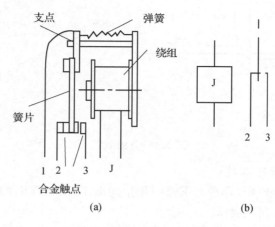

图 2.26　典型电磁继电器结构

表 2.14　JQX－14F 技术参数

触点形式		1H	1Z	2H	2Z
触点负载		10 A,30 V DC 或 220 V AC		5 A,30 V DC 或 220 V AC	
触点材料		Ag　Bi　Re			
触点电阻		100 mΩ 初始值			
绕组电压		3/5/6/9/12/24 V DC			
绕组消耗功率		0.53 W			
绝缘电阻		1 000 MΩmm　500 V DC			
介质耐压	绕组触点间	5 000 V AC(1 min)			
	开路触点间	1 000 V AC(1 min)			
释放时间		10 ms			
电气寿命		10^5 次			
机械寿命		10^7 次			
振　　动		10～55 Hz,双振幅 1.5 mm			
冲　　击		100 m/s^2			
环境温度		－40～＋60 ℃			

3. 干簧管继电器

　　干簧管继电器由干簧管和缠绕在其外部的电磁绕组组成。干簧管是将两组(根)既导磁又导电的金属簧片平行封装于填有惰性气体的玻璃管中。两簧片的端部重叠处留有一定的间隙,作为干簧管的触点。

当外部绕组通电时,两簧片被磁化而互相吸合,触点导通。其外形及加电后的工作情况如图 2.28 所示。其特性及装配尺寸等如图 2.29 所示。

表 2.15 绕组参数

绕组电压/V CD	绕组电阻/Ω	动作电压/V DC	释放电压/V DC
3	18		
5	50		
6	72		
9	120	≤75%额定电压	≥10%额定电压
12	285		
24	1 150		

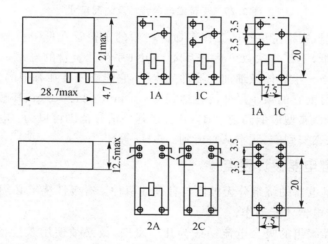

图 2.27 JQX-14F 外形尺寸

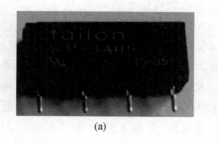

(a)

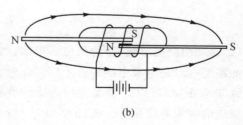

(b)

图 2.28 干簧管继电器外形

这种继电器绕组有许多可贵之处:极高的>10^{15} Ω 的绝缘电阻,这一点是其他各种继电器无法望其项背的;笔者曾利用它作为 fA 级电流的切换,可靠度高于 50 ppm;其用惰性贵金属铑做触点,熔点高,能够减少电弧发电对触点表面的损耗,

型　号	线圈电压 /V DC	线圈电流 /mA	线圈电阻 /Ω	功耗 /mW	吸合电压 /V DC	释放电压 /V DC	最大允许电压 /V DC
DIP—1A05	5	10	500	50	3.75	0.8	16
DIP—1A12	12	12	1 000	144	8.6	1.5	24
DIP—1A24	24	12	2 000	288	17.5	2.5	32

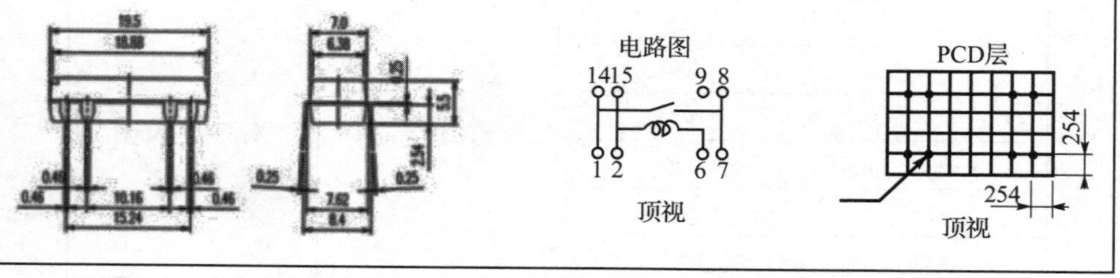

图 2.29　干簧继电器特性及装配尺寸

因此能更耐磨损，能维持更长的工作寿命。一般的干簧管在低级负载（在 10 mA 时低于 5 V 及更低）下工作次数可达百万次。OKI 系列干簧管的寿命一般保证在 1 亿次以上。这相当于半导体微细加工器件的水平；它能够安装在有限的空间，很适用于微型化设备。目前它的最小尺寸已经达到 Φ2.0 mm×11.0 mm；其触头在导通时有极低的导通电阻，典型值低到 50 mΩ；其直接开关信号范围可以为：电压从几纳伏到上千伏，电流从飞安到安，频率从直流到 6 GHz 等。

4. 电磁继电器设计要点

（1）电磁继电器的绕组分无极性与有极性两种。有极性绕组必须按正确方向施加吸合电压，继电器才能动作。

（2）继电器绕组的吸合电流一般为几十毫安，故必须使用双极型晶体管、MOS 管或晶体管、MOS 管阵列驱动。图 2.30（a）为 NPN 管驱动，若输入高电平，T 管饱和，继电器得电。若 T 管由饱和变截止，线圈 J 两端的感应电动势为：

$$e_L = -L\,\frac{\mathrm{d}i_c}{\mathrm{d}t}$$

式中，L 为绕组的电感量，i_c 为集电极电流。由于 L 和 $\mathrm{d}i/\mathrm{d}t$ 均比较大，感应电势 e_i 的幅度甚至可以是电源电压的若干倍。此时 T 管承受的反向电压为 $e_L + V_{CC}$，将可能导致 T 管击穿，所以 T 管集电极为感性负载时均应加保护二极管 D。D 也可看作电感绕组的磁能泄放元件。图（b）为 PNP 管驱动电路，若输入低电平，J 得电。但驱动器件输出的高电平应和继电器供电电压匹配，以保证其可靠截止。如果采用如图（c）所示的晶体管或 MOS 阵列，则应将阵列内部的保护二极管 D 接电源。晶体管的 V_{CC} 应由继电器的吸合电压确定。

阵列管的饱和压降较单晶体管高，设计时应注意，以免在 V_{CC} 较低时，继电器不动作。

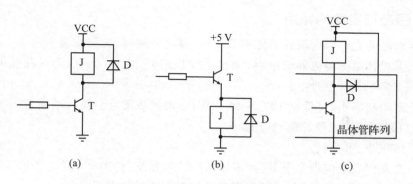

图 2.30　晶体管驱动时的保护二极管

（3）电磁继电器吸合和释放都需要十几毫秒的时间，系统运行时，这一时间必须考虑在内。例如，利用电磁继电器自动切换 DVM 量程，切换后必须等待继电器吸合或释放才能启动 ADC。

（4）和模拟开关比较，电磁继电器也是双向的，但其导通过触点电阻为 mΩ 级，远比模拟开关低；它允许大幅度的交直流信号直通，但开关速度就无法和模拟开关相抗衡了。

（5）为了减小导通时的触点电阻和触点动作时的火花腐蚀，多用白金触点。尽管如此，火花的氧化作用还是容易使触点烧损（发黑），触点电阻亦随之增加，影响使用寿命。为此，触点侧参数应充分减额，有时在触点并联 RC 回路对减小火花也有作用。

继电器的火花会对数字系统产生严重干扰，应妥善采取屏蔽等措施。

（6）电磁继电器的触点可以并联使用，以增大触点电流、提高触点可靠性。

2.7.2　固态继电器(SSR)

1. 交流固态继电器的内部结构

图 2.31 是一种典型交流固态继电器的内部电路，由输入电路、光电耦合器隔离级、驱动级、晶闸管 TRIAC 以及 RC 抑制元件等组成。

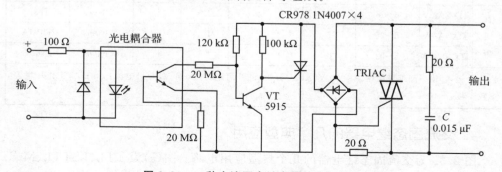

图 2.31　一种交流固态继电器的内部结构

2．固态继电器的特点

（1）内部的光电耦合器完善地实现了强-弱电的隔离，抗干扰能力强。

（2）无机械电磁继电器的触点，动作速度快（$10^{-7} \sim 10^{-10}$ s），无火花或电弧，无机械磨损，寿命长，干扰小。

（3）驱动功率小，可低至 $10^{-3} \sim 10^{-8}$ W，驱动灵敏度高。输入端通常与 TTL 电平兼容，可采用直流或脉冲驱动方式。

（4）体积小、重量轻。

（5）交流固态继电器又可分为"零压型"和"调相型"两类。

（6）接通电阻较电磁继电器大，而断开电阻较电磁继电器小。

（7）价格较电磁继电器高。

3．主要技术参数

表 2.16 为固态继电器的主要参数。

表 2.16　交直流固态继电器的主要参数

	型　号	工作电压（有效值）/V	有效工作电流/A	通态元件单峰浪涌电流/A	通态压降/V	维持电流/mA	开通及关断时间或频率	VT$_2$ 及 TRIAC 型号
交流型	TAC03A 220V	200	3	30	1.8	30	<0.5 Hz	T2302PM
	TAC06A 220V	220	6	60	1.8	30	<0.5 Hz	SC141M
	TAC08Z 220	220	8	80	1.8	30	<0.5 Hz	T2802M
	TAV15A 220V	220	15	150	1.8	60	<0.5 Hz	SC250M
	TAC25A 220V	220	25	250	1.8	80	<0.5 Hz	SC261M
直流型	TDC2A28V	6～28	2	—	1.5	—	<100 μs	TF317
	TDC5A28V	6～28	5	—	1.5	—	<100 μs	TIP41A
	TDC10A28V	6～28	10	—	1.5	—	<100 μs	2N6488
公共参数	输入-输出间绝缘耐压＞1 000 V（AC 一分钟）。开启电压：3～6 V，开启电流：30 mA，工作环境温度：−10～+70℃							

4．交流固态继电器的几个典型应用

图 2.32 为交流固态继电器的几个典型应用电路。图（a）为 TTL、LSTTL、MCU 等器件利用输出低电平驱动 SSR 的接法。图（b）为 CMOS 器件通过晶体管 T 驱动

SSR,图中 820 Ω 限流电阻是否需要应根据 SSR 输入要求来决定。图(c)为用 3 只 SSR 驱动三相交流感应电机的接法。电机 3 个绕组既可接成"Y"形也可以接成"△"形。图(d)为小功率 SSR 的扩展功率的接法。

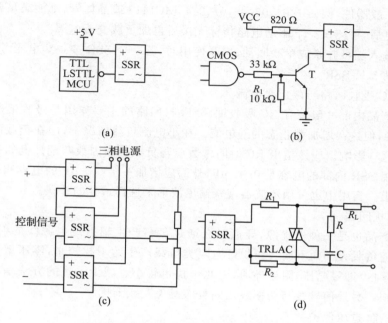

图 2.32 　SSR 的几个典型应用电路

5. 固态继电器应用要点

(1)首先应根据功率负载选择相应的固态继电器(直流/交流)。

(2)器件的发热:

SSR 在导通态时,元件将承受的热耗散功率 P 为:

$$P = VI$$

其中 V 和 I 分别为饱和压降和工作电流的有效值,这时需依据实际工作环境条件,严格参照额定工作电流时允许的外壳温升,合理选用散热器尺寸或降低电流使用,否则将因过热引起失控,甚至造成器件损坏。

若在线路板上使用固态继电器,额定工作电流 10 A 以下可采用散热条件良好的仪器底板散热。

(3)输入端的驱动

SSR 按输入控制方式可分为电阻型、恒流源型和交流输入控制型 3 类。

SSR 属于电流型输入器件。当输入端光耦可控硅充分导通后(微秒数量级),触发功率可控硅导通。若激励不足或采用斜坡式的触发电压,有可能造成功率可控硅处于临界导通边缘,并造成主负载电流流经触发回路引起损坏。例如基本性能测试电路,输入为可调电压源,测试负载使用 100 W 灯泡。输入触发信号应为阶跃逻辑电平,强触发方式。国外厂家提供的器件标准电流为 100 mA,考虑到全温度工作范围(−40～70℃)、发光效率稳定和抗干扰能力,推荐最佳直流触发工作电流为 12～25 mA。一般器件,例如 7404,05,06,07,244,MC1413 或晶体管,都能满足要求。控制回路上电后,可测试一下驱动电路指标无误后再加负载交流电源。

SSR 输入端可并联或串联驱动,串联使用时,若一个 SSR 按 4 V 电压考虑,12 V 电压可驱动 3 只 SSR。

(4) RC 吸收回路与截止漏电流

SSR 产品内部一般装有 RC 吸收回路,吸收回路的主要作用是吸收浪涌电压和提高 dv/dt,但这会增加截止态的漏电流。在小电流负载情况下,应在负载两端并联电阻减小这一影响。应该指出 RC 时间常数应与负载功率因数匹配。例如控制洗衣机电机所用 SSR 内部的电容是 0.01 μF,外部应增加一个 0.1 μF 的电容和一只数十欧姆的电阻。实用中也可用示波器观察输出波形来选择最佳的补偿。

(5)干扰问题

SSR 产品也是一种干扰源,导通时会通过负载产生辐射或电源线的射频干扰,干扰程度随负载大小而不同。白炽灯电阻类负载产生的干扰较小,零压型是在交流电源的过零区(即零电压)附近导通,因此干扰也较小。减少干扰的方法是在负载串联电感绕组。另外信号线与功率线之间也应避免交叉干扰。

(6)过流/过压保护

快速熔断器和空气开关是通用的过电流保护方法。快速熔断器可按额定工作电流的 1 倍选择,一般小容量可选用保险丝。特别注意负载短路是造成 SSR 损坏的主要原因。

感性及容性负载,除内部 RC 电路保护外,建议采用压敏电阻并联在输出端作为组合保护。金属氧化锌压敏电阻(MOV)面积大小决定吸收功率,厚度决定保护电压值。

交流 220 V 的 SSR 选用 MYH12 430 V φ12 的压敏电阻,380 V 选用 MY12 750 V 的压敏电阻,较大容量的电机变压器应用选用 MYH20,24 通流容量大的压敏电阻。

(7) 关于负载的考虑

SSR 对一般的负载应用是没有问题的,但也必须考虑一些特殊的负载条件,以避免过大的冲击电流和过电压对器件性能造成的不必要的损害。

白炽灯,电炉等类的"冷阻"特性造成开通瞬间的浪涌电流超过额定工作电流值数倍。在恶劣条件下的工业控制现场,建议留有足够的电压电流裕量。

某些类型的灯在烧断瞬间会出现低阻抗,气化和放电通道以及容性负载,如切换电容组或容性电源造成的类似短路状态,可在线路中进一步串联电阻或电感作为限流措施。

电机的开启和关闭也会产生较大的冲击电流和电压。中间继电器、电磁阀吸合不可靠时引起的抖动,以及电容换向式电机,换向时电容电压和电源电压的叠加会在 SSR 两端产生两倍电源的浪涌电压。控制变压器初级时,也应考虑次级线路上的瞬态电压对初级的影响。此外,变压器也有可能因为两个同向电流不对称造成饱和引起的浪涌电流异常现象。上述情况使 SSR 在特殊负载的应用多少变得有点复杂,可行的办法就是通过示波器去测量可能引起的浪涌电压、电流,从而使用合适的 SSR 和保护措施。

2.7.3　电磁继电器与固态继电器的比较

表 2.17 为电磁继电器与固态继电器的比较。

表 2.17　电磁继电器与固态继电器的比较

性　能	电磁继电器	固态继电器
工作原理	电磁效应	光耦＋晶闸管
输入驱动	取决于电磁绕组的要求	一般可由数字器件驱动
输出能力	由触点决定,可大电流、高电压	由晶闸管决定
寿命	由触点决定,可达 10^5 次	几乎无限
干扰	会产生电火花	无触点、无火花
价格	低	较高

纵观以上情况,通常应根据具体情况抉择:对干扰要求高时,以 SSR 较优;低端产品以电磁继电器为先。

2.8　基准电压源

2.8.1　基准电压源的容差

读者都知道 ADC 在模数混合电路里的重要性,也都知道所产生的数字量为:

$$D_n = \frac{V_i}{V_{ref}}(D_{nmax} - 1)$$

式中,V_i 为模拟电压值,V_{ref} 为基准电压值,D_{nmax} 为 ADC 的最大数字量。D_{nmax} 是一点都不会变的常数,因此得到的数字量只能由 V_{ref} 决定了。表 2.18 所列为几种常用的基准电压源的参数。

表 2.18　几种常用基准电压源的主要参数

型　号	标称电压值/V	容差/(%)	内阻/Ω	输出电流/mA	温度系数 ppm * /℃	时　漂	封　装
MC1403	2.5	±1		10	40		DIP8/SO8

型　号	标称电压值/V	容差/（％）	内阻/Ω	输出电流/mA	温度系数 ppm*/℃	时　漂	封　装
LM336-2.5 LM336-5	2.5 5	2.44～2.54	0.2		25	20	TO-92/SO8
TL431	2.5～36	±0.4**	0.22		50(0～70℃)**		TO-92/DIP8/SO8
AD580M	2.500	±0.4	10 mA /ΔI=10 mA		10	25 μV/月	TO-52
LM199H	7	±2	0.5		1	20 ppm	TO-46 TO-92

注：* ppm：百万分之一；* * 2.5 V 基准电压。

　　由表可知，即使基准电压源在制造时经过激光校正，它们的电压容差也保证不了 ±0.1％的精度，何况还没有考虑 ADC 的影响。好在在硬件设计时，可以把模拟输入电压用精密电位器加以调整，或将基准电压经运放、精密电位器调整后送 ADC，这样精度可在产品出厂时调校。因此没必要片面追求器件的容差，要知道容差小的 AD580 比 MC1403 起码贵了 10 倍。

2.8.2　"温漂"与"时漂"

　　其实作为基准，最重要的是基准电压的"漂移"，特别是工作温度引起的"温漂"。例如 TL431 内的 2.5 V 基准，在 0～70 ℃时的温漂达 50 ppm。在做精密测量时其影响不可忽视，为此有人不惜使用昂贵的基准电压源如 AD580，更有甚者，必须采用内部自带恒温电路的 LM199M，它们的温漂确实小了一个数量级。笔者在做某种精密测量时，为兼顾各方面的性能，实现最高的温度稳定性，把整个 ADC 装配在自动恒温的密闭金属盒内。

　　讨厌之处在于随着时间的加长而出现的漂移（Long term stability）"时漂"，这是器件本身决定的，使用者无能为力，只能听之任之了。

2.9　功率器件

　　不论是无源还是有源器件，只要消耗电能，就会以热能的形式散发出去。功率器件通过的功率大，发热更是不可避免，这会引发什么问题呢？

2.9.1　功率器件升温的影响

　　以三端固定正压输出的 7800 系列稳压器件为例，说明功率器件的发热情况：器件耗散功率 P_D 与器件结到周围空气的热阻 θ_{JA}、结温 T_J、周围空气的温度

T_A 之间的关系为

$$T_J - T_A = \theta_{JA} P_D$$

式中，$\theta_{JA} = (45 \sim 65)℃/W$，即器件功耗每增加 1 W 将使结温比周围环境温度高 45 ～65 ℃。7800 的最高工作结温为 +150 ℃，若环境最高工作温度为 50 ℃（注意：工程设计均按最恶劣情况考虑），则允许的最大功耗仅 1.2 W 左右。即对给定的 $T_{A(max)}$，θ_{JA} 和 $T_{J(max)}$ 为 P_D 确定了一个上限。这也意味着，当 7800 的输入-输出电压差 $V_{io} = 3$ V 时，$I_{omax} = P_D/V_{io} = 400$ mA。此时的结温已达 150 ℃ 了。换句话说，输出电流必须控制在 400 mA 以下，当然这是指器件自然散热的结果。如果加散热片（Heatsink），则必须对器件加散热片后的导热情况有所了解。

　　热传导过程和电传导过程很相近，可以用电传导过程模拟，用电流对应功率，电压对应温度、电阻对应热电阻。其电学模拟电路如图 2.33（a）所示。

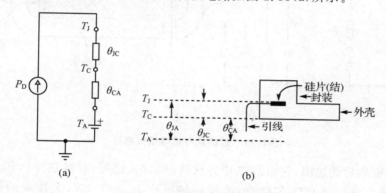

图 2.33　热传导的电学模拟

　　热电阻 θ_{JA} 由两部分组成：

$$\theta_{JA} = \theta_{JC} + \theta_{CA}$$

其中，θ_{JC} 是由芯片结到芯片外壳的热阻，θ_{CA} 为外壳到外界的热阻。

　　从图 2.33（a）的电路可知，当器件的功耗 P_D 一定时，即电路电流为定值，各点对地的温度分别为 T_A、T_C（外壳温度）和 T_J。显然 θ_{CA}、θ_{JC} 愈小，外壳和结温愈低。

　　θ_{JC} 由器件内部的电路布局和外壳决定。减小 θ_{JC} 的办法是将器件电路封装在一个合适的塑料，最好是金属外壳中，其中耗热最厉害的集电极和金属外壳直接相连，7800、7900、LM317、LM337 有 TO-3 和 TO-220 两种典型封装。注意外壳不同，芯片连不同的引脚。在自然空气的冷却条件下，TO-3 封装的 $\theta_{JC} = (3.5 \sim 5.5)℃/W$，$\theta_{CA} = (3.65 \sim 39.5)℃/W$；TO-220 封装的 $\theta_{JC} = (3 \sim 5)℃/W$，$\theta_{CA} = (57 \sim 60)℃/W$。由此可见大封装 TO-3 比小封装的 TO-220 热阻小得多，而且热阻主要表现在 θ_{CA} 上。为了改善外壳对周围环境的导热，减小 θ_{CA}，通常采用强制冷却（风冷、水冷）和加装散热片的办法。

2.9.2　"退烧"的有效方法——散热片

图 2.34(b)表示了器件外加一个鳍形散热片的情况。这时

$$\theta_{CA} = \theta_{CS} + \theta_{SA}$$

其中 θ_{CS} 是安装表面导热绝缘薄膜(云母或玻璃纤维)的热阻,为减小此热阻,安装时它的两面应涂覆导热良好的硅油以保证紧密的热连接,其典型值为 1 ℃/W。

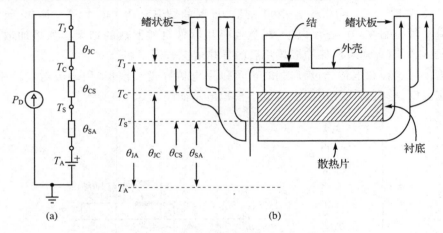

图 2.34　散热片与热电模拟电路

θ_{SA} 为散热片的热阻,它由散热片的材料(铝、铜、银等)和散热片体积与外形决定。铝散热片的规格有许多种,小体积的热阻约为 30 ℃/W,大体积的热阻小至 1 ℃/W。

加装散热片后的 θ_{CA} 将比自然冷却情况下的热阻低许多倍。以 TO−220 封装上例中的 7805 来说,若 $\theta_{SA}=10$ ℃/W,$\theta_{CS}=1$ ℃/W,则 $\theta_{CA}=11$ ℃/W,而 $\theta_{JC}=5$ ℃/W,$\theta_{JA}=15$ ℃/W,$T_A=50$ ℃,可计算出 $P_{D(max)}=6.25$ W,完全可满足 $V_{io}=5$ V、$I_{omax}=1$ A 的散热要求。

散热片必要时可以用分析工具估测,例如其热阻为

$$\theta_{SA} = \frac{1}{\eta h A_{fin}} + \frac{1}{2m C_P}$$

其中,η 为散热效率,h 为散热系数,A_{fin} 为散热片面积,m 为外界空气的流速,C_P 为定压比热。不过在工程实际中散热片多半靠经验选择。

图 2.35 表示了 TO−221A 封装的 MC7805 环境温度与耗散功率的关系,图中 θ_{HS} 为散热片的热阻。在相同环境温度下,散热片越大,热阻越低,可耗散的功率越大。图 2.36 表示了将器件紧贴 PCB 时,散热铜箔的长度与热阻、耗散功率的关系,箔片越长,热阻越小,耗散功率越大。图 2.36 的可贵之处在于给出了具体数据。

上面谈的是 7800 稳压器件,其原理也适用于其他功率器件,如大功率管等。

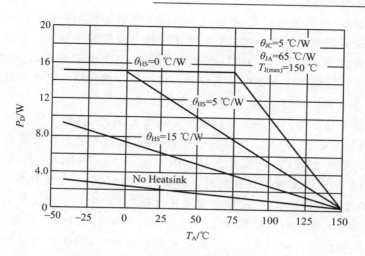

图 2.35 散热片与耗散功率的关系

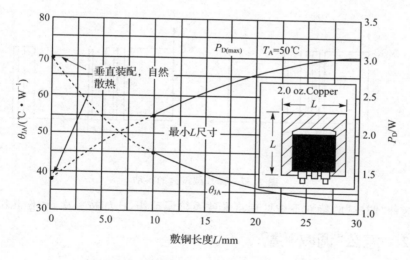

图 2.36 PCB 敷铜长度与热阻、耗散功率的关系

2.10 "调皮"的键

2.10.1 "调皮"的键的特性

键是计算机、嵌入式系统应用得最普遍的人机交互器件,分为机械式和触摸式两类。机械式又分弹片型和导电硅胶型两种。触摸式又分电容式和电阻式两种。导电硅橡胶型按键由若干个带导电硅橡胶的橡胶片和硅橡胶点位置对应的若干个栅网状单面 PCB 组成,当某个导电硅橡胶被按下时,相应点的栅网点导通。此类按键广泛

用于计算机键盘、电视机遥控器、电话机及许多大产量的数字产品上。弹片型按键由弹性极佳的磷青铜片和触点组成。它们常用于仪器仪表等产品里。电容式触摸按键在图形化面板的数字产品，如 iPAD、平板电脑等产品上大展雄威，已取代硅橡胶按键。按键开关广泛应用于各类电子系统的人机界面。弹片型按键由于其内部采用了弹性很好的导电簧片，弹片在触点会发生多次弹动。

　　弹片型按键由于其内部采用了弹性很好的导电簧片，且弹片在触点会发生多次弹动，因此当如图 2.37(a)所示电路按下开关时，电压 v 的波形常如图 2.37(b)或(c)所示。v 的电平在 0 和 V_{CC} 间变化。其中图 2.37(b)为 OMRAN 公司 B3F 型开关的波形，"调皮"的抖动主要出现在前沿。抖动的持续时间 t_w 主要取决于按键的物理特性，抖动的波形为矩形脉冲，脉冲的宽度是随机的，脉冲的个数也是随机的。键的整个动作时间由人按的时间长短决定。B3F 型开关的 $t_w < 10$ ms。图(c)是其他型号按键前后沿均存在抖动的情况。特别要提醒各位，也有极少数型号的按键不存在抖动，而导电硅胶型按键也有抖动。

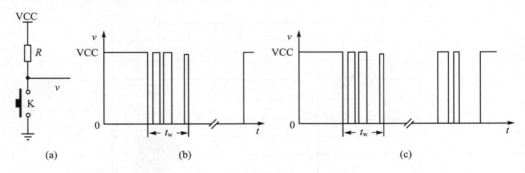

图 2.37　弹片型按键的抖动

　　对这种"调皮"的特性不做处理将导致系统误动作，比如按一次，动作几次。

2.10.2　怎么"调教"键？

(1)单刀双位按键开关去抖

　　图 2.38 为两种单刀双位按键开关的去抖电路。这种开关有两个触点。图(a)为同相门去抖电路，它利用同相门的反馈消除了抖动。图(b)为 RS 触发器去抖，它利用了 CD4043 的 R 和 S 端为 0 时，输出状态保持的特点完美地消除了抖动。

(2)普通按键开关的去抖

　　图 2.39 普通按键开关的几种去抖电路。图(a)利用不可重复触发单稳触发器 74HC221 在按键按下被触发后开关的抖动不会重复触发的特点来去抖。显然单稳的持续时间（输出脉宽）≈RC 必须大于开关抖动时间。图(b)为用反相器组成的翻转式去抖电路。由于门 A 的输入是引自反相器 B 的正反馈，开关每闭合一次，电容 C_1 上的电压都会使反相器 A 改变状态。电阻 R_1 的作用是使电容 C_1 上充放电过程

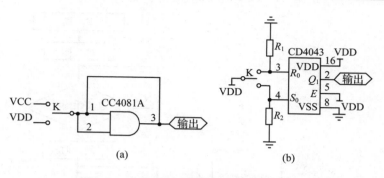

图 2.38 单刀双位按键开关的去抖电路

放慢,这样可使电路免受开关触点抖动的影响。图(c)是由同相器组成的积分去抖电路。电阻 R 和电容 C 组成一个积分电路,输出跃变发生在积分器积分到门的转折电压时刻,只要积分电路时间常数足够大,就可以克服开关抖动引入的抖动脉冲。

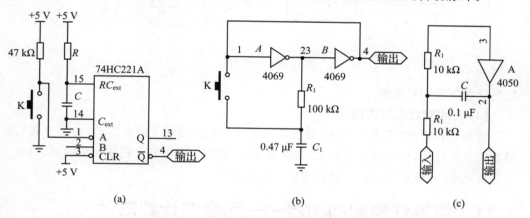

图 2.39 普通按键开关的去抖电路

(3) 软件去抖

嵌入式应用系统采用软件延时去抖是一种普遍而成熟的方法。如图 2.40(a)所示的 89C51 微处理器与按键接口电路应用得十分普遍。

设置 $\overline{INT0}$ 为电平触发方式,当机械开关按下时,微处理器进入中断。若中断程序的执行时间大于开关的抖动时间,则抖动无影响。然而,通常中断程序的执行时间相对较短,按键动作的时间相对较长,因此,当程序执行完毕并返回时,若 $\overline{INT0}$ 仍是低电平,则相当于按键又一次动作,再次执行中断程序。边沿触发方式可以解决上述问题,这就是一般不采用电平触发而采用边沿触发的依据所在。

设置 $\overline{INT0}$ 为边沿触发方式,当机械开关按下时,微处理器进入 $\overline{INT0}$ 中断。首先将其延时 20 ms 以上,再执行中断服务程序。这种方法可消除前沿抖动。另一种方法如图 2.40(b)流程所示,等按键松开后,再延迟一段时间,可以消除后沿抖动。

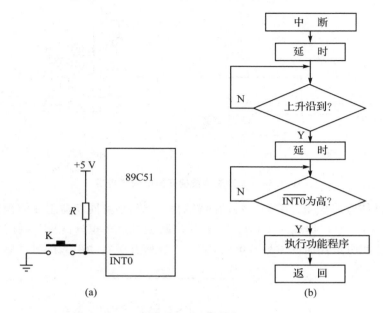

图 2.40 软件去抖

但是后者反应相对迟钝。

（4）专用键盘芯片去抖

8279、ZLG7290 等专用显示/键盘处理芯片本身已消除了键盘抖动,再加上键盘处理的其他功能,如直接键盘输出、双键互锁等,使用十分方便。值得提出的是,时下某些智能 LCD 显示器可以直接连接键盘和去抖。

2.11 可靠性预期的利器——元器件计数法

一个电子系统功能设计完成以后,为从"能用"达到"好用、耐用"的可靠性目标,应该估算一下系统的可靠性。

产品的可靠性可以通过寿命试验和抽样试验的方法获得。前者是一种破坏性的试验。抽样试验则是一种非破坏性的、经济的、实践证明行之有效的方法。按进行的方式,抽样试验又可分为逐批抽样、连续抽样、标准型抽样和筛选型抽样等数种。根据抽象结果,运用数理统计方法,可得到可靠性数据。

获取电子系统可靠性的另一常用办法是估算法。其最终得到的是人们熟悉的可靠性指标 MTBF(Mean Time Between Failures)平均无故障(或两次相邻故障间的)工作时间。

这岂不意味着,电子系统一定会坏吗？是的！对于可修复产品而言,就是如此！可靠性设计的目的,仅在于使系统无故障使用的时间尽量的长而已。

2.11.1 MTBF 的计算

$$\text{MTBF} = \left(\sum_{i=1}^{n} \sum_{j=1}^{n_{fi}} t_{ij} \right) \Big/ \sum_{i=1}^{n} n_{fi}$$

式中：t_{ij} 为第 i 个产品从第 $j-1$ 次故障到第 j 次故障的工作时间（h）；n_{fi} 为第 i 个测试产品的故障数；n 为测试产品的总数。

MTBF 的另一种表达方式为：

$$\text{MTBF} = \frac{T}{n_i}$$

式中，T 为一台产品的总试验时间（h），n_i 为期间出现的故障数。

当 $t=0$，$R(0)=1$ 且 $t=\infty=0$ 时，可以推导出

$$\text{MTBF} = \int_0^\infty R(t)\,dt$$

显然，如果已知产品的失效分布类型，即可求出 MTBF。

若产品失效分布为单参数指数类型，即

$$\text{MTBF} = \int_0^\infty e^{-\lambda_s t}\,dt = \frac{1}{\lambda_S}$$

式中，λ_S 为系统失效率。

2.11.2 元器件计数法可靠性预计

可靠性模型为串联结构（指系统由 n 个单元组成，当每个单元都正常工作时系统才能正常工作，其中任一单元失效，则系统功能失效。除串联结构外，还有并联、混联、k/n 表决等可靠性模型结构）的系统失效率的数学表达式为

$$\lambda_S = \sum_{i=1}^{n} N_i (\lambda_G \pi_Q)_i$$

式中，N_i 为第 i 种元器件的数量，λ_G 为第 i 种元器件的通用失效率（$10^{-6}/\text{h}$），π_Q 为第 i 种元器件的通用质量系数，n 是元器件种类的数目。上式适用于在同一环境下工作的系统，如果系统所包含的 n 个单元在不同的环境下工作，则应分别计算不同环境下的 λ_S，然后将不同环境下的 λ_S 相加，求得系统的总失效率。

上式计算称为元器件计数可靠性预计法。

各种元器件的通用失效率 λ_G 和工作环境温度密切相关。表 2.19 为其温度等级。

表 2.20~2.27 给出几种常用电子元器件的通用失效率 λ_G。表 2.28~2.31 为常用电子元器件的通用质量系数。

通用质量系数 π_Q 的质量等级是按军用或民用质量控制水准来划分的。表 2.32 为半导体单片集成电路的 π_Q 等级划分情况。其他电子元器件亦可参照上表的划分。

元器件计数可靠性预计法适用于产品研制的初步设计等需要较快速预计的场合。

表 2.19　各种元器件的通用工作环境温度　℃

工作环境	G_B	G_{MS}	G_{F1}	G_{F2}	G_{M1}	G_{M2}	G_P	N_{SB}	N_{SI}
T_A	30	30	40	40	55	60	40	45	40

工作环境	N_{S2}	N_U	A_{IF}	A_{UF}	A_{IC}	A_{UC}	S_F	M_L
T_A	45	70	55	70	55	70	30	55

表 2.20　电阻器和电位器的通用失效率 λ_G

通用失效率 λ_G　　　　$10^{-6}/h$

种类		G_B	G_{MS}	G_{F1}	G_{F2}	G_{M1}	G_{M2}	M_P	N_{SB}	N_{SI}	N_{S2}	N_U	A_{IF}	A_{UF}	A_{IC}	A_{UC}	S_F	M_L
电阻器	合成	0.003	0.004	0.012	0.020	0.049	0.077	0.033	0.027	0.02	0.03	0.17	0.05	0.18	0.004	0.12	0.04	0.25
	金属膜	0.010	0.011	0.020	0.033	0.055	0.088	0.062	0.045	0.03	0.05	0.17	0.07	0.18	0.03	0.10	0.005	0.36
	碳膜	0.013	0.015	0.026	0.043	0.064	0.10	0.080	0.056	0.04	0.07	0.18	0.08	0.20	0.04	0.11	0.012	0.42
	功率非线绕	0.14	0.15	0.26	0.43	0.59	0.98	0.95	0.58	0.36	0.65	1.54	0.74	1.85	0.59	1.45	0.14	4.46
	电阻网络	0.12	0.14	0.33	0.55	1.26	2.23	1.03	0.84	0.46	0.99	5.13	1.57	4.65	0.78	3.13	0.12	8.16
	精密线绕	0.029	0.032	0.068	0.11	0.18	0.35	0.24	0.16	0.10	0.17	0.64	0.24	0.69	0.22	0.56	0.03	1.36
	功率线绕	0.12	0.14	0.20	0.41	0.62	1.06	0.93	0.60	0.34	0.64	1.78	0.78	2.14	0.42	1.07	0.13	4.66
	热敏电阻	0.10	0.13	0.24	0.44	0.58	0.76	0.67	0.49	0.31	0.68	0.93	0.73	1.16	0.31	0.45	0.10	3.40
	压敏电阻	0.079	0.10	0.20	0.36	0.47	0.62	0.55	0.40	0.25	0.55	0.76	0.59	0.95	0.25	0.36	0.08	2.77
电位器	普通线绕	0.33	0.40	0.75	1.13	2.52	5.50	3.01	1.70	1.13	1.90	5.92	4.42	8.37	2.09	5.03	0.33	*
	精密线绕	1.19	1.43	2.72	4.08	6.81	13.51	8.16	7.01	4.08	8.17	24.79	15.84	29.44	10.05	21.25	1.19	90.25
	微调线绕	0.38	0.45	0.74	1.24	1.92	3.30	2.27	1.51	1.03	1.64	4.36	3.22	7.63	2.06	4.47	0.38	16.32
	功率线绕	0.54	0.71	1.18	2.07	3.63	7.65	4.74	2.60	1.78	2.91	7.60	6.36	*	4.24	*	0.54	*
	有机实芯	0.11	0.12	0.20	0.39	1.05	2.44	1.12	0.66	0.33	0.78	3.16	2.06	4.38	1.40	2.68	0.11	8.85
	合成碳膜	0.19	0.21	0.34	0.68	1.81	4.20	1.93	1.39	0.68	1.69	6.87	4.01	8.46	2.75	5.23	0.19	*
	玻璃釉	0.11	0.13	0.24	0.42	0.48	1.02	0.71	0.43	0.24	0.47	1.17	0.89	2.57	0.45	1.69	0.11	5.41

注:"*"表示在此环境下一般不使用这种元件。

表 2.21　电容器的通用失效率 λ_G

通用失效率 λ_G 　　　　　$10^{-6}/h$

种　　类	G_B	G_{MS}	G_{F1}	G_{F2}	G_{M1}	G_{M2}	M_P	N_{SB}	N_{S1}	N_{S2}	N_U	A_{IF}	A_{UF}	A_{IC}	A_{UC}	S_F	M_L
纸和薄膜	0.010	0.011	0.025	0.051	0.068	0.160	0.074	0.051	0.029	0.065	0.308	0.113	0.563	0.085	0.322	0.010	0.438
玻璃釉	0.003	0.004	0.010	0.015	0.038	0.067	0.029	0.019	0.011	0.026	0.138	0.051	0.280	0.035	0.174	0.003	0.185
云母	0.009	0.011	0.026	0.036	0.094	0.155	0.067	0.051	0.028	0.068	0.336	0.120	0.472	0.094	0.354	0.009	0.323
2类瓷介	0.010	0.011	0.028	0.046	0.053	0.085	0.070	0.050	0.029	0.058	0.099	0.080	0.152	0.080	0.111	0.010	0.177
1类瓷介	0.008	0.009	0.027	0.046	0.092	0.185	0.078	0.054	0.026	0.064	0.368	0.134	0.433	0.068	0.335	0.008	0.341
固体钽	0.014	0.017	0.042	0.061	0.091	0.201	0.104	0.074	0.040	0.088	0.397	0.216	0.701	0.195	0.481	0.014	0.494
液体钽	0.040	0.048	0.131	0.185	0.278	0.617	0.292	0.203	0.122	0.269	1.222	0.753	2.102	0.409	1.340	0.040	1.535
铝电解	0.068	0.082	0.226	0.377	0.713	2.217	0.848	0.576	0.283	0.689	4.184	2.155	7.446	1.629	5.673	0.068	3.564
微调瓷介	0.19	0.23	0.71	0.95	1.60	2.56	2.23	1.17	0.83	1.67	9.53	2.86	29.80	1.67	14.90	0.19	14.87
可变空气（有封壳）	0.40	0.52	1.90	2.52	5.16	8.32	7.88	2.84	2.16	4.32	31.0	9.40	98.0	4.80	48.0	0.40	48.0
可变空气（无封壳）	1.00	1.30	4.72	6.32	12.92	20.80	19.72	6.92	5.40	10.80	77.52	23.48	244.8	12.0	124.8	1.00	120.0

表 2.22　半导体二、三极管的通用失效率 λ_G

通用失效率 λ_G　　$10^{-6}/h$

种类	G_B	G_{MS}	G_{F1}	G_{F2}	G_{M1}	G_{M2}	M_P	N_{SB}	N_{S1}	N_{S2}	N_U	A_{1F}	A_{UF}	A_{1C}	A_{UC}	S_F	M_L
小功率硅 NPN	0.10	0.12	0.23	0.57	0.73	1.55	0.85	0.60	0.40	0.84	2.22	1.99	3.80	1.00	1.90	0.05	3.72
大功率硅 NPN	0.33	0.40	0.73	1.82	2.35	4.95	2.74	1.92	1.28	2.69	7.05	6.40	12.09	3.20	6.05	0.16	11.95
小功率硅 PNP	0.14	0.17	0.32	0.80	1.06	2.25	1.20	0.85	0.56	1.19	3.27	2.89	5.61	1.44	2.81	0.07	5.39
大功率硅 PNP	0.45	0.54	1.02	2.55	3.36	7.14	3.83	2.71	1.79	3.79	10.3I	9.16	7.67	4.58	8.83	0.23	17.10
小功率锗 PNP	0.16	0.19	0.40	0.99	1.66	3.97	1.49	1.13	0.70	1.58	8.02	4.54	13.75	2.27	6.87	0.08	8.47
大功率锗 PNP	0.50	0.60	1.26	3.16	5.15	12.07	4.74	3.57	2.21	4.99	22.98	14.04	39.40	7.02	19.70	0.25	26.21
锗 NPN	0.51	0.61	1.32	3.29	5.71	13.72	4.93	3.79	2.30	5.30	27.38	15.57	46.93	7.79	23.47	0.25	29.07
功率型微波双极型	0.74	0.88	1.47	3.68	4.05	8.09	5.52	3.68	2.58	5.74	15.01	11.04	21.19	5.52	10.60	0.44	20.60
硅场效应	0.35	0.42	0.79	1.96	2.55	5.40	2.95	2.07	1.37	2.90	7.75	6.95	3.29	3.47	6.64	0.21	12.97
砷化镓场效应	0.81	0.98	2.319	5.97	11.13	26.26	8.95	5.97	5.01	10.03	45.95	30.36	8.78	15.18	39.39	0.49	56.66
单结	0.22	0.27	0.52	1.30	1.81	3.92	1.95	1.41	0.91	1.97	5.87	4.93	10.06	2.47	5.03	0.13	9.21
闸流	0.41	0.49	1.03	2.59	4.08	9.28	3.88	3.20	1.81	4.07	15.62	11.12	26.77	5.56	13.39	0.25	20.76
普通硅	0.03	0.04	0.07	0.19	0.28	0.61	0.29	0.19	0.12	0.26	0.92	0.66	1.31	0.35	0.79	0.02	1.42
普通锗	0.05	0.05	0.11	0.33	0.67	1.68	0.49	0.36	0.20	0.48	3.79	1.57	5.41	0.85	2.97	0.02	3.39
调整、基准	0.13	0.16	0.25	0.73	0.95	2.03	1.09	0.69	0.44	0.92	3.02	2.24	1.31	1.21	2.37	0.07	4.83
微波硅检波	0.65	0.78	1.37	3.42	4.49	11.63	5.12	3.51	2.39	4.91	11.87	11.21	20.36	5.23	9.33	0.39	20.93
微波锗检波	1.36	1.63	3.39	8.48	17.37	56.21	12.72	9.82	5.94	13.71	*	43.43	*	20.27	*	0.81	81.08
微波硅混频	0.85	1.02	1.78	4.46	5.89	15.31	6.69	4.59	3.12	6.43	15.69	14.72	26.89	6.87	12.33	0.51	27.48
微波锗混频	2.24	2.69	5.61	14.01	28.70	92.87	21.02	16.22	9.81	22.70	*	71.76	*	33.49	*	1.34	133.95
变容、阶跃、隧道、PIN、体效应、崩越	0.38	0.46	0.73	2.14	2.77	5.88	3.21	2.03	1.28	2.71	8.44	6.56	12.06	3.53	6.63	0.23	14.13

三极管 — 小功率硅 NPN 至 闸流；二极管 — 普通硅 至 变容、阶跃、隧道、PIN、体效应、崩越

表 2.23 单片双极、MOS 模拟电路的通用失效率 λG

通用失效率 λG

10^{-6}/h

N_T	封装	G_B	G_{MS}	G_{F1}	G_{F2}	G_{MI}	G_{M2}	M_P	N_{SB}	N_{S1}	N_{S2}	N_U	A_{1F}	A_{UF}	A_{1C}	A_{UC}	S_F	M_L
1~32	密封	0.25	0.29	0.55	0.88	1.51	2.18	1.00	1.10	0.75	1.31	3.49	2.34	4.77	1.76	4.19	0.26	3.58
	非密封	0.37	0.44	0.82	1.36	2.22	3.22	1.56	1.69	1.16	2.02	5.01	3.57	6.83	2.63	5.88	0.40	5.60
33~100	密封	0.68	0.74	1.43	1.93	3.83	5.39	2.13	2.50	1.74	2.82	8.96	5.10	12.07	4.21	11.18	0.70	7.01
	非密封	1.29	1.38	2.60	3.33	6.65	9.19	3.60	4.31	3.06	4.76	15.09	8.48	20.02	7.20	18.74	1.33	11.22
101~300	密封	1.81	1.90	3.67	4.41	9.56	13.17	4.69	5.82	4.13	6.29	22.32	11.41	29.65	10.12	28.36	1.85	14.18
	非密封	4.68	4.80	8.87	9.83	21.41	28.60	10.19	12.94	9.47	13.54	47.34	23.81	61.46	22.13	59.78	4.73	27.41
301~500	密封	3.38	3.49	6.66	7.60	16.89	22.95	7.95	10.09	7.25	10.68	38.82	19.23	51.10	17.59	49.46	3.42	22.75
	非密封	11.60	11.75	21.09	22.23	48.41	63.35	22.66	29.15	21.80	29.87	103.30	51.28	132.05	49.27	130.04	11.66	55.57
501~1000	密封	7.57	7.73	14.55	15.78	35.86	48.07	16.24	21.03	15.32	21.80	81.10	38.94	105.76	36.78	103.60	7.63	43.56
	非密封	25.58	25.75	45.56	46.97	102.07	132.21	47.50	61.43	46.44	62.31	213.94	105.59	271.36	103.13	268.90	25.65	110.88

注：N_T 为晶体管数。

电子技术随笔(第2版)

66

表2.24 密封单片数字集成电路的通用失效率 λ_G

通用失效率 λ_G　　　　　　　　　　　　　　　　10^{-6}/h

门数	工艺	G_B	G_{MS}	G_{F1}	G_{F2}	G_{M1}	G_{M2}	M_P	N_{SB}	N_{S1}	N_{S2}	N_U	A_{1F}	A_{UF}	A_{1C}	A_{UC}	S_F	M_L
1~20	双极	0.13	0.17	0.29	0.65	0.75	1.14	0.79	0.76	0.51	0.98	1.48	1.66	2.06	1.02	1.43	0.15	3.02
	MOS	0.20	0.24	0.43	0.82	1.13	1.67	0.96	0.98	0.67	1.22	2.38	2.10	3.26	1.42	2.59	0.22	3.55
21~50	双极	0.17	0.23	0.37	0.80	0.94	1.41	0.95	0.93	0.64	1.19	1.85	2.00	2.56	1.26	1.81	0.19	3.60
	MOS	0.26	0.32	0.57	1.02	1.48	2.16	1.19	1.23	0.85	1.52	3.14	2.61	4.27	1.82	3.48	0.29	4.31
51~100	双极	0.22	0.28	0.45	0.94	1.13	1.68	1.12	1.09	0.76	1.40	2.21	2.34	3.04	1.50	2.19	0.24	4.16
	MOS	0.32	0.39	0.69	1.21	1.80	2.60	1.40	1.47	1.01	1.79	3.81	3.08	5.17	2.18	4.27	0.35	5.01
101~200	双极	0.34	0.42	0.68	1.34	1.65	2.42	1.58	1.56	1.09	1.97	3.19	3.29	4.35	2.14	3.21	0.37	5.74
	MOS	0.48	0.57	1.01	1.70	2.60	3.73	1.96	2.08	1.44	2.51	5.50	4.32	7.12	3.12	6.21	0.52	6.90
201~400	双极	0.42	0.50	0.82	1.48	1.91	2.74	1.73	1.74	1.23	2.16	3.65	3.57	4.91	2.41	3.75	0.45	6.07
	MOS	0.59	0.68	1.21	1.91	3.07	4.35	2.18	2.36	1.65	2.80	6.55	4.83	8.76	3.60	7.53	0.62	7.47
401~700	双极	0.56	0.66	1.06	1.84	2.43	3.45	2.14	2.17	1.55	2.67	4.62	4.40	6.17	3.02	4.80	0.60	7.35
	MOS	0.74	0.84	1.51	2.34	3.82	5.39	2.65	2.89	2.03	3.41	8.15	5.88	10.89	4.44	9.44	0.78	8.99
701~1000	双极	0.63	0.73	1.18	1.97	2.67	3.74	2.27	2.34	1.68	2.83	5.04	4.65	6.68	3.26	5.29	0.67	7.63
	MOS	0.82	0.92	1.66	2.50	4.19	5.88	2.81	3.11	2.19	3.63	8.97	6.28	11.95	4.82	10.48	0.86	9.42
1001~1500	双极	0.98	1.12	2.36	2.92	3.95	5.50	3.35	3.45	2.49	4.16	7.41	6.80	9.77	4.81	7.78	1.03	11.07
	MOS	1.17	1.32	2.00	3.54	5.88	8.23	3.98	4.39	3.10	5.13	12.47	8.83	16.57	6.76	14.50	1.23	13.27
1501~2000	双极	1.11	1.26	2.59	3.14	4.35	5.99	3.57	3.73	2.71	4.44	8.11	7.22	10.62	5.21	8.61	1.17	11.52
	MOS	1.30	1.44	2.50	3.78	6.42	8.95	4.23	4.71	3.34	5.46	13.66	9.41	18.10	7.32	16.01	1.36	13.89
2001~2500	双极	1.46	1.60	3.16	3.66	5.23	7.04	4.09	4.34	3.22	5.06	9.56	8.11	12.32	6.10	10.30	1.51	12.44
	MOS	1.62	1.77	2.50	4.36	7.68	10.56	4.81	5.46	3.91	6.22	16.24	10.68	21.34	8.58	19.24	1.68	15.19
2501~3000	双极	1.61	1.75	2.73	3.89	5.65	7.55	4.33	4.64	3.46	5.36	10.29	8.56	13.19	6.52	11.16	1.66	12.91
	MOS	1.74	1.89	3.38	4.59	8.20	11.25	5.05	5.77	4.14	6.53	17.37	11.22	22.79	9.11	20.67	1.80	15.76

表 2.25 光电子与声表面波器件的通用失效率 λ_G

$10^{-6}/h$

种　类	通用失效率 λ_G																
	G_B	G_{MS}	G_{F1}	G_{F2}	G_{M1}	G_{M2}	M_P	N_{SB}	N_{S1}	N_{S2}	N_U	A_{1F}	A_{UF}	A_{1C}	A_{UC}	S_F	M_L
发光二极管	0.050	0.050	0.13	0.22	0.33	1.16	0.30	0.34	0.16	0.47	1.95	0.77	1.90	0.55	1.43	0.050	3.28
光敏二极管	0.10	0.11	0.28	0.47	0.69	2.43	0.63	0.71	0.35	0.99	4.10	1.61	4.00	1.15	3.00	0.10	6.90
光敏三极管	0.23	0.25	0.62	1.03	1.43	4.96	1.37	1.53	0.75	2.11	8.12	3.33	7.92	2.38	5.94	0.23	14.28
简单式光电耦合器	0.28	0.30	0.74	1.23	1.71	5.95	1.64	1.84	0.90	2.53	9.75	4.00	9.51	2.86	7.13	0.28	17.14
复合式光电耦合器	0.32	0.35	0.86	1.44	2.00	6.94	1.92	2.14	1.05	2.95	11.37	4.67	11.09	3.33	8.32	0.32	20.00
单数码管	0.17	0.18	0.44	0.74	1.03	3.57	0.99	1.10	0.54	1.52	5.85	2.40	5.71	1.71	4.28	0.17	10.28
双位数码管	0.24	0.26	0.64	1.07	1.49	5.16	1.42	1.59	0.78	2.19	8.45	3.47	8.24	2.48	6.18	0.24	14.86
三位数码管	0.29	0.32	0.79	1.31	1.83	6.35	1.75	1.96	0.96	2.70	10.40	4.27	10.14	3.05	7.61	0.29	18.28
四位数码管	0.33	0.36	0.89	1.48	2.06	7.14	1.97	2.20	1.08	3.04	11.70	4.80	11.41	3.43	8.56	0.33	20.57
五位数码管	0.37	0.40	0.99	1.64	2.29	7.94	2.19	2.45	1.20	3.38	13.00	5.33	12.68	3.81	9.51	0.37	22.86
六位数码管	0.40	0.44	1.06	1.77	2.46	8.53	2.35	2.63	1.29	3.63	13.97	5.73	13.63	4.09	10.22	0.40	24.57
七位数码管	0.43	0.48	1.16	1.93	2.69	9.33	2.57	2.88	1.41	3.97	15.27	6.27	14.90	4.48	11.17	0.43	26.85
八位数码管	0.46	0.51	1.23	2.05	2.86	9.92	2.74	3.06	1.51	4.22	16.24	6.67	15.85	4.76	11.89	0.46	28.57
九位数码管	0.50	0.55	1.33	2.22	3.09	10.71	2.96	3.31	1.63	4.56	17.54	7.20	17.12	5.14	12.84	0.50	30.85
十位数码管	0.53	0.59	1.43	2.38	3.31	11.51	3.17	3.55	1.75	4.89	18.84	7.73	18.38	5.52	13.79	0.53	33.14
声表面波器件	0.48	0.67	0.96	2.40	2.88	5.76	4.08	2.40	2.16	4.32	7.68	7.20	9.60	4.80	6.24	0.77	16.8

电子技术随笔（第 2 版）

68

表 2.26　密封静态随机存取存储器（SRAM）的通用失效率 λ_G

通用失效率 λ_G　　　$10^{-6}/h$

位数	工艺	G_B	G_{MS}	G_{F1}	G_{F2}	G_{M1}	G_{M2}	M_P	N_{SB}	N_{S1}	N_{S2}	N_U	A_{1F}	A_{UF}	A_{1C}	A_{UC}	S_F	M_L
8~64	双极	0.14	0.19	0.32	0.76	0.85	1.31	0.92	0.88	0.59	1.15	1.69	1.94	2.38	1.18	1.62	0.16	3.57
	MOS	0.14	0.19	0.33	0.74	0.88	1.34	0.90	0.87	0.59	1.12	1.77	1.91	2.47	1.19	1.75	0.16	3.46
65~320	双极	0.22	0.28	0.47	0.99	1.18	1.76	1.18	1.15	0.79	1.48	2.31	2.48	3.19	1.57	2.27	0.24	4.44
	MOS	0.22	0.28	0.47	0.92	1.21	1.78	1.09	1.10	0.75	1.38	2.46	2.33	3.36	1.55	2.57	0.24	4.02
321~576	双极	0.27	0.34	0.56	1.14	1.39	2.05	1.35	1.33	0.92	1.69	2.70	2.83	3.71	1.82	2.70	0.30	4.99
	MOS	0.27	0.33	0.56	1.03	1.42	2.06	1.21	1.23	0.86	1.53	2.88	2.59	3.90	1.77	3.08	0.29	4.35
577~1 120	双极	0.34	0.42	0.69	1.35	1.68	2.46	1.59	1.58	1.10	1.99	3.26	3.32	4.44	2.17	3.29	0.37	5.78
	MOS	0.34	0.40	0.69	1.18	1.70	2.44	1.37	1.43	1.00	1.74	3.47	2.95	4.66	2.08	3.79	0.36	4.81
1 121~ 2 240	双极	0.52	0.62	1.01	1.83	2.36	3.38	2.14	2.15	1.52	2.66	4.51	4.41	6.07	2.98	4.63	0.56	7.48
	MOS	0.54	0.62	1.06	1.64	2.52	3.52	1.86	2.00	1.42	2.37	5.09	3.99	6.72	2.96	5.70	0.57	6.19
2 241~ 5 000	双极	0.69	0.81	1.31	2.29	3.02	4.28	2.66	2.70	1.92	3.31	5.74	5.46	7.67	3.75	5.96	0.74	9.13
	MOS	0.71	0.79	1.36	2.00	3.20	4.41	2.24	2.45	1.76	2.85	6.46	4.79	8.7	3.68	7.35	0.74	7.18
5 001~ 11 000	双极	0.93	1.08	1.74	2.94	3.95	5.55	3.39	3.48	2.49	4.23	7.49	6.95	9.94	4.85	7.84	0.99	11.45
	MOS	0.95	1.03	1.78	2.49	4.14	5.64	2.75	3.07	2.22	3.51	8.36	5.90	10.89	4.66	9.66	0.98	8.53
11 001~ 1 700	双极	1.30	1.50	2.42	4.04	5.46	7.65	4.65	4.78	3.43	5.79	10.32	9.51	13.67	6.67	10.84	1.38	15.59
	MOS	1.30	1.41	2.43	3.33	5.63	7.64	3.67	4.13	3.00	4.69	11.37	7.87	14.78	6.30	13.30	1.34	11.24
1 701~ 38 000	双极	2.11	2.37	3.75	5.82	8.13	11.14	6.59	6.90	5.04	8.19	15.11	13.29	19.72	9.68	16.11	2.21	21.04
	MOS	2.24	2.37	4.04	5.06	8.99	11.92	5.44	6.31	4.68	6.95	17.90	11.53	22.90	9.75	21.12	2.29	15.35
38 001~ 74 000	双极	3.50	3.84	6.00	8.75	12.54	16.86	9.78	10.40	7.72	12.12	22.90	19.41	29.51	14.60	24.69	3.63	29.72
	MOS	3.95	4.10	6.91	8.14	14.88	19.39	8.61	10.20	7.68	10.97	29.16	17.96	36.84	15.80	34.69	4.01	22.58

续表 2.26

位　数	工　艺	通用失效率 λ_G																
		G_B	G_{MS}	G_{F1}	G_{F2}	G_{M1}	G_{M2}	M_P	N_{SB}	N_{S1}	N_{S2}	N_U	A_{1F}	A_{UF}	A_{1C}	A_{UC}	S_F	M_L
74 001~	双极	5.68	6.13	9.46	13.11	19.12	25.30	14.48	15.59	11.75	17.87	34.36	28.26	43.75	21.86	37.36	5.86	41.95
131 072	MOS	6.80	6.99	11.62	13.15	24.32	31.26	13.73	16.46	12.58	17.42	46.85	28.15	58.61	25.47	55.93	6.88	33.89
13 1073~	双极	7.79	8.39	12.93	17.71	26.00	34.27	19.51	21.07	15.92	24.06	46.62	37.96	59.21	29.59	50.84	8.03	55.90
262 144	MOS	9.22	9.45	15.69	17.48	32.71	41.88	18.15	21.93	16.81	23.05	62.96	37.18	78.58	334.05	75.45	9.31	43.89

表 2.27　密封单片微处理器的通用失效率 λ_G

10^{-6}/h

门　数	工　艺	通用失效率 λ_G																
		G_B	G_{MS}	G_{F1}	G_{F2}	G_{M1}	G_{M2}	M_P	N_{SB}	N_{S1}	N_{S2}	N_U	A_{1F}	A_{UF}	A_{1C}	A_{UC}	S_F	M_L
≤8	双极	2.42	2.75	4.37	7.01	9.61	13.30	8.00	8.30	6.02	9.95	17.94	16.21	23.58	11.59	18.96	2.55	26.11
	MOS	2.56	2.94	5.23	8.27	13.15	18.61	9.41	10.17	7.13	12.07	27.78	20.75	37.13	15.43	31.81	2.71	32.16
>8~16	双极	4.32	4.84	7.60	11.73	16.28	22.25	13.28	13.89	10.18	16.47	30.01	26.60	39.11	19.37	31.88	4.53	42.08
	MOS	4.47	5.08	8.68	13.61	20.64	28.83	15.46	16.52	11.76	19.60	41.44	32.96	54.80	24.34	46.18	4.71	51.44

电
子
技
术
随
笔
（
第
2
版
）

70

表 2.28　元件的通用质量系数 π_Q

种　类	质量系数 π_Q				
	A_1	A_2	B_1	B_2	C
电阻器	0.1	0.3	0.6	1	5
电位器	0.1	0.3	0.5	1	4
电容器	0.1	0.3	0.5	1	5
变压器		0.3	0.7	1	4
绕组			0.7	1	4
机电继电器	0.15	0.3	0.6	1	5
固体继电器	0.15	0.3	0.5	1	5
开　关		0.3	0.6	1	5
连接器	0.2	0.4	0.7	1	4

表 2.29　滤波器、谐振器、电子管和电池的通用质量系数 π_Q

种　类	质量系数 π_Q			
	A	B_1	B_2	C
滤 波 器	0.4	—	1	5
石英谐振器	0.3	—	1	5
电 子 管	0.5	—	1	4
电　　池	0.15	0.45	1	4

表 2.30　半导体分立器件的通用质量系数 π_Q

	种　类	质量系数 π_Q				
		A_3	A_4	B_1	B_2	C
三极管	双极型	0.1	0.2	0.5	1	5
	场效应	0.1	0.2	0.5	1	5
	闸流	0.15	0.3	0.6	1	5
	单结	0.1	0.2	0.5	1	5
二极管	普通	0.1	0.2	0.4	1	5
	电压调整、电压基准、电流调整	0.1	0.2	0.5	1	5
	微波	0.1	0.2	0.5	1	5
	变容、阶跃、隧道、体效应、PIN、崩越	0.1	0.2	0.5	1	5
光电子器件		0.15	0.3	0.6	1	5

表 2.31　微电路的通用质量系数 π_Q

种　类	质量系数 π_Q						
	A_2	A_3	A_4	B_1	B_2	C_1	C_2
半导体单片集成电路	0.10	0.14	0.25	0.50	1.0	4.0	14
混合集成电路			0.25	0.50	1.0		14
声表面波器件				0.50	1.0		5.0

表 2.32　半导体单片集成电路的质量等级与通用质量系数 π_Q

质量等级		质量要求说明	质量要求补充说明	π_Q
A	A_1	符合 GJB 597A 列入质量认证合格产品目录的 S 级产品	—	
	A_2	符合 GJB 597A 列入质量认证合格产品目录的 B 级产品	—	0.10
	A_3	符合 GJB 597A 列入质量认证合格产品目录的 B1 级产品	—	0.14
	A_4	符合 GJB 4589.1 的Ⅲ类产品，或经中国电子元器件质量认证委员会认证合格的Ⅱ类产品	按 QZJ 840614～840615"七专"技术条件组织生产的Ⅰ、ⅠA 类产品；符合 SJ 331 的Ⅰ、ⅠA 类产品	0.25
B	B_1	按 GJB 597A 的筛选要求进行筛选的 B2 质量等级产品；符合 GB 4589.1 的Ⅱ类产品	按"七九〇五"七专质量控制技术协议组织生产的产品；符合 SJ 331 的Ⅲ类产品	0.50
	B_2	符合 GB 4589.1 的Ⅰ类产品	符合 SJ 331 的Ⅱ类产品	1.0
C	C_1	—	符合 SJ 331 的Ⅲ类产品	4.0
	C_2	低档产品		14

71

2.11.3　元器件应力分析可靠性预计法

本预计法适用于产品研制的详细设计，前提是已具备了详细的元器件清单，设计电路时也已确定了每个元器件的应力，分析步骤如下：

（1）确定各元器件的失效率模型，计算出每个元器件的工作失效率 λ_p。

（2）系统总的失效率 λ_S 应为各种元器件 λ_p 的相加和。

（3）由 λ_S 可估算出 MTBF。

对元器件仅考虑电应力和温度作用下的失效率称为基本失效率 λ_b。λ_p 为元器件在应用环境下的失效率。除个别元器件外，λ_b 均包含 λ_p 和温度、电应力之外的质量系数 π_Q、环境系数 π_E、应用状态、性能额定值和种类、结构等失效率影响因素。即

λ_p 通常由 λ_b 乘上以上各因素的调整系数来确定。

表 2.33 为单片集成电路的失效率模型。

表 2.33 半导体单片集成电路的工作失效率模型

类　别		工作失效率模型
单片双极型与 MOS 数字电路、PLA 和 PAL 电路		$\lambda_p = \pi_Q[C_1\pi_T\pi_V + (C_2+C_3)\pi_E]\pi_L$
单片双极型与 MOS 模拟电路		$\lambda_p = \pi_Q[C_1\pi_T\pi_V + (C_2+C_3)\pi_E]\pi_L$
单片双极型与 MOS 微处理器		$\lambda_p = \pi_Q[C_1\pi_T\pi_V + (C_2+C_3)\pi_E]\pi_L$
存储器	SRAM、DRAM、ROM	$\lambda_p = \pi_Q[C_1\pi_T\pi_V + (C_2+C_3)\pi_E]\pi_L$
	PROM	$\lambda_p = \pi_Q[C_1\pi_T\pi_V\pi_{PT} + (C_1+C_2)\pi_E]\pi_L$
	UVEPROM、EEPROM	$\lambda_p = \pi_Q[C_1\pi_T\pi_V\pi_{CYC} + (C_2+C_3)\pi_E]\pi_L$

注：λ_p—工作失效率，$10^{-6}/h$。π_E—环境系数。π_Q—质量系数。π_L—成熟系数。π_T—温度应力系数，其值取决于电路的工艺，表中 π_T 与结温 T_j 的关系式为：

$$\pi_T = Ae^{\frac{-B}{273+T_j}}$$

式中，T_j 为结温；A、B 为两个系数，取决于电路类型，如 LSTTL，$A = 27.8 \times 10^6$，$B = 5\,794$；HCMOS，$A = 19.4 \times 10^7$，$B = 6\,373$；双极型及 MOS 模拟电路 $A = 9.5 \times 10^9$，$B = 75\,320$。π_V—电压应力系数。π_{PT} 为 PROM 电路的可编程序工艺系数。π_{CYC} 为 EEPROM 电路的读/写循环率系数。C_1 及 C_2 为电路复杂度失效率。C_3 为封装复杂度失效率。

从表 2.32 查出质量系数 π_Q。根据电子元器件最恶劣的环境温度 T_A 选定环境系数(表 2.19)。根据表 2.34 确定其电路管壳(case)的温度 T_C。再根据电路类型由表 2.35 得出集成电路结温 T_j 的近似值。集成电路的电压应力系数 π_V、环境系数 π_E、成熟系数 π_L 可分别由表 2.38 和表 2.39 查得。复杂失效率 C_1、C_2 和 C_3 可由表 2.40～表 2.43 查出。PROM 的工艺系数和 EEPROM 的循环率系数可由表 2.44 和表 2.45 查出。

表 2.34 半导体集成电路管壳温度的参考值

环境	G_B	G_{MS}	G_{F1}	G_{F2}	G_{M1}	G_{M2}	M_p	N_{SB}	N_{S1}
$T_C/℃$	35	35	45	45	60	65	45	50	45

环境	N_{S2}	N_U	A_{IF}	A_{UF}	A_{IC}	A_{UC}	S_F	M_L
$T_C/℃$	50	75	60	80	60	80	35	60

表 2.35 半导体集成电路结温的近似值

电　路　类　型	复　杂　度	结温(T_j)的近似值/℃
金属圆壳封装的模拟电路		$T_j = T_C + 25$
$P_{CM} \geqslant 10$ W 并带散热装置的金属菱形外壳模拟电路		$T_j = T_C + 30$

续表 2.35

电　路　类　型		复　杂　度	结温(T_j)的近似值/℃
其他封装形式的双极型及 MOS 数字电路、PLA 和 PAL 电路、模拟电路和存储器	低功耗	门数≤100,晶体管数≤100	$T_j = T_C + 3$
		100<门数≤1 000,100<晶体管数≤400	$T_j = T_C + 6$
		1 000<门数≤2 000,400<晶体管数≤700	$T_j = T_C + 9$
		门数>2 000,晶体管数>700	$T_j = T_C + 12$
	其他	门数≤100,晶体管数≤100,位数≤1 024	$T_j = T_C + 10$
		100<门数≤1 000,100<晶体管数≤400 1 024<位数≤16 384	$T_j = T_C + 15$
		1 000<门数≤2 000,400<晶体管数≤700 16 384<位数≤32 768	$T_j = T_C + 20$
		门数>2 000,晶体管数>700 32 768<位数≤65 536	$T_j = T_C + 25$
		位数>65 536	$T_j = T_C + 30$

注：P_{CM} 为电路的最大允许功耗。

表 2.36　电压应力系数 π_V

电　路	π_V
CMOS,3 V≤$V_{DD}^{1)}$≤18 V,如果 $V_S^{2)}$<8 V	1.0
CMOS,3 V_{DD}≤18 V,如果 8 V≤V_S<12 V	0.50
CMOS,3 V≤V_{DD}≤18 V,如果 12 V≤V_S≤18 V	2.37
CMOS/SOS 以及不包括 CMOS 在内的其他电路	1.0

注：1) V_{DD} 为推荐的工作电源电压。

　　2) V_S 为实际应用的工作电源电压。

表 2.37　CMOS 电路的 π_V

π_V　T_j/℃　V_S/V	T_j/℃						
	25	50	75	100	125	150	175
12	0.61	0.72	0.85	1.0	1.17	1.37	1.61
13	0.72	0.86	1.02	1.22	1.45	1.72	2.05
14	0.85	1.02	1.23	1.49	1.79	2.16	2.61
15	0.99	1.21	1.48	1.81	2.22	2.71	3.32
16	1.16	1.44	1.79	2.22	2.75	3.41	4.22
17	1.37	1.72	2.16	2.71	3.40	4.28	5.37
18	1.60	2.04	2.60	3.31	4.21	5.37	6.83

表 2.38　环境系数 π_E

环境	G_B	G_{MS}	G_{F1}	G_{F2}	G_{M1}	G_{M2}	M_p	N_{SB}	N_{S1}
π_E	1.0	1.5	2.5	6.5	7.0	11	8.0	7.5	5.0
环境	N_{S2}	N_U	A_{IF}	A_{UF}	A_{IC}	A_{UC}	S_F	M_L	
π_E	10	14	17	20	10	13	1.2	32	

表 2.39　成熟系数 π_L

成熟程度	符合相应的标准或技术条件，已稳定生产的产品	质量尚未稳定的产品	试制品或新投产的初批次产品；设计或工艺上有重大变更；长期中断生产或生产线有重大变化
π_L	1.0	3.0	10

表 2.40　单片 MOS 数字电路的复杂度失效率 C_1 及 C_2　　　$10^{-6}/h$

门数 N_G	C_1	C_2	门数 N_G	C_1	C_2
2	0.182	0.008	130	0.967	0.021
5	0.263	0.010	140	0.996	0.021
10	0.347	0.012	150	1.024	0.022
15	0.408	0.013	160	1.051	0.022
20	0.457	0.014	170	1.077	0.022
25	0.500	0.015	180	1.102	0.023
30	0.538	0.015	190	1.126	0.023
35	0.572	0.016	200	1.149	0.023
40	0.604	0.016	300	1.351	0.026
45	0.633	0.017	400	1.658	0.029
50	0.660	0.017	500	1.658	0.029
55	0.686	0.017	600	1.783	0.030
60	0.710	0.018	700	1.896	0.031
65	0.733	0.018	800	2.000	0.032
70	0.755	0.018	900	2.097	0.033
75	0.776	0.019	1 000	2.187	0.034
80	0.796	0.019	1 200	2.353	0.035
85	0.816	0.019	1 400	2.502	0.036
90	0.835	0.019	1 600	2.640	0.037
95	0.853	0.020	1 800	2.767	0.038
100	0.871	0.020	2 000	2.886	0.039
110	0.905	0.020	2 500	3.155	0.041
120	0.937	0.021	3 000	3.394	0.043

表 2.41　双极型与 MOS 模拟电路复杂度失效率 C_1 及 C_2　　$10^{-6}/h$

门数 N_T	C_1	C_2	门数 N_T	C_1	C_2
2	0.064	0.010	110	0.931	0.057
5	0.118	0.015	120	0.987	0.059
10	0.188	0.021	130	1.041	0.061
15	0.246	0.024	140	1.094	0.063
20	0.298	0.028	150	1.145	0.065
25	0.346	0.030	160	1.196	0.067
30	0.391	0.033	170	1.245	0.068
35	0.433	0.035	180	1.294	0.070
40	0.474	0.037	190	1.341	0.072
45	0.512	0.039	200	1.388	0.073
50	0.550	0.041	250	1.611	0.080
55	0.586	0.042	300	1.820	0.087
60	0.621	0.044	350	2.017	0.093
65	0.655	0.045	400	2.205	0.098
70	0.688	0.047	450	2.386	0.103
75	0.721	0.048	500	2.560	0.108
80	0.753	0.050	600	2.891	0.116
85	0.784	0.051	700	3.205	0.124
90	0.814	0.052	800	3.504	0.132
95	0.844	0.053	900	3.791	0.138
100	0.874	0.055	1 000	4.067	0.145

表 2.42　双极型与 MOS 微处理器的复杂度失效率 C_1 及 C_2　　$10^{-6}/h$

位　　数	C_1		C_2	
	双　极	MOS	双　极	MOS
≤8	4.0	0.40	5.0	0.50
8～16	6.0	0.60	8.5	0.80

表 2.43　封装复杂度失效率 C_3　　　　　　　　　$10^{-6}/\text{h}$

N_P	C_3				
	密封的双列直插（DIP）封装		密封的扁平封装	密封的金属壳封装	非密封器件
	熔接或焊接	玻璃密封			
3			0.004		
4	0.021	0.012	0.006	0.008	0.034
6	0.033	0.023	0.013	0.019	0.056
8	0.045	0.036	0.022	0.033	0.080
10	0.058	0.050	0.034	0.053	0.105
12	0.070	0.066	0.047	0.076	0.132
14	0.083	0.083	0.063	0.104	0.159
16	0.096	0.102	0.080	0.136	0.188
18	0.109	0.122	0.099		0.217
20	0.123	0.143	0.121		0.247
22	0.136	0.165	0.143		0.278
24	0.149	0.189	0.168		0.309
28	0.177	0.238			0.374
36	0.232	0.348			0.510
40	0.260	0.408			0.580
48	0.316	0.538			0.726
64	0.432	0.831			1.035

注：N_P 为引出端数。

表 2.44　PROM 电路的可编程序工艺系数 π_{PT}

位数 N_B	双极 π_{PT}	MOS π_{PT}	位数 N_B	双极 π_{PT}	MOS π_{PT}
16	1.00	1.00	2 560	1.02	1.02
32	1.00	1.00	4 096	1.04	1.03
64	1.00	1.00	8 192	1.08	1.06
128	1.00	1.00	9 216	1.09	1.07
256	1.00	1.00	16 384	1.16	1.12
320	1.00	1.00	32 768	1.31	1.25
512	1.00	1.00	65 536	1.62	1.49
1 024	1.01	1.01	131 072	2.25	1.98
2 048	1.02	1.02	262 144	3.49	2.97

表 2.45 EEPROM 的读/写循环率系数 π_{CYC}

$N_C^{①}$	$\pi_{CYC}^{②}$	N_C	π_{CYC}
100	1.01	20 000	2.19
200	1.01	30 000	2.78
500	1.03	100 000	6.94
1 000	1.06	200 000	12.9
3 000	1.18	400 000	24.8
7 000	1.42	500 000	30.7
15 000	1.89		

注:① N_C 为全寿命期内编程循环次数。

② UVEPROM 的 $\pi_{CYC}=1$。

以上只是针对单片集成电路的 λ_p 计算方法。

各种电阻器(合成、薄膜、线绕、网络、热敏)的工作失效率模型为:

$$\lambda_p = \lambda_b \pi_E \pi_a \pi_R$$

式中,π_R 为阻值系数。

基本失效率为:

$$\lambda_b = A e^{B\left(\frac{T+273}{N_T}\right)^G} e^{\left[\frac{S}{N_S}\left(\frac{R+273}{273}\right)^J\right]^H}$$

式中:A—失效率水平调整参数;

B—形状参数;

T—工作环境温度,℃;

N_T—温度常数;

G、J、H—加速常数;

N_S—应力常数;

S—电压力比,即工作功率与额定助率之比。

各计算公式中的参数均可在《电子设备可靠性预计手册》中查出,以下同。

对纸介、金属化纸、涤纶、聚丙烯、聚苯乙烯、聚四氟乙烯等电容器的工作失效率模型为:

$$\lambda_p = \lambda_b \pi_E \pi_Q \pi_{CV} \pi_K$$

式中:λ_b—基本失效率,由查表取得;

π_{CV}—电容量系数,数值 0.5～2.2,容量越大,π_{CV} 越大;

π_K—种类系数,数值 0.5～2,介质性能越高取值越小。

对于铝电解电容器 λ_p 为:

$$\lambda_p = \lambda_b \pi_E \pi_Q \pi_{CV}$$

式中:λ_b—基本失效率,由查表可得;

77

π_{CV}—电容量系数，数值范围 1～20 000 μF，π_{CV} 取值 0.40～2.8；

对二极管、晶体管、晶闸管和光电器件的失效率模型 λ_p 为：

$$\lambda_p = \lambda_b \pi_E \pi_Q \pi_A \pi_{S2} \pi_r \pi_C$$

式中：λ_p—工作失效率，10^{-6}/h；

λ_b—基本失效率，10^{-6}/h；

π_E—环境系数；

π_Q—质量系数；

π_A—应用系数；

π_{S2}—电压应力系数；

π_r—额定功率或额定电流系数；

π_C—结构系数。

基本失效率 λ_b 模型为：

$$\lambda_b = A e^{\frac{N_T}{T+273+\Delta T \cdot S}} e^{\left(\frac{T+273+\Delta T \cdot S}{T_M}\right)^P}$$

式中：A—失效率水平调整参数；

N_T、P—形状参数；

T_M—无结电流或功率时的最高允许温度，亦即最高允许结温，K；

T—工作环境温度或带散热片功率器件的管壳温度，℃；

ΔT—T_M 与满额时最高允许温度（T_S）的差值，℃；

S—工作电应力与额定电应力之比。

以上的数据与计算公式取自中华人民共和国国家军用标准 GJB/Z 299B—98《电子设备可靠性预计手册》。最新资料可查阅 GJB/Z 299C—2006。

2.12 肖特基二极管的压降＜0.2 V?

肖特基晶体管（Schottky）速度快，所以以该结构构成的低功耗肖特基逻辑器件（LSTTL），在速度要求高的场合，如保护电路有广泛应用。第二个优点是管压降低，当作整流或检波应用时，可以降低管压损耗。特别在对效率要求高的开关电源中，管耗已成为影响效率的主要因素。可惜的是，在大电流时，肖特基二极管的压降远不止 0.2 V，甚至达到几 V。

图 2.41 为二极管典型的输入特性曲线。由图可知，通过的电流越大，管压降越大。为解决这一问题，开关电源才开发出用 VMOS 管代替肖特基二极管的"同步整流电路"。

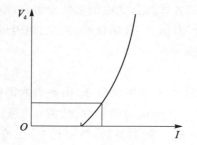

图 2.41 二极管典型的输入特性曲线

第 3 章

模拟电路拾零

与两值逻辑(不含模糊逻辑)的数字电路相比,首先,模拟信号有无限多,而且往往还是连续的电量。经模拟电路处理后的自然也有这种属性。其次,模拟电路中的有源、无源器件其特性复杂,这些因素就决定了模拟电路的多变性,常常为初学者、设计者带来很多烦恼。本章仅讨论一些基本概念和一些常见的问题。

3.1   多级放大器的增益与带宽

当单级放大器的增益往往受限于带宽,不够时,自然会采用多级级联。多级级联的总增益如果用对数表述,只需将各级相加;如果直接用倍数表述,直接相乘即可。这很简单。但是总的带宽是变宽了,还是变窄了? 想来应该变窄,那么变窄多少? 如何计算?

图 3.1 为 RC 耦合单级放大器的等效电路。

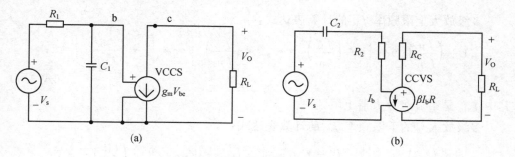

(a)   (b)

图 3.1   放大器的等效电路

图 3.1(a)为高频等效电路。其高频增益 A_{VH} 的表达式为:

$$\dot{A}_{VH}(if) = \frac{A_{VO}}{1 + \dfrac{if}{f_H}}a \qquad (式 3.1)$$

式中,A_{VO} 为中频增益,高频截止频率为 $f_H = 2\pi R_1 C_1$。

图 3.1(b)为低频等效电路,低频增益 A_{VL} 为:

$$\dot{A}_{\mathrm{VL}}(\mathrm{i}f)=\frac{A_{\mathrm{VO}}}{1-\dfrac{\mathrm{i}f}{f_{\mathrm{L}}}}a \qquad\qquad （式 3.2）$$

式中，低频截止频率为 $f_{\mathrm{L}}=2\pi R_2 C_2$。

图 3.2 和图 3.3 为单级和多级串接放大器的频率响应曲线。可以看出，总的增益提高了，总的频带变窄。

多级放大的增益和带宽的通用计算公式如下。

总增益表达式：

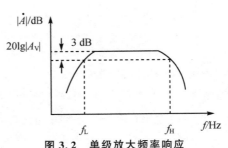

图 3.2　单级放大频率响应

$$| A_{\mathrm{V}} |=| A_{\mathrm{V1}} |\times| A_{\mathrm{V2}} |\cdots| A_{\mathrm{V}n} |；\quad (n\geqslant 2) \qquad （式 3.3）$$

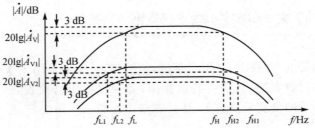

图 3.3　多级放大频率响应

多级放大上限频率 f_{H} 的计算表达式：

$$\left[1+\left(\frac{f_{\mathrm{H}}}{f_{\mathrm{H1}}}\right)^2\right]*\left[1+\left(\frac{f_{\mathrm{H}}}{f_{\mathrm{H2}}}\right)^2\right]*\left[1+\left(\frac{f_{\mathrm{H}}}{f_{\mathrm{H3}}}\right)^2\right]\cdots*\left[1+\left(\frac{f_{\mathrm{H}}}{f_{\mathrm{H}n}}\right)^2\right]=2；$$

$$（式 3.4）$$

其中 $f_{\mathrm{H}n}$ 是第 n 级放大器上限频率。

多级放大总的下限频率 f_{L} 的计算表达式：

$$\left[1+\left(\frac{f_{\mathrm{L}}}{f_{\mathrm{L}}}\right)^2\right]*\left[1+\left(\frac{f_{\mathrm{L2}}}{f_{\mathrm{L}}}\right)^2\right]*\left[1+\left(\frac{f_{\mathrm{L2}}}{f_{\mathrm{L}}}\right)^2\right]\cdots*\left[1+\left(\frac{f_{\mathrm{L}n}}{f_{\mathrm{L}}}\right)^2\right]=2；$$

$$（式 3.5）$$

其中，$f_{\mathrm{L}n}$ 是第 n 级放大器的下限频率。

对于 n 级 RC 耦合放大电路，其带宽：$\mathrm{BW}=f_{\mathrm{H}}-f_{\mathrm{L}}$。对于 n 级直接耦合的放大电路，其带宽为 $\mathrm{BW}=f_{\mathrm{H}}$。

可以用迭代法编程求式（3.2）和式（3.3）的近似解。下面给出一段近似求解二级级联的上限截止频率的算法程序。二级以上的级联，以及下限截止频率的解法与此同理。

```
# include "iostream"
# include <math.h>
using namespace std;
int main()
{
    float fh,a[2];
    float x,temp,N,min = 0;
    int n,i;
/***************输入各级截止频率 a[n] = f_Hn *******************/
    for(n = 0;n<2;n + +)
        cin>>a[n];
/***************求各级截止频率的最小值 ******************/
    min = a[0];                    //f_H 的取值范围与各级截止频率有关:f_H<min(f_Hn)
    for(n = 0;n<2;n + +)
        if(min>a[n]) min = a[n];
/***************迭代求近似解 ***************************/
    for(i = 1;i<10000;i + +)
    {N = min * min;                         //确定 f_H 的范围
        x = ( N * (float)i )/10000;
        temp = (1 + x/(a[0] * a[0])) * (1 + x/(a[1] * a[1])) - 2;
        if((temp<0.0001)&&(temp> - 0.0001))
        {
            fh = sqrt(x);
            cout<<"fh = "<<fh<<'\r';          //输出截止频率 f_H
            break;
        }
    }
return 0;
}
```

3.2　电流反馈型运算放大器原理及应用

电压反馈型运算放大器（Voltage Feedback Amplifier, VFA）是应用得最广泛的运算放大器，但在高频应用时，小信号的带宽受增益-带宽积（Gain - Bandwidth Product）的制约，大信号同时又受压摆率（Slew Rate）的制约，即增益与带宽难以兼顾，在高增益的前提下把带宽扩展到几十兆赫以上不太容易。使用电流反馈型运算放大器（Current Feedback Amplifier, CFA）突破了上述制约，可以将频带扩展到几百兆赫以上，是高频放大理想的器件。

电流反馈型运算放大器内部结构的示意图如图 3.4 所示。图中 I_{A1}、I_{A2} 为 4 个电流值相等的镜像电流源。输入缓冲级不像 VFA 那样的差分电路，而是一个电压跟随器。Q_1、Q_2 构成推挽电路，以减低输入缓冲器的输出阻抗，并为 CFA 提供反相输入。电路里 i_1、i_2 相等，故静态时 $I_N \approx 0$。Q_3、Q_4 增加了同相输入端 V_P 的输入阻抗，降低了偏置电流，并为 Q_1、Q_2 提供正向偏置。Q_3、Q_4、Q_1、Q_2 的跟随特性，使反相输入端的电压 V_N 跟随 V_P 变化，即：

$$V_N \approx V_P \tag{式 3.6}$$

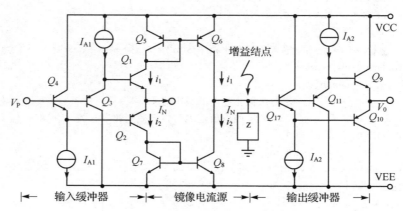

图 3.4　电流反馈型运算放大器结构示意图

此"虚短"特性与 VFA 相同，但 VFA 是通过外部反馈实现的，而 CFA 则是通过内部电路实现的。当 V_N 端与外部电路连接时，i_1、i_2 失去平衡，此时 $I_N = i_1 - i_2$。镜像电流源 Q_6、Q_8 产生的镜像电流 I_N 在增益节点对地的"开环传输阻抗"（Open-loop transimpedance）$Z(\mathrm{j}f)$ 上将电流信号转换为电压信号。$Q_9 \sim Q_{12}$ 组成的单位增益输出缓冲器的输出电压：

$$V_O = Z(\mathrm{j}f) I_N \tag{式 3.7}$$

$Z(\mathrm{i}f)$ 含传输电阻 R 和传输电容 C，即 $Z(\mathrm{j}f) = R / (1/2\pi f C)$，也可以写为：

$$Z(\mathrm{i}f) = \frac{R}{1 + \mathrm{j}2\pi f R C} \tag{式 3.8}$$

图 3.5 为同相输入含外部反馈电路在内的 CFA 简化电路。由于传输电容 C_t 通常为几 pF，传输电阻 R_t 为 kΩ 级，$R_t C_t$ 的乘积为 ns 级，而且厂家有意把 $Z(\mathrm{i}f)$ 做得很大。当输出电压为有限值时，I_N 非常小，即输入电流：

$$I_P = I_N \approx 0 \tag{式 3.9}$$

这一点和 VFA 十分相似。

反相输入端的电流（误差电流）：

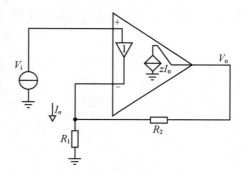

图 3.5　同相 CFA 放大电路

$$I_N = \frac{V_i}{\left(\dfrac{R_1 R_2}{R_1 + R_2}\right)} - \frac{V_O}{R_2}$$
（式 3.10）

式中,第二项为电流负反馈电流,这也是 CFA 名称的来源。输入信号加入 V_i 后,输入电路失去平衡,导致 I_N 变化,V_O 随之改变。通过闭环负反馈使电路自动调整,电路重新达到平衡。可以推导出:

$$A(if) = \frac{V_o}{V_i} = \left(1 + \frac{R_2}{R_1}\right)\frac{1}{1 + R_2/Z(if)}$$
（式 3.11）

由于直流时的传输电阻远大于 R_2,例如 OPA694 的直流传输电阻为 150 kΩ,而 R_2 为数百欧,故直流增益:

$$A_O \approx \left(1 + \frac{R_2}{R_1}\right)$$
（式 3.12）

具有和 VFA 相同的表达式。关键之处在于其带宽为:

$$f_h = \frac{1}{2\pi R_2 C_r}$$
（式 3.13）

上式中 C_r 为定值,故频带仅由 R_2 决定,因此 f_h 比较容易做到 100 MHz 以上。两者互不影响。

表 3.1 给出了几种 VFA 芯片的部分参数。

表 3.1　几种 VFA 芯片的部分参数

器件	通道数	电源电压/V	带宽/MHz	SR/(V/μs)	最大输出电流/Ma	静态电流/Ma
OPA4684	4	5～12/±2.5～6	170/G=2,120/G=10	780	120	1.7
THS3601	1	±5～15	120/G=2,BW=300	7 000	200	8.3
OPA694	1	±5	200/G=1,BW=1.5G	1 700	80	6
THS3110	1	±5～15	90/G=2	1 300	260	0.27
THS3091	1	±5～15	210/G=2	7 300	250	9.5

CFA 应用要点如下:

（1）它和 VFA 同样有"虚短"（$V_N \approx V_P$）和"虚断"（$I_P = I_N \approx 0$）特性,可以像 VFA 一样进行电路的分析与设计。

（2）CFA 的带宽仅由反馈电阻 R_2 决定。R_2 的阻值可根据数据手册选取,一般为数百欧。从图 3.6（a）可以清楚看出在小信号同相输入时,$G=2$ 的前提下,THS3091 芯片反馈电阻对频带的影响。而图 3.6（b）则可以看出在小信号反相输入时增益 1～10 带宽基本没有变化。

（3）CFA 大信号带宽与小信号带宽基本相同。

（4）图 3.7 为 THS4648 为同相输入时,从 $G=1$ 时的带宽约 200 MHz 到 $G=$

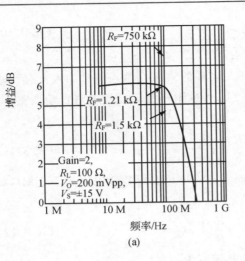

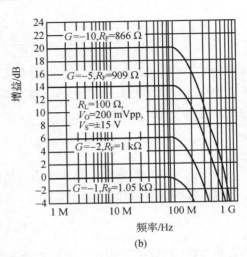

图 3.6 THS3091 的频率特性

100 带宽约 45 MHz 的变化,这是 VFA 所无法比拟的。而采用反相输入时,从图 3.7(b)可看出,其带宽的变化较小,所以采用反相输入从带宽的角度出发,更为有利。

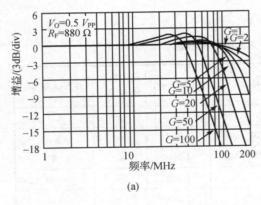

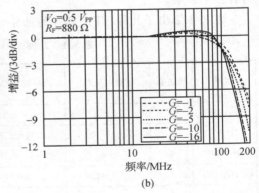

图 3.7 THS4648 的频率特性

(5) CFA 可以先由 R_2 定带宽,R_2 确定后,再由 R_1 定增益。

(6) CFA 的 SR 很大,做脉冲放大时,输出脉冲的上升、下降沿通常仅几个毫微秒。

(7) CFA 的输出电阻很小,例如 THS4648 在 $G=2$,$f_h=100$ kHz 的条件下,闭环输出阻抗仅为 0.006Ω。

(8) THS4648 的输入电压噪声为 3.3 nV/$\sqrt{\text{Hz}}$,输入电流噪声为几十 pA/$\sqrt{\text{Hz}}$。

(9) CFA 工作在高频区,电源去耦不可或缺,如图 3.8(a)所示。

(10) CFA 的反馈电阻不能并联消振电容,也不能做积分器。

(11) CFA 有输出上百毫安电流的能力,适于做高频功放,但要注意散热。

（12）VFA 有源滤波器不易做到 1 MHz 以上的频率,利用 CFA 则比较易于实现。

（13）CFA 的直流精度较 VFA 差。

图 3.8（a）为 $G=2$ 的双电源供电直流耦合同相输入放大器。反馈电阻的推荐值为 800 Ω,由于运放的同相输入电阻很高,并联的 50 Ω 电阻使电路的输入电阻为 50 Ω。（b）图为 $G=-1$ 的反相输入放大电路,电路的输入电阻为 R_M 和 R_F 的并联值,等于 50.2Ω。（c）图为差分输入/输出放大器,其差分增益 $G=1+2R_F/R_G$。（d）图为反相输入的差分放大器,其增益 $G=-R_F/R_G$。图（e）为低功耗差分同相输入/输出 4 阶巴特沃斯（Butterworth）型带通滤波器,$f_{-3dB}=10$ MHz,增益 $G=16$。图（f）驱动大电容负载的并联应用,图中 4 只 249Ω 和 2 只 5.11Ω 的电阻,制作时并非一定要选用这么精密的电阻,只是表示使用误差在 ±1Ω 的 4 只 249Ω,比如 ±0.1％250Ω 的电阻,也可以保证电路的对称。

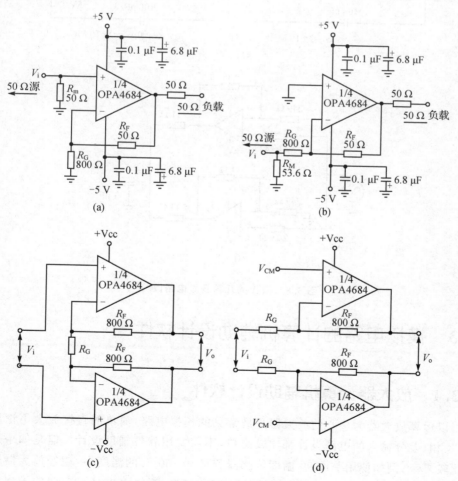

图 3.8　CFA 的几种基本电路

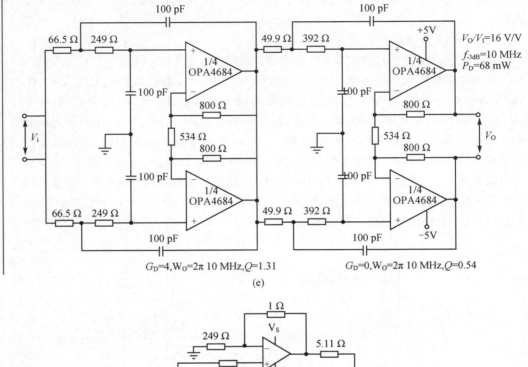

图 3.8　CFA 的几种基本电路(续)

3.3　模拟电路的计算机辅助设计软件

3.3.1　放大器计算机辅助设计软件

　　以运算放大器为核心的放大器是最常见的模拟电路,简单的直接放大不论用同相、反相、差分输入的电路设计都比较简单,不需要用软件辅助设计。但是如果是要求比较复杂,例如使用 AD590 温度传感器测量 0～50 ℃的温度,希望经放大器输出的电压范围为 0～2.5 V,以便和后续的 ADC 匹配。而 AD590 在 0℃时的输出电流为 273 μA，其灵敏度为 1 μA/℃。显然放大器必须加补偿，其可选的电路方案之一如图 3.9 所示。其中 $V_+ = 27.3$ mV/0℃，同相输入的范围：$V_+ = 0.0237 \sim 1.365$ V。此同相放大器的输出电压为：

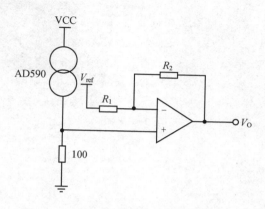

图 3.9　同相放大器

$$V_O = \left(1 + \frac{R_2}{R_1}\right)V_+ - \left(\frac{R_2}{R_1}\right)V_{ref} \qquad (\text{式 } 3.14)$$

电路的变量有 3 个，确定和计算比较烦复。而利用计算机辅助设计软件可以使设计大为简化。Microchip（微芯）公司的《AmpLAB》就是一种以运算放大器为核心的放大器设计软件。

电路设计分 3 步：

(1) 电路的选择与参数的设定

双击 AmpLAB 的 Setup. exe 将软件装配到指定路径。双击 AmpLAB. exe 将出现图 3.10 所示的主页窗口。

通过主页右上角的下拉菜单，选择放大器类型，可选的放大器类型有同相（Non - Inverting Amp）、反相（Inverting Amp）和双运放（2Amp 1A）3 种。例如选为同相放大器。然后在主页蓝色各小窗口设定对应的参数。如设最高频率（Max Freq）为 1 kHz。V_1 输入信号范围（V＋ Input Range）为 0.237 ～ 1.365 V。电源电压（Power Supply Levers）VDD＝5 V、VSS＝0 V，负载电阻（Resistive Loading）＝ 10kΩ，输出电压范围（Output Swing）为 0～2.5 V。然后单击"Vref Update"按钮，将出现 Vref 值。此时的界面如图 3.11 所示。单击"Output/Gain Update"按钮，刷新输出/增益。

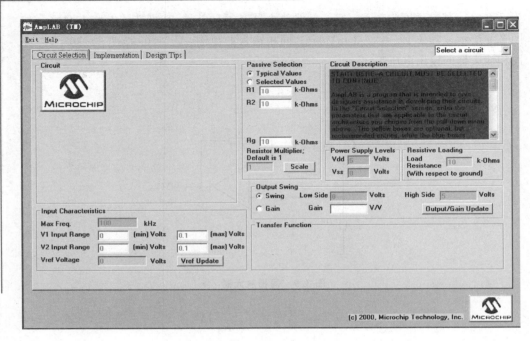

图 3.10　AmpLAB 主页

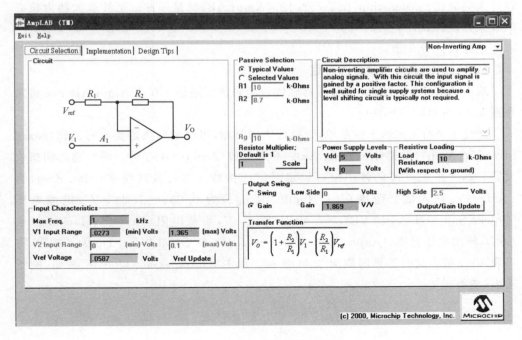

图 3.11　AmpLAB 设置界面

（2）设计结果输出

单击"Implementation（执行）"标签页，将出现设计结果的窗口，如图 3.12 所示。此窗口首先给出了已设计好的具体电路，包含电路中各元件值（$R_1=10$ kΩ，$R_2=8.7$ kΩ）。在人为设置 Vref＝58.7 mV，总的输出误差为 0.024％后，建议运放参数：增益带宽积（GBWP）18.68999 kHz，SR＝0.008 V/μs，电源电压 VCC≥5 V，VSS≤0，最小输出电流（Min Current Drive）0.38 mA，$G=1.9$ V/V，开环增益（Open Loop Gian）＝59dB，最大失调电压（Max Offset Voltage）＝0.61 mV，最大偏置电流＝10 pA，输入共模电压范围（VSS＋0.24）～（Vdd－3.635）V。用于补偿的参考电源 Vref＝0.0587 V，而且给出了 PSPIC 目标文件。电路使用的运放由设计者自行选择。

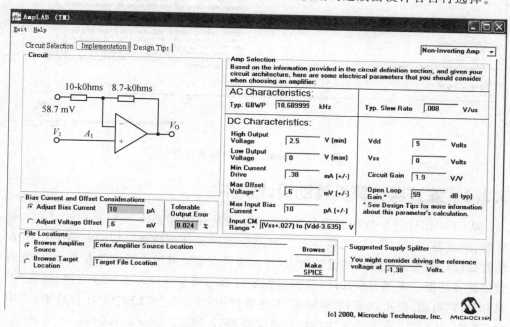

图 3.12　AmpLAB 设计结果界面

（3）设计技术信息

单击"Design Tips"（设计的技术处理信息系统）标签页，出现图 3.13 所示窗口。它提供放大电路设计以及该辅助设计的若干信息。例如单击选择"Offset Consideration"单选按钮，在界面的右窗口用文字介绍了有关失调电压的相关问题。又如选择"Reference"，将列出有关的文献。

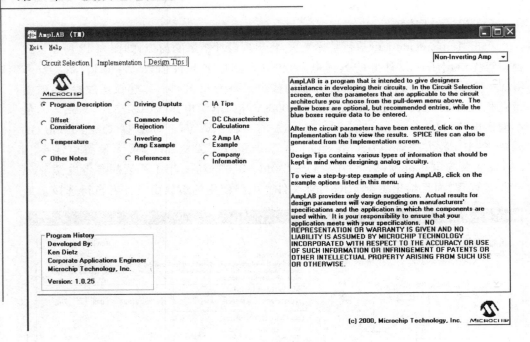

图 3.13 AmpLAB 设计结果窗口

3.3.2 滤波器计算机辅助设计软件

WEBENCH 是一款功能非常强大的在线设计和仿真工具,可以对电源、LED、放大器、滤波器、音频、接口、无线以及信号路径进行设计与仿真。WEBENCH－filter滤波器设计软件提供强大的设计输入,并且提供真实运算放大器选择参考,支持滤波器的仿真功能。不用安装软件,只需用 MYTI 账号登录 www.ti.com 官网,进入"工具和软件"页面,就可以看到"WEBENCH 设计中心"。在"WEBENCH 设计中心"中找到"WEBENCH 设计工具"中的"有源滤波器"。http://www.ti.com.cn/ww/analog/ webench/webench_filters.shtml 就可以使用它来设计一些常用的基于运放的有源滤波器。

打开图 3.14 所示的 WEBENCH 界面,选择滤波器(Filters)标签页,单击"开始设计"按钮,将出现图 3.15 所示的基本参数设置界面:

首先选择滤波器的类型。可选的有 4 种:低通(Lowpass)、高通(Highpass)、带通(Bandpass)和带阻(Bandstop)。作为例子,这里选"Lowpass"。在衰减栏(Attenuation)设截止频率(Cutoff Frequency(fc))=100 kHz,增益(Gain(A0))=1(V/V),阻滞(Stopband)衰减(Asb)=－72 dB,阻滞频率=1900 Hz,选中平坦度规格(Enter Flatness Specs)将出现图 3.16 界面:

这里设置平坦度=0.5 dB,平坦度起点频率 f1f(magnitude Flatness Specs Low-

TI主页 > WEBENCH® 设计中心 > WEBENCH® 有源滤波器设计工具

WEBENCH® 有源滤波器设计工具

说明：
您可通过从清单中选择合适的滤波器类型来开展您的设计：低通滤波器、高通滤波器、带通滤波器或带止滤波器，然后搜寻符合您效能要求的传递函数或选择一个指定的传递函数。

搜寻传递函数
透过搜寻符合您滤波器性能要求的传递函数，您便可以指定所需的频率响应参数，包括截止频率和带止衰减及频率。此外，附加的参数比方是带平坦度、群延迟和步阶响应都一应俱全。

选择指定的传递函数
如果您想直接指定滤波器的传递函数，滤波器设计工具便会向您展示一个响应类别和滤波器级别的清单，让您同时可比较最多四个不同的滤波器传递函数。

完成设计
在选择好滤波器的传递函数后，您便可以对所得出来的设计进行检讨，如果有需要还可更改电路拓扑的选择、预设的组件数值和运算放大器的选择。然后，您可以进入仿真环境并且执行一个电气 仿真，以获取有关闭环的频率响应、步阶响应和正弦波响应。

最后，在 "Build-It" 的页面上，WEBENCH 会向您提供一个完整的材料清单，您可立刻订购或要求该放大器的样品。

该工具可支持 Bessel、Butterworth、Chebyshev (0.01dB 到 1dB)、带有 Linear Phase 的 Equiripple、传统 Gaussian 和 Legendre Papoulis 滤波器近似值，而滤波器电路的组成包括第二级 Sallen-Key、多重反馈、状态变量、双追随电路、Fliege、回相器或电压控制电压源级 (有些拓扑只能应用到指定的滤波器类型)，以及一个第一级反相器或有需要时还可包括非反相器。

查看我们的免费声明

图 3.14　初始界面

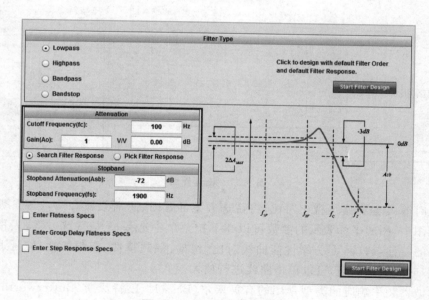

图 3.15　基本参数设置界面

er Test Frequncy）＝0 Hz，平坦度终点频率 f2f（magnitude Flatness Specs Higher Test Frequncy）＝100 Hz。在此界面也可以选择群延迟平坦度（Group Delay）设置—群延迟是指通带内各频率信号的延迟时间。也可以点选择阻滞响应设置（Step Response）。单击开始设计（Start Filter Design）进入图 3.17 所示的设计界面。

　　设计界面中有 6 个组成部分：1 是设计优化，可以在阻滞衰减、冲击响应和成本之间优化，旋钮共 5 档；2 是设计条件修改，可以在设计过程中随时修改设计条件；3 是方案筛选，可以推动滚动条对待选方案的性能进行筛选，例如阻滞衰减值、阶数、波

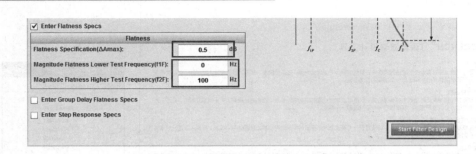

图 3.16　平坦度设置界面

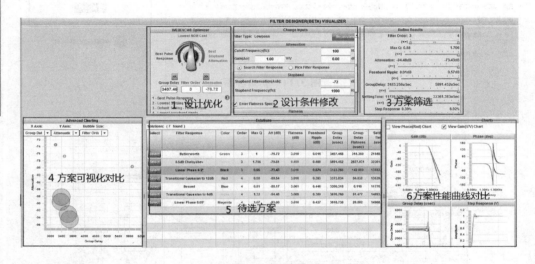

图 3.17　设计界面

动和延时等；4 是方案可视化对比，将待选方案的延时、阻滞衰减和阶数等参数显示在三维图中，图的坐标表示的参数可以在下拉菜单中选择；5 是待选方案，表格中有各方案的特性参数；6 是方案性能曲线对比，包括：幅频特性、相频特性、群延迟特性和幅度/时间响应曲线，可以单击曲线进行放大。

滤波器频率响应的类型常用的有贝塞尔（Bessel），巴特沃斯（Butterworth）和切比雪夫（Chebychev），概括来说，Bessel 拥有最平坦的通带和最缓的截止速率；Chebychev 拥有最陡的截止速率，但其通带起伏最大；而 Butterworth 的表现为两者的折中。

这里选择 Butterworth 型滤波器，软件计算出需要 3 阶滤波器，如图 3.18 所示。

单击"select"按钮后进入滤波器电路图设计，设计界面如图 3.19 所示，包括 6 个部分：1 是设计优化，可以在电路对元件的敏感程度、成本和占用 PCB 面积之间进行优化；2 是器件的选择，支持选择不同型号的运放；3 是拓扑选择，可以选择多重反馈型（MFB）型或者塞林凯—压控电压源（Sallen - key）型；4 是滤波器类型修改，可以在

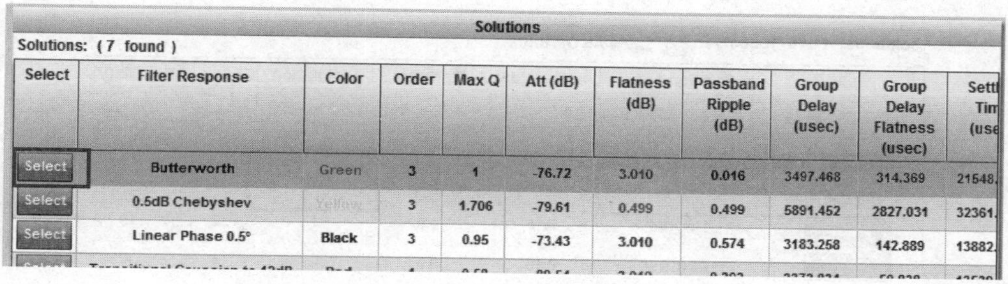

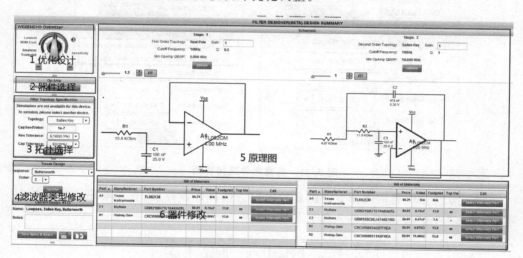

Solutions: (7 found)										
Select	Filter Response	Color	Order	Max Q	Att (dB)	Flatness (dB)	Passband Ripple (dB)	Group Delay (usec)	Group Delay Flatness (usec)	Settli Tim (use
Select	Butterworth	Green	3	1	-76.72	3.010	0.016	3497.468	314.369	21548.
Select	0.5dB Chebyshev	Yellow	3	1.706	-79.61	0.499	0.499	5891.452	2827.031	32361.
Select	Linear Phase 0.5°	Black	3	0.95	-73.43	3.010	0.574	3183.258	142.889	13882.

图 3.18　Butterworth 型滤波器特性

设计中重新选择滤波器的类型；5 是电路原理图,图中增益参考可以修改；6 是器件修改,可以改变电路图中的元件,方便设计优化调整。

图 3.19　电路设计界面

　　简单来说,多重反馈(MFB)型滤波器是反相滤波器,其 Q 值、截止频率等对元器件改变的敏感度较低,量产时有一定优势,缺点在于输入阻抗低,增益精度不够好；Sallen - Key 型滤波器是同相滤波器,其优点在于拥有高输入阻抗、增益设置与滤波器电阻电容元件无关,所以增益精度极高、且在单位增益时对元器件的敏感度较低。这里增益为 1,故选择 Sallen - Key 型。

　　需要注意的是 WEBENCH 中的运算放大器模型还较为有限,不是每个放大器都支持仿真,在选择器件上可以优先选择支持仿真的器件。例如单击备选(select alternate),打开备选列表后仿真(simulation)列中有"正弦波"的器件才支持仿真,如图 3.20 所示。

　　选择支持仿真和不支持仿真的器件对比如图 3.21 所示,WEBENCH 会给出不支持仿真的提示。

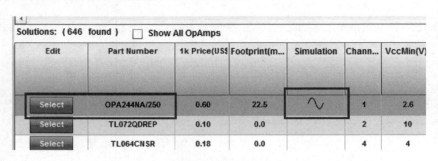

图 3.20　运放选择界面

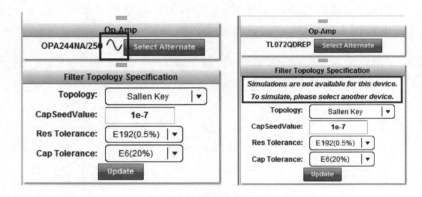

图 3.21　仿真器件选择界面

为了方便分析通常选择支持仿真的器件。选择好器件后，在界面最上方的控制栏中，单击"Sim"按钮即可进入仿真界面，见图 3.22。

图 3.22　进入仿真

进入仿真界面后，在图 3.23 中可以看到原理图和下拉菜单中支持的仿真项：有阶跃仿真（Step Response），正弦波仿真（Sine Wave Response）和闭环频率响应（Closed Loop Freq Rasp）3 种。

例如，选择其中的闭环频率响应，可以显示幅频/相频特性曲线（图 2.24(a)）和输出/输入的阶跃响应（图 3.24(b)）。根据看到的过冲大小判断其稳定性。

在控制栏中选择"print"软件会给出 PDF 版本的设计文档。

这里的滤波器设计是以理想运算放大器为例来设计的，在实际中，还需要挑选一个合适的放大器。在挑选放大器时首要需关注其增益带宽积、压摆率和直流精度。

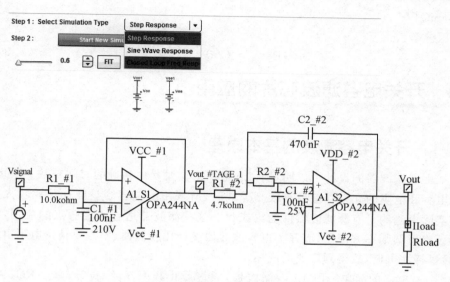

图 3.23　仿真界面

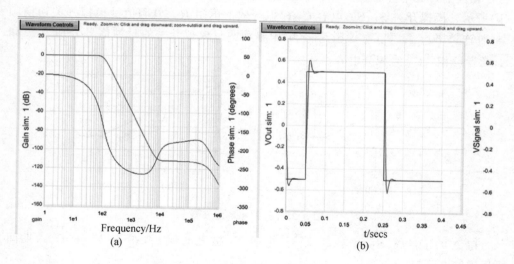

图 3.24　滤波器的频率响应

其中增益带宽积和压摆率需要进行一些计算。

增益带宽积：

对于 MFB 结构，运放的

$$\text{GBPmin} = 100\text{Gain}f_c \qquad\qquad (式\ 3.15)$$

式中，f_c 为截止频率。

对于 Sallen - key 结构：当 $Q \leqslant 1$ 时，运放 GBP 至少为 $100\text{Gain}f_c$；而高 Q 值的 Sallen - key 结构需要更高 GBP 的运放：当 $Q > 1$ 时，运放 GBP 至少为

$100 \mathrm{Gain} Q^3 f_c$。

压摆率：

$$\mathrm{SlewRate} > (2\pi V_{\mathrm{OUTP-P}} f_c) \qquad \text{（式 3.16）}$$

3.4　开关电容滤波芯片的应用

3.4.1　开关电容滤波的基本原理

从上节滤波器的设计可以明显看出，电路的质量是由精确的时间常数 τ 决定的，即对电容和电阻的允许误差要求较高。同时，所采用的电容容量往往又比较大。这两点实际上制约了有源滤波器件的集成化。这些滤波器适合固定频点的应用，如果需要频率可调则不方便了，而开关电容滤波器设计比较简便、不需要精密电阻电容电感、频率特性可调，故得到广泛的应用。

图 3.25(a) 的简单一阶 LBP/滤波器，通带截止频率 $f_p = 1/2\pi\tau, \tau = RC$。与其特性相同的开关电容滤波器由 MOS 模拟开关，集成电容和运放 OA 组成，如图 3.25 (b) 所示。模拟开关 S_1、S_2，电容 C_1 模拟等效的电阻 R。其阻值受模拟开关切换频率（时钟频率）f_{CLK} 和 C_1 控制。图 (b) 中驱动两只模拟开关的时钟信号分别为 A 和 $\overline{\mathrm{A}}$，两者反相。C_2 为积分电容。

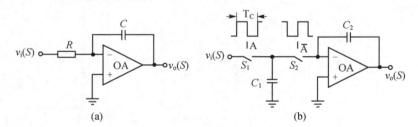

图 3.25　开关电容滤波器

在 A 的正半周，S_1 闭合、S_2 断开，电容 C_1 被充电到 v_i，在 $T_C (=1/f_{\mathrm{CLK}})$ 期间所积累的电荷：

$$Q = v_i C_1$$

平均输入电流 $i_i = v_i c_1 / T_c$。其等效模拟电阻为：

$$R_i = \frac{v_i}{i_i} = \frac{1}{C f_{\mathrm{CLK}}}$$

在 $\overline{\mathrm{A}}$ 的正半周，S_1 断开、S_2 闭合，C_1 上的电荷将转移至 C_2。

电路的等效时间常数为：

$$t = R_i C_2 = C_2 / C_1 f_{\mathrm{CLK}}$$

在集成芯片制造时，两个电容之比可视为两个电容的面积之比，其误差可控制在

1‰以内，从而保证了滤波器电参数的稳定性。f_{CLK} 可以很容易地改变 τ，相对也比较容易得到等效的较大容量的电容。当然，通过控制 f_{CLK} 可以有效地控制滤波器的频率特性，如 f_p。当 f_{CLK} 由晶振振荡器提供时，更是保证了滤波器电参数的稳定性和准确性。由于上述优点，加上结构简便，使用灵活，使其得到愈来愈广泛的应用，本身的发展也很迅速。

3.4.2　引脚可编程的开关电容滤波器 MAX263/264/267/268

MAX1M 公司的 MAX263/264/267/268 是典型引脚可编程的开关电容滤波器系列芯片。

图 3.26 为该系列滤波器的内部方框图。它由两个二阶开关电容滤波器，f_0（中心频率）逻辑控制，品质因数 Q 逻辑控制，工作模式（MODE）处理，时钟二分频，时钟 CMOS 反相器及缓冲运算放大器（仅 MAX267/268 有）等部分组成。

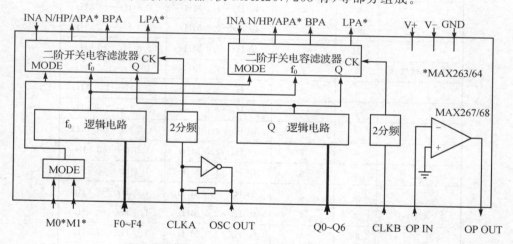

图 3.26　MAX263/264/267/268 内部框图

两个二阶滤波器可以串接级联。信号输入端分别为 INA 和 INB。做陷波 N（Notch Filter）、HBP、AP（全通）和 BP、LP 相应的输出端。M0、M1 为工作模式选择端，仅 MAX263/264 有。5 个引脚 F0～F4 为 f_{CLK}/f_0 之比的编程端。7 个引脚 Q0～Q6 为两个滤波器各自品质因数值的编程端。外部时钟可用 CLKA、CLKB 引入，也可由 CLKA、OSC、OUT 外接石英晶振产生。MAX267/268 内部还设有一个缓冲运放。

该系列开关电容滤波器有如下特点：

（1）MAX263/264 可用做 LPF、HPF、BPF、NF、APF。

（2）MAX267/268 只能用做 BPF。

（3）典型 f_{CLK} 与 f_0 的范围如表 3.2 所列，MAX267/268 仅工作于模式1。

表 3.2　MAX263/264/267/268 f_{CLK}、f_0 范围

器件	Q	模式	f_{CLK}	f_0
MAX263/264	1	1	40 Hz—4.0 MHz	0.4 Hz—40 kHz
	1	2	40 Hz—4.0 MHz	0.5 Hz—57 kHz
	1	3	40 Hz—4.0 MHz	0.4 Hz—40 kHz
	1	4	40 Hz—4.0 MHz	0.4 Hz—40 kHz
	8	1	40 Hz—2.7 MHz	0.4 Hz—27 kHz
	8	2	40 Hz—2.1 MHz	0.5 Hz—30 kHz
	8	3	40 Hz—1.7 MHz	0.4 Hz—17 kHz
	8	4	40 Hz—2.7 MHz	0.4 Hz—27 kHz
	64	1	40 Hz—2.0 MHz	0.4 Hz—20 kHz
	90	2	40 Hz—1.2 MHz	0.4 Hz—18 kHz
	64	3	40 Hz—1.2 MHz	0.4 Hz—12 kHz
	64	4	40 Hz—2.0 MHz	0.4 Hz—20 kHz
MAX264/268	1	1	40 Hz—4.0 MHz	10 Hz—100 kHz
	1	2	40 Hz—4.0 MHz	1.4 Hz—140 kHz
	1	3	40 Hz—4.0 MHz	1.0 Hz—100 kHz
	1	4	40 Hz—4.0 MHz	1.0 Hz—100 kHz
	8	1	40 Hz—2.5 MHz	1.0 Hz—60 kHz
	8	2	40 Hz—1.4 MHz	1.4 Hz—50 kHz
	8	3	40 Hz—1.4 MHz	1.0 Hz—35 kHz
	8	4	40 Hz—2.5 MHz	1.0 Hz—60 kHz
	64	1	40 Hz—1.5 MHz	1.0 Hz—37 kHz
	90	1	40 Hz—0.9 MHz	1.4 Hz—32 kHz
	64	3	40 Hz—0.9 MHz	1.0 Hz—22 kHz
	64	4	40 Hz—1.5 MHz	1.0 Hz—37 kHz

（4）对于 MAX263/267 而言

$$f_{CLK}/f_0 = \pi(N+32)$$

其中 N 为 F0～F4 引脚电平对应的十进制数值。如 F4F3F2F1F0=00011B，即 N=3。

（5）滤波器 Q 的设置范围 0.5～64。引脚编程及 Q 的对应关系见表 3.3。

表 3.3　Q 编程表

模式 1.3.4	模式 2	N	Q6	Q5	Q4	Q3	Q2	Q1	Q0	模式 1.3.4	模式 2	N	Q6	Q5	Q4	Q3	Q2	Q1	Q0
Note 4	Note4	0	0	0	0	0	0	0	0	0.681	0.963	34	0	1	0	0	0	1	0
0.504	0.713	1	0	0	0	0	0	0	1	0.688	0.973	35	0	1	0	0	0	1	1
0.508	0.718	2	0	0	0	0	0	1	0	0.696	0.984	36	0	1	0	0	1	0	0
0.512	0.724	3	0	0	0	0	0	1	1	0.703	0.995	37	0	1	0	0	1	0	1
0.516	0.730	4	0	0	0	0	1	0	0	0.711	1.01	38	0	1	0	0	1	1	0
0.520	0.736	5	0	0	0	0	1	0	1	0.719	1.02	39	0	1	0	0	1	1	1
0.525	0.742	6	0	0	0	0	1	1	0	0.727	1.03	40	0	1	0	1	0	0	0
0.529	0.748	7	0	0	0	0	1	1	1	0.736	1.04	41	0	1	0	1	0	0	1
0.533	0.754	8	0	0	0	1	0	0	0	0.744	1.05	42	0	1	0	1	0	1	0
0.538	0.761	9	0	0	0	1	0	0	1	0.753	1.06	43	0	1	0	1	0	1	1
0.542	0.767	10	0	0	0	1	0	1	0	0.762	1.08	44	0	1	0	1	1	0	0
0.547	0.774	11	0	0	0	1	0	1	1	0.771	1.09	45	0	1	0	1	1	0	1
0.552	0.780	12	0	0	0	1	1	0	0	0.780	1.10	46	0	1	0	1	1	1	0
0.556	0.787	13	0	0	0	1	1	0	1	0.890	1.12	47	0	1	0	1	1	1	1
0.561	0.794	14	0	0	0	1	1	1	0	0.800	1.13	48	0	1	1	0	0	0	0
0.566	0.801	15	0	0	0	1	1	1	1	0.810	1.15	49	0	1	1	0	0	0	1
0.571	0.808	16	0	0	1	0	0	0	0	0.821	1.16	50	0	1	1	0	0	1	0
0.577	0.815	17	0	0	1	0	0	0	1	0.831	1.18	51	0	1	1	0	0	1	1
0.582	0.823	18	0	0	1	0	0	1	0	0.842	1.19	52	0	1	1	0	1	0	0
0.587	0.830	19	0	0	1	0	0	1	1	0.853	1.21	53	0	1	1	0	1	0	1
0.593	0.838	20	0	0	1	0	1	0	0	0.865	1.22	54	0	1	1	0	1	1	0
0.598	0.846	21	0	0	1	0	1	0	1	0.877	1.24	55	0	1	1	0	1	1	1
0.604	0.854	22	0	0	1	0	1	1	0	0.889	1.26	56	0	1	1	1	0	0	0
0.609	0.862	23	0	0	1	0	1	1	1	0.901	1.27	57	0	1	1	1	0	0	1
0.615	0.870	24	0	0	1	1	0	0	0	0.914	1.29	58	0	1	1	1	0	1	0
0.621	0.879	25	0	0	1	1	0	0	1	0.928	1.31	59	0	1	1	1	0	1	1
0.627	0.887	26	0	0	1	1	0	1	0	0.941	1.33	60	0	1	1	1	1	0	0
0.634	0.896	27	0	0	1	1	0	1	1	0.955	1.35	61	0	1	1	1	1	0	1
0.640	0.905	28	0	0	1	1	1	0	0	0.969	1.37	62	0	1	1	1	1	1	0
0.646	0.914	29	0	0	1	1	1	0	1	0.985	1.39	63	0	1	1	1	1	1	1
0.653	0.924	30	0	0	1	1	1	1	0	1.00	1.41	64	1	0	0	0	0	0	0
0.660	0.933	31	0	0	1	1	1	1	1	1.02	1.44	65	1	0	0	0	0	0	1
0.667	0.943	32	0	1	0	0	0	0	0	1.03	1.46	66	1	0	0	0	0	1	0
0.674	0.953	33	0	1	0	0	0	0	1	1.05	1.48	67	1	0	0	0	0	1	1

电
子
技
术
随
笔
（
第
2
版
）

100

可编程模式1.3.4	模式2	N	Q6	Q5	Q4	Q3	Q2	Q1	Q0	可编程模式1.3.4	模式2	N	Q6	Q5	Q4	Q3	Q2	Q1	Q0
1.07	1.51	68	1	0	0	0	1	0	0	2.46	3.48	102	1	1	0	0	1	1	0
1.08	1.53	69	1	0	0	0	1	0	1	2.56	3.62	103	1	1	0	0	1	1	1
1.10	1.56	70	1	0	0	0	1	1	0	2.67	3.77	104	1	1	0	1	0	0	0
1.12	1.59	71	1	0	0	0	1	1	1	2.78	3.96	105	1	1	0	1	0	0	1
1.14	1.62	72	1	0	0	1	0	0	0	2.91	4.11	106	1	1	0	1	0	1	0
1.16	1.65	73	1	0	0	1	0	0	1	3.05	4.31	107	1	1	0	1	0	1	1
1.19	1.68	74	1	0	0	1	0	1	0	3.20	4.53	108	1	1	0	1	1	0	0
1.21	1.71	75	1	0	0	1	0	1	1	3.37	4.76	109	1	1	0	1	1	0	1
1.23	1.74	76	1	0	0	1	1	0	0	3.56	5.03	110	1	1	0	1	1	1	0
1.25	1.77	77	1	0	0	1	1	0	1	3.76	5.32	111	1	1	0	1	1	1	1
1.28	1.81	78	1	0	0	1	1	1	0	4.00	5.66	112	1	1	1	0	0	0	0
1.31	1.85	79	1	0	0	1	1	1	1	4.27	6.03	113	1	1	1	0	0	0	1
1.33	1.89	80	1	0	1	0	0	0	0	4.57	6.46	114	1	1	1	0	0	1	0
1.36	1.93	81	1	0	1	0	0	0	1	4.92	6.96	115	1	1	1	0	0	1	1
1.39	1.97	82	1	0	1	0	0	1	0	5.33	7.54	116	1	1	1	0	1	0	0
1.42	2.01	83	1	0	1	0	0	1	1	5.82	8.23	117	1	1	1	0	1	0	1
1.45	2.06	84	1	0	1	0	1	0	0	6.40	9.05	118	1	1	1	0	1	1	0
1.49	2.10	85	1	0	1	0	1	0	1	7.11	10.1	119	1	1	1	0	1	1	1
1.52	2.16	86	1	0	1	0	1	1	0	8.00	11.2	120	1	1	1	1	0	0	0
1.56	2.21	87	1	0	1	0	1	1	1	9.14	12.9	121	1	1	1	1	0	0	1
1.60	2.26	88	1	0	1	1	0	0	0	10.7	15.1	122	1	1	1	1	0	1	0
1.64	2.32	89	1	0	1	1	0	0	1	12.8	18.1	123	1	1	1	1	0	1	1
1.68	2.40	90	1	0	1	1	0	1	0	16.0	22.6	124	1	1	1	1	1	0	0
1.73	2.45	91	1	0	1	1	0	1	1	21.3	30.2	125	1	1	1	1	1	0	1
1.78	2.51	92	1	0	1	1	1	0	0	32.0	45.3	126	1	1	1	1	1	1	0
1.83	2.59	93	1	0	1	1	1	0	1	64.0	90.5	127	1	1	1	1	1	1	1
1.88	2.66	94	1	0	1	1	1	1	0										
1.94	2.74	95	1	0	1	1	1	1	1										
2.00	2.83	96	1	1	0	0	0	0	0										
2.06	2.92	97	1	1	0	0	0	0	1										
2.3	3.02	98	1	1	0	0	0	1	0										
2.21	3.12	99	1	1	0	0	0	1	1										
2.29	3.23	100	1	1	0	0	1	0	0										
2.37	3.35	101	1	1	0	0	1	0	1										

（6）有相应滤波器设计软件。

（7）可以单电源或双电源±5 V 供电。

（8）器件封装如图 3.27 所示。

类似的开关电容滤波器还有 LINEAR 公司的 LTC1068 系列芯片，它最多可实现 8 阶 LPF、HPF、BPF、BEF。频率范围 0.5 Hz～200 kHz。也有相应 FilterCAD支持。

3.4.3　MAX263/264/267/268 设计要点

（1）两个二阶滤波器级联，电路的总品质因素为 Q^2。

（2）内部滤波器的 Q 值也是电路电压增益值，故二级级联，芯片总增益为 Q^2。应用设计时必须注意到这一点。必要时输入端应加衰减器。

（3）单电源供电，Q_n、F_n 低电平接地；双电源供电，Q_n、F_n 低电平接－5 V。

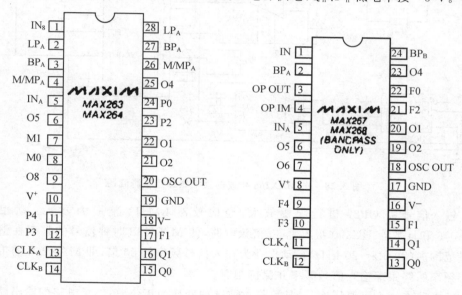

图 3.27　MAX263/264/267/268 PDIP 封装

3.4.4　开关电容滤波器应用实例

图 3.28 为以 MAX268 带通开关电容滤波器为核心而构成的具有自动跟踪输入信号频率的带通滤波电路。MAX268 总的品质因素为 4，$f_{CLK}/f_0 \approx 50$。采用±5 V电源供电。BPA 和 INB 直连，两级二阶滤波器串联。缓冲放大器设计增益＝1，可由10 kΩ 可调电位器调整。

输入信号在加入 MAX268 时进行了 0.25 倍衰减，以保证器件工作时不限幅。

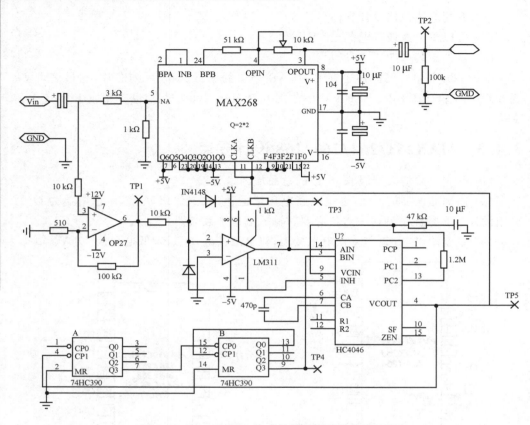

图 3.28　由 MAX268 构成的锁相跟踪带通滤波器

输入信号由 OP27 进行限幅放大，经比较器 LM311 整形为方波。锁相环 HC4046 和计数器 HC390 组成了 50 倍频电路，使 MAX268 时钟信号的频率在整个测量范围内（20 Hz～20 kHz）自动保持为输入信号频率的 50 倍，即 MAX268 的带通中心频率始终跟踪输入信号频率并保持相等。

此电路有两个重要用途：一是可将方波脉冲变换为正弦波；二是电路的输出就是输入信号的基波，可用于进行失真度测量等。

3.4.5　Linear Technology 公司的 LTC1068 芯片

LTC1068 系列开关电容芯片内部集成有 4 个单片时钟可调的滤波器块，可构成 1 个 8 阶或 2 个 4 阶或 4 个 2 阶的低通、高通、带通、带阻滤波器。图 3.29 为其内部拓扑。

内部有独立的 4 个典型二阶滤波块，可通过级联的方式构成 4 阶或 8 阶电路。它有 3 种基本工作模式：模式 1、模式 2、模式 3。两种扩展模式：1b 和 3a。模式 1 可设置为高阶的巴特沃斯低通滤波器，带通滤波器，也可设置为低 Q 值的带阻滤波器，

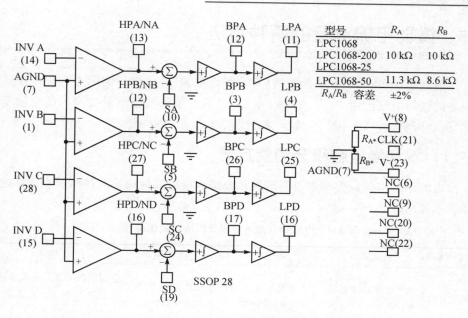

图 3. 29 LTC1068 内部拓扑

其内部拓扑如图 3.30 所示。在此模式下,时钟频率与中心频率的比值为 25,$Q =$ R_3/R_2,带阻滤波器的增益 $H_{ON} = -R_2/R_1$,带通滤波器的增益 $H_{OBP} = -R_3/R_1$,低通滤波器增益与带阻滤波器同。

通过该公司提供的 FilterCAD 能很方便地查看滤波器的频响、阶跃及脉冲时间响应曲线。

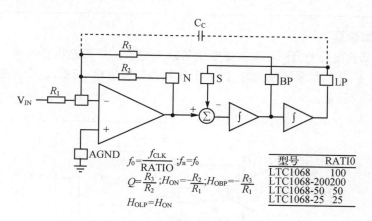

图 3. 30 模式 1 的内部拓扑

3.5　微弱电流测量的两种方法

一般把小于 10^{-6} A(μA)的电流归于"微弱电流"的范畴。实际上利用电子技术能测量的微弱电流已达 10^{-15} A(fA，飞安)以下。微弱电流测量技术广泛应用于核技术、生物医学、天文学、磁学、地学、物理学、电化学等相关领域。

3.5.1　双切换电容积分测量方法

微电流的基本测量方法主要有电容积分法和电阻反馈法。两种测量方法性能对比如表 3.4 所列。

表 3.4　电容积分法与电阻反馈法性能优势对比

测量方法	电流噪声	稳定时间	旁路电容	其他
电阻反馈法	会产生显著的 Johnson 噪声	受到其反馈电路的时间常数的限制	输入旁路电容的噪声影响较大	跨阻法不进行电荷累积，温度影响大，适宜实时测量
电容积分法	理论上不会具有 Johnson 噪声	仅受运放工作速度的限制	可以容忍较大的输入电容值	可以对随机脉冲平均电荷量进行积分，噪声影响小
对比评价	当电流噪声性能要求低于 1 fA 时，最好采用电容积分法	反馈式积分器将能够实现快速响应	电容积分法面向高电容信号源的测量或者使用长电缆很有好处	电容积分法有利于对非常小且不稳定的电流平均值测量

(1) 测量原理

采用双切换电容积分法可实现连续采集输入电流。双切换积分示意图如图 3.31 所示，当一个积分器在采样输入时，另一个将其积分值送给 ADC，这个过程不断交替持续，实现连续测量。

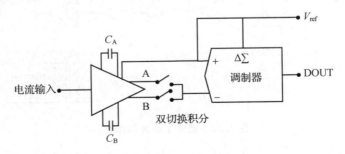

图 3.31　双切换电容积分示意图

（2）DDC112 工作原理

TI 公司的 DDC112/114 是一种集成电容积分微弱电流测量专用芯片。据 TI 过采样转换器系列产品经理以及该器件所用技术的专利拥有者 Jim Todsen 介绍，不管是使用内部积分电容器，还是外部积分电容器，DDC112 的工作原理都是一样的。如图 3.31 所示，首先，积分电容器预先向 V_{ref} 充电。随着 DDC112 和电容器积分，输入信号将释放电容器的电荷，从而使运算放大器输出端的电压降低。当积分结束时，输入信号将切换至另一侧，此时，电压输入型 ADC 测量 V_{ref} 的保持值。上述循环将持续不断、有效地进行，可不断积分输入信号。测量出的微弱电流值以串行数据流的形式输出，可以由 MCU 读取。

（3）总体方案设计

系统总体方案设计如图 3.32 所示，微电流信号通过双通道输入到 DDC112，在 STM32 处理器的控制下，经过积分、I/V 转换和 ADC 转化为 20 位数字信号，输送到处理器经过数据处理后在 LCD（HB240128）上显示，双向收发器 74LVC4245 为 DDC112 和 STM32 相互通信提供 5 V 与 3.3 V 的电平转换。LCD 和键盘为用户提供交互界面，可进行量程、积分时间、平均次数等参数的设置。参考电压电路为 DDC112 内部 ADC 提供 4.096 V 参考电压。电源电路部分为各个功能模块提供 5 V 或 3.3 V 电压。

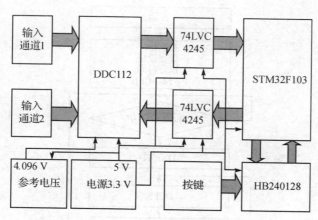

图 3.32　系统总体设计框图

DDC112 的积分时间 T_{INT} 设置范围为 50 μs～1×10^6 μs，当 $T_{INT}>479.4$ μs 时，DDC112 工作在连续测量模式（Cont Mode），当 $T_{INT}<479.4$ μs 时，工作在非连续模式（Ncont Mode）。C_F 取值范围为 12.5～87.5 pF，$V_{REF}=4.096$ V，由公式（3.17）可计算得到测试满量程电荷 Q_{FS} 范围为 50～350 pC，由公式（3.18）可计算得到测试最大电流 I_{FS} 的取值范围为 5×10^4～7×10^9 fA。ADC 转换为 20 位数字信号输出，由公式（3.19）计算可得测量分辨率 I_m 可达 0.05 fA，满足系统设计要求的 1 fA。

$$Q_{FS} \approx 0.96 V_{ref} C_F \qquad （式 3.17）$$

$$I_{FS} = Q_{FS}/T_{INT} \approx (0.96 V_{ref} C_F)/T_{INT} \qquad (式\ 3.18)$$

$$I_m = I_{FS}/(2^{20}-1) \qquad (式\ 3.19)$$

（4）程序设计

　　DDC112 控制时序如图 3.33 所示，当 ADC 完成转换电压为数字信号时，在系统时钟 CLK 的边沿触发 DVALID 引脚输出低电平，此刻 STM32 处理器准备读取数据。读数据之前先将 DXMIT 引脚复位，然后随着数字时钟 DCLK 的高低电平不断切换，由高到低逐位读取 20 位有效数字信息。程序控制流程如图 3.34 所示。

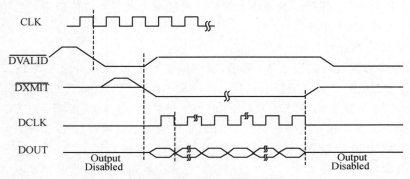

图 3.33　DDC112 控制时序图

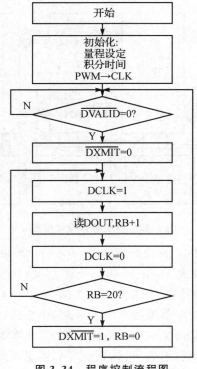

图 3.34　程序控制流程图

采用 DDC112/114 集成积分芯片的另一好处是可以通过软件改变积分时间来自动切换量程。

3.5.2 电阻反馈法

微弱电流电阻反馈测量法(跨阻测量法)通过跨接电阻产生压降实现 I/V 转换,其原理如图 3.35 所示。

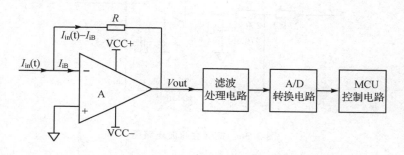

图 3.35 跨阻测量法原理图

$I_{in}(t)$ 为被测微弱电流,I_{iB} 为运算放大器输入偏置电流,R 为跨接电阻,A 为运算放大器。

I/V 转换输出电压与被测电流关系式如公式(3.20)所示:

$$V_{out} = -[I_{in}(t) - I_{iB}]R \qquad (式 3.20)$$

式中:V_{out} 为输出电压;当满足 $I_{iB} \ll I_{in}(t)$ 时,I_{iB} 可以忽略。或者利用运放的调零将其补偿。如要测量 fA 级电流,高阻电阻 R 一般大于 1 GΩ,这种电阻器的温度系数通常在 100 ppm/℃以上,热稳定性较差、受温度变化影响大,故必要时需采取恒温措施。与电容积分法相比,跨阻法不需要电荷累积的过程,因此,其优点在于实时性好,适合测量快速、连续变化的微弱电流。

(1) 运算放大器的选型

跨阻放大器采用具有极低输入偏置电流的单片电路静电计型运算放大器 AD549,输入偏置电流小于 60 fA,输入偏置电压和输入偏置电压温漂均通过激光调节,以实现高精度的目的,输入级具有 10^{15} Ω 的共模阻抗,其输入电流与共模电压无关,适用于微弱电流测量领域。

(2) 抗混叠滤波

微弱电流测量过程极易受噪声干扰,主要来源于系统固有噪声和外部干扰噪声。由于噪声信号的随机性,无法确定被测微弱电流中的最高频率 f_{max},一旦违反奈奎斯特采样定理(即采样频率 $f_s \leqslant 2f_{max}$),极易在有用信号中混叠噪声信号,即所谓的混叠现象。

抗混叠滤波电路采用有源二阶滤波设计，选用 LT6234 低噪声运算放大器，电路如图 3.36 所示。

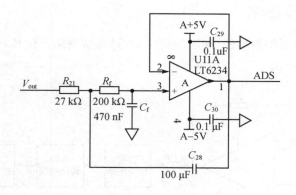

图 3.36　抗混叠滤波电路图

根据微弱电流实际情况，通过调整 R_f 和 C_f 得到需要的截止频率 f_n：

$$f_n = \frac{1}{2\pi R_f C_f} \qquad\qquad (式\ 3.21)$$

（3）A/D 转换

采用 TI 公司的 24 Bits Σ－△型模数转换器 ADS1255，该芯片可实现 24 位无数据丢失；最大非线性度为 ±0.001％；高达 23 位的无噪声分辨率；最高数据采样率达 30 kSPS；具有低噪声增益可编程放大器（PGA）功能；带有可编程数字滤波器。A/D 转换电路如图 3.37 所示。

ADS1255 的 SCLK、DIN、DOUT 和 $\overline{DRDY}$ 引脚与 C8051F021 单片机相连，并在数据输入端串联 100 Ω 电阻，以限制 ADS1255 输出电流，单片机通过 ADS1255 的控制命令实现校准及数据读取等操作。

为避免基准源噪声和温漂影响 A/D 转换性能，采用低噪声基准源芯片 AD580 提供 2.5 V 基准电压，精度达 ±0.4％，温漂小于 10 ppm/℃，可保证基准电压的长期稳定性（25 μV/Month）。

（4）测量温度控制

在元器件选择、提高电路性能和加强工艺设计等方面提高微弱电流测量精度的同时，环境温度变化也是制约测量精度的关键因素，主要表现在以下 3 个方面：

虽然 AD549 具有极低输入偏置电流，但输入偏置电流对温度变化很敏感，环境温度为 25 ℃时，输入偏置电流小于 40 fA，但温度每升高 10 ℃，输入偏置电流增大 2.3 倍。

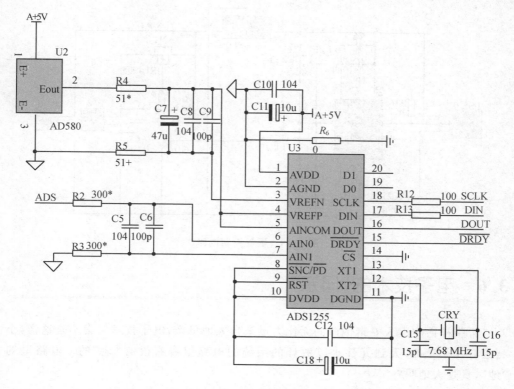

图 3.37 　A/D 转换电路

由于被测电流非常微小，为产生压降便于测量，需选用高阻值跨接电阻，以国营718 厂生产的 10 GΩ 电阻为例，其温度系数为 150 ppm/℃，即温度每升高 1 ℃，阻值增大 1.5 MΩ，此温漂将直接引入到测量电路，降低测量精度。

电压基准源 AD580 温度系数小于 10 ppm/℃，当工作温度保持在 0～70 ℃ 范围内时，输出电压误差小于 1.75 mV，超出该电压范围受温度影响较大。因此，采取一定的温度控制措施，降低温度影响，提高微弱电流的测量精度，十分必要。

为减低温度的影响，测量装置采用了保温设计，恒温控制系统嵌入了增量式数字PID 控制技术，提高了温度变化惯性，削弱了外界环境的影响，因此，不需要对 PID参数（比例常数 K_p、积分常数 T_i、微分常数 T_d）进行整定，降低了 PID 控制程序设计难度。

恒温控制电路如图 3.38 所示，采用 DS18B20 温度传感器配合误差补偿机制采集实时温度值，由数字 PID 控制技术控制单片机输出脉冲占空比，以控制场效应晶体管 IRF4905 的快速通断，进而控制电阻丝（连接在 P1 插座上）的加热时间，达到温控目的。

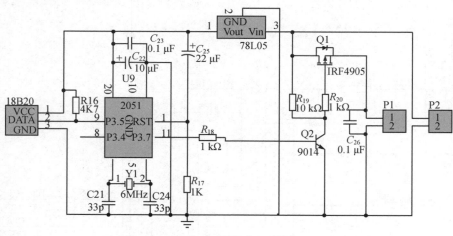

图 3.38　恒温控制电路

3.6　电子技术的"母亲"

希腊神话中巨人安泰俄斯的无比力量来自大地母亲，电子技术何尝不是这样，小到只有几个元件，大到元件难以数计的系统的电路里哪有没有"地"的。电路里的"地"，真是大地吗？

3.6.1　和大地根本没关系的"地"

这种"地"是设计者在电路里人为规定的基准电位点，即电路里的"零"电位点。如图 3.39(a) 中电路 1 和电路 2 共用电源的负端 G 是最常见的工作地（系统地），且以接地符号标志之。这个"地"完全没有必要真正接大地。实际上，大多数电路也没有把它接大地。

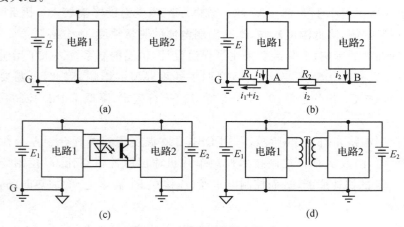

图 3.39　电子系统的工作地

3.6.2   安全地

为用电安全起见电子设备的外壳和大地稳妥连接,这时设备的外壳才是真正的接地了。

3.6.3   屏蔽地

电子设备的金属外壳、电缆的屏蔽层等是可以起到物理电屏蔽和抗干扰作用的"地"。

工作地仅仅为电路提供基准电位,如果不和设备金属外壳相连,则是独立的"浮地"。如果和接地的外壳相连,而电路 PCB 板又采用了大面积地网络接地措施,则可以起到良好的抗干扰作用。

3.6.4   地电流

系统的工作地连线往往是共用电源时各个子电路的公共通道。当考虑到地连线的电阻时,如图 3.39(b)所示。R_1 为电路 1 接地点 A 与 G 间的连线电阻,R_2 为 B 和 A 点间的连线电阻,i_1 和 i_2 分别为电路 1 和 2 的地电流,则电路 1 和 2 的接地点电位分别为

$$V_A = (i_1 + i_2)R_1, \quad V_B = i_2 R_2 + (i_1 + i_2)R_1$$

不要忘记,V_A 和 V_B 分别是电路 1 和电路 2 的基准电位。由此可见,电路 1 和电路 2 中的各种电位由于地连线电阻(或地电流)的存在而相互影响。倘若电路 1 为弱电电路(如由 MCU 组成的控制电路),电路 2 为强电电路,则 $i_2 \gg i_1$,即弱电电路各点电位将受强电电路的强烈影响。这显然是十分有害的。

消除地电流影响的有效方法是隔离技术。如图 3.39(d)所示使用变压器将两个电路的地完全隔离就是隔离的办法之一,当然变压器耦合无法传递直流信号。

图 3.39(c)采用光电耦合器进行了安全隔离,当然这时必须采用二套独立的电源 E_1 和 E_2,它们的地分别用信号地和电源地两种不同符号加以区分。那么这种器件的工作原理是什么,又如何正确的使用它呢?

3.6.5   通用光电耦合器

1. 特性

光电耦合器又称光隔离器(Optoisolator),它是利用电-光-电转换作用的半导体器件。它的功能是通过电光和光电转换传递信号,同时在电气上隔离信号的发送端和接收端。由于光电耦合器具有隔离作用,能有效地抑制系统噪声,消除接地回路的干扰,响应速度较快,寿命长,体积小,耐冲击等优点,使其在强-弱电接口,特别是在微机系统的前向和后向通道中获得广泛应用。

　　DIP 封装的光电耦合器内部结构如图 3.40 所示，它将发光源和受光器组装在同一个密闭管壳内。发光源为 CaAs 红外发光二极管，受光器多用硅光敏二极管、光敏三极管和光控可控硅等。

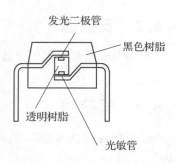

图 3.40　光电耦合器内部结构

　　发光源和受光器间的不同组合构成不同类型的光电耦合器，图 3.41 表示了其中的几种。

　　在各类光电耦合器中以图 3.41（c）的晶体管输出、图 3.41（b）的复合管输出和图 3.41（g）的过零触发双向可控硅输出的使用最为普遍。复合管输出的电流传输比（CTR）远较晶体管输出的大。表 3.5 为晶体管输出光电耦合器的电特性。

　　MOC3060 系列双向可控硅输出的光电耦合器，隔离电压 5.3 KV_{RMS}，内部为过零触发型，峰值击穿电压 $V_{RM}=600$ V。其极限参数如下：

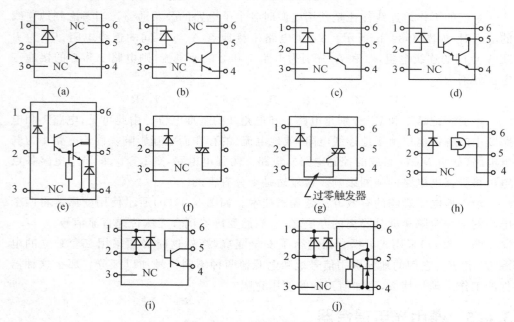

图 3.41　各种类型的光电耦合器

　　输入发光二极管正向电流 $I_F=50$ mA，反向电压 $V_{RM}=6$ V，功耗 $P_D=120$ mW。输出晶闸管断态输出反向电压 $V_{DRM}=600$ V，正向峰值电流 $I_{FM}=1$ A，功耗 $P_D=150$ mW。总功耗 $P_D=250$ mW。

电子技术随笔（第 2 版）

表 3.5　晶体管输出单光耦合器特性

型号	电流传输比(CTR)			绝缘电压 ac 峰值(V)		饱和压降 $V_{CE(Sat)}$			t_r, t_f/t_{on}, t_{off}						V_F	
	(%)	I_F/(mA)	V_{CE}/(V)	工业标准	MOTOROLA公司	(V)	I_F/mA	I_C/mA	(μs)	I_C/mA	V_{CC}/V	R_L/Ω	I_F/mA	V_{CEO}/V	I_F/mA	V
TIL112	2.0	10	5.0	1 500	7 500	0.5	50	2.0	2.0	2.0	10	100		20	1.5	10
TIL115	2.0	10	5.0	2 500	7 500	0.5	50	2.0	2.0	2.0	10	100		20	1.5	10
TIL114	8.0	16	0.4	2 500	7 500	0.4	16	2.0	5.0	2.0	10	100		30	1.4	16
4N27	10	10	10	1 500	7 500	0.5	50	2.0	2.0/8.0	10	10			30	1.5	10
4N28	10	10	10	500	7 500	0.5	50	2.0	2.0/8.0	10	10			30	1.5	10
4N38.A	19	10	10	2 500	7 500	1.0	20	4.0	0.7/7.0	10	10			80	1.5	10
TIL124	10	10	10	5 000	7 500	0.4	10	1.0	2.0	2.0	10	100		30	1.4	10
TIL153	10	10	10	3 540	7 500	0.4	10	1.0	2.0	2.0	10	100		30	1.4	10
4N25.A	20	10	10	2 500	7 500	0.5	50	2.0	0.8/8.0	10	10			30	1.5	10
4N26	20	10	10	1 500	7 500	0.5	50	2.0	0.8/8.0	10	10			30	1.5	10
TIL116	20	10	10	2 500	7 500	0.4	15	2.2	5.0	2.0	10	100		30	1.5	60
TIL125	10	10	5 000	7 500	0.4	10	1.0	2.0	2.0	10	100		30	1.4	10	60
TIL154	20	10	10	3 540	7 500	0.4	20	1.0	5.0	2.0	10	100		30	1.4	16
TIL117	50	10	10	2 500	7 500	0.4	10	0.5	5.0	2.0	10	100		30	1.4	10
TIL126	50	10	10	5 000	7 500	0.4	10	1.0	5.0	2.0	10	100		30	1.4	10
TIL155	50	10	10	3 540	7 500	0.4	10	1.0	5.0	2.0	10	100		30	1.5	10
4N35	100	10	10	3 500	7 500	0.3	10	0.5	4.0*	2.0*	10*	100*		30	1.5	10
4N36	100	10	10	2 500	7 500	0.3	10	0.5	4.0*	2.0*	10*	100*		30	1.5	10
4N37	100	10	10	1 500	7 500	0.3	10	0.5	4.0*	2.0*	10*	100*		30	1.5	10
H11A5100	100	10	10	5 656	7 500	0.4	20	2.0	5.0*	2.0*	10*	100*		30	1.5	10
MCT2201	100	10	5.0	7 500	7 500	0.4	10	2.5	6.0*/5.5*	2.0*	10*	100*		30	1.65	60
CNY17-3	100~200	10	5.0	5 000	5 000	0.4	10	2.5	5.6*/4.1*		5.0*	75*		70	1.5	60
MCT273	125~250	10	10	3000(R)	7 500	0.4	16	2.0	7.6*/6.6*	2.0*	5.0*	100*	10*	70	1.65	20
CNY7-4	160~320	10	5.0	4 000	7 500	0.4	10	2.5	5.6*/4.1*		5.0*	75*	10*	70	1.5	60
MCT274	225~400	10	10	2500(R)	7 500	0.4	16	2.0	9.1*/7.9*	2.0*	5.0*	100*		30	1.5	20

113

* 测试条件 (R)有效值 (D)直流 t_r, t_f/t_{on}, t_{off} 上升时间，下降时间/开关时间 * V_F 正向压降

表 3.6 为 MOC3060 系列光电耦合器电特性。

表 3.6　MOC3060 系列光电耦合器电参数

	参　　数	MIIN	TYP	MAX	单位	测试条件
输入	正向电压(V_F)		1.2	1.4	V	$I_F = 20$ mA
	反向电流(IR)		0.05	10	μA	$V_R = 6$ V
输出	峰值断态电流(I_{DRM})			500	nA	$V_{DRM} = 600$ V(注 1)
	峰值击穿电压(V_{DRM})	600			V	$I_{DRM} = 500$ nA
	通态电压(V_{TM})			3.0	V	$I_{TM} = 100$ mA(峰值)
	断态电压临界上升速率	600	1 500		V/μs	
耦合	输入触发电流(I_{FT})(注 2)					
	MOC3060			30	mA	VTM=3V(注 2)
	MOC3061			15	mA	
	MOC3062			10	mA	
	MOC3063			5	mA	
	任一方向的维持电流(I_H)		400		A	
	输入输出间隔离电压 V_{ISO}	5 300			VRMS	见注 3
过零触发特性	禁止电压(V_{IH})			20	V	I_F=额定 MT1 - MT2 间电压超过此值不被触发的电压
	禁止时的漏电流(I_S)			500	μA	$V_{DRM} = 600$ V 断态

注 1：测试电压的上升速率 dv/dt 必须在器件允许范围。

注 2：器件保证 I_F 值小于或等于 I_{FT} 可靠触发，建议实际 I_F 在最大 I_F(50 mA)和 I_{FT} 之间。

注 3：输入和输出引脚短接。

2. 多重光电耦合器

(1) PC817 系列

PC817 系列是一种常用的多重(1,2,3,4)晶体管输出的光电耦合器。其外形封装及引脚如图 3.42 所示。图中尺寸的单位为毫米。

表 3.7 为 PC817 的极限参数。表 3.8 为其电-光特性。表 3.9 为 CTR 表。

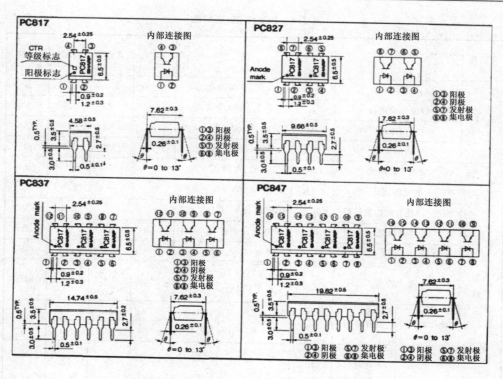

图 3.42　PC817 系列多重光电耦合器的封装及引脚

表 3.7　PC817 的极限参数

参　　数		符　号	额定值	单　位
输入	正向电流	I_F	50	mA
	峰值正向电流	I_{FM}	1	A
	反向电压	V_R	6	V
	功耗	P	70	mW
输出	集电极-发射极电压	V_{CEO}	35	V
	发射极-集电极电压	V_{ECO}	6	V
	集电极电流	I_C	50	mA
	集电极功耗	P_C	150	mW
	总功耗	P_{tot}	200	mW
	绝缘电压	V_{iso}	5 000	V_{RMS}
	工作温度	T_{opr}	$-30\sim+100$	℃
	存储温度	T_{stg}	$-55\sim+125$	℃
	焊接温度	T_{sol}	260	℃

表 3.8 PC817 电−光特性

参 数		符号	条 件	MIN	TYP	MAX	单位
输入	正向电压	V_F	$I_F=20\ mA$	—	1.2	1.4	V
	峰值正向电压	V_{FM}	$I_{FM}=0.5\ A$	—	—	3.0	V
	反向电流	I_R	$V_R=4\ V$	—		10	A
	端极间电容	C_t	$V=0,f=1\ kHz$		30	250	pF
输出	集电极暗电流	I_{CEO}	$v_{ce}=20\ V$			10^{-7}	a
传输特性	电流传输比	CTR	$I_F=5\ mA,V_{CE}=5\ V$	50	—	600	%
	集电极−发射极饱和压降	$V_{CE(sat)}$	$I_F=20\ mA,I_C=1\ mA$	—	0.1	0.2	V
	绝缘电阻	R_{ISO}	$DC500V,40\%\sim60\%RH$	5×10^{10}	10^{11}	—	Ω
	浮动(floating)电容	C_f	$V=0,\ f=1\ MHz$		0.6	1.0	pF
	截止频率	f_c	$V_{CE}=5\ V,\ I_C=2\ mA,$ $R_L=100\ \Omega,\ -3\ dB$		80	—	kHz
	动作时间 上升时间	t_r	$V_{CE}=2\ V,\ I_C=2\ mA,$ $R_L=100\ \Omega$		4	18	s
	下降时间	t_f	$V_{CE}=2\ V,\ I_C=2\ mA,$ $R_L=100\ \Omega$		3	18	s

表 3.9 CTR 值表

型 号	等级标注	CTR(%)
PC817A	A	80～160
PC817B	B	130～260
PC817C	C	200～400
PC817D	D	300～600
PC8 * 7AB	A or B	80～260
PC8 * 7BC	B or C	130～400
PC8 * 7CD	C or D	200～600
PC8 * 7AC	A, B or C	80～400
PC8 * 7BD	B, C or D	130～600
PC8 * 7AD	A, B, C or D	80～600
PC8 * 7	A, B, C, D or No mark	50～600

（2）TLP521 系列

TLP521 系列晶体管输出多重光电耦合器的封装与引脚与 PC817 相同，其电特性如表 3.10 所列。

表 3.10　TLP521 特性

极限参数								工作特性								
1次测			2次测			全体		1次测		2次测			1次~2次			
I_F max /mA	V_R max /V	P_{D1} max/ mW	V_{CE} max /V V_{CC}*	L_{OL} max/ mA	P_{D2} max/ mW	BV min/ kV DC AC*	T_a min ∫ max /℃	V_F max/ I_F/ (V/mA)	C_j max typ* /μs	t_r max typ* /μs	t_f max typ* /μs	h_{fe} min typ*	CTR min/ I_F/ (%/mA)	V_{CCS} max/ I_F I_C/ (V/mA)	C_{1-2} max typ* /pF	f_T min typ* /MHz
70/50	5	—	30	50	150/100	2.5*	−30~100	1.3/10	30*	6*	6*		70/5	0.4/4.1	0.8*	—
50	5	200	55	50	150/100	5*	−30~100	1.3/10	30*	6*	6*		50/5	0.4/4.1	0.8*	6.0*

3. 通用光电耦合器的应用

以图 3.43 的几个电路为例说明普通光电耦合器应用的几个要点。

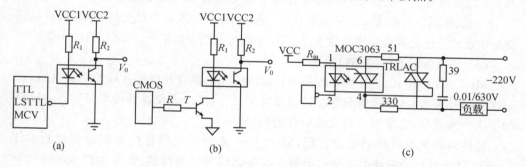

图 3.43　光电耦合器的几个典型应用电路

(1) 输入端(一次侧)设计

由光电耦合器电参数表查出 LED 的正向压降 V_F 和正向电流 I_F。实际 I_F 值可选为略大于该值,以保证如图 3.43(c)所示晶闸管的可靠触发,但绝不可大于 I_F 的极限值。可以根据 $P_D = I_F V_F$ 加以验算。

TTL、LSTTL、MCU 的低电平输出电流远大于高电平输出电流,故如图 3.43(a)所示应选低电平驱动,此时 LED 的限流电阻为:

$$R_1 = \frac{V_{CC1} - V_F - V_{OL}}{I_F}$$

式中,V_{OL} 为门的低电平输出电压,$V_{OL} \approx 0$。

如果使用 HCMOS 或 4000 系列 CMOS 器件驱动 LED,则需要加晶体管 T 缓冲,如图 3.43(b)所示。此时

$$R_1 = \frac{V_{CC1} - V_F - V_{ces}}{I_F}$$

式中,V_{ces} 为晶体管的饱和压降,$V_{ces} \approx 0.2$ V。而晶体管的基极电阻:

$$R_b = \frac{V_{OH} - V_{be}}{I_{bs}} = \frac{\beta_{饱和}(V_{OH} - V_{be})}{I_F}$$

式中，V_{OH} 为门的高电平输出电压，$V_{OH} \approx V_{CC1}$。$V_{be} \approx 0.7$ V。$\beta_{饱和}$ 为晶体管饱和状态的直流电流放大系数，$\beta_{饱和}$ 可取为 10。

（2）晶体管输出（二次侧）

光电耦合器最普通的应用是传输开关信号，所以图 3.43(a) 和图 3.43(b) 二次侧晶体管上工作于截止和饱和两种状态。当一次侧 LED 截止时，晶体管亦截止，$V_0 = V_{CC2}$。LED 导通时，晶体管应处于饱和状态。故：

$$R_2 \geqslant \frac{V_{CC2} - V_{ces}}{I_{CS}} = \frac{V_{CC2} - V_{ces}}{I_F \cdot CTR}$$

式中，I_{CS} 为晶体管饱和电流，V_{ces} 为晶体管的饱和压降，$V_{ces} \approx 0.2$ V。电流传输比 CTR 不同的光电耦合器相差很大，在 0.1～600。通常如选 CTR 大的光电耦合器 I_F 和 R_2 均可选得小一些。但是这时往往开关速度较慢，应权衡决定。

一、二次侧参数的选择应尽量能使 R_2 选小一点，在考虑负载电容影响时，可以提高响应速度。这是高速应用时除了选 t_r、t_f 小的光电耦合器之外，必须注意的一点。

（3）晶闸管输出（二次侧）设计

MOC3040/MOC3060 系列的晶闸管输出的光电耦合器内部含过零触发电路，在一次侧信号有效时，晶闸管只在交流过零时刻触点，这一点使得器件本身对其他电路的干扰大为减弱，也减少了对交流电源的污染。

器件内晶闸管的驱动能力有限，MOC3060 系列的极限正向峰值电流池只有 1 A，所以只能可靠的驱动小功率的负载。若要驱动大功率负载，需要如图 3.43(c) 所示。光电耦合器触发 BTA20～600（导通电流 20 A，$V_{DRM} = 600$ V）类的大功率晶闸管。光电耦合器晶闸管的输出电流足以推动外部晶闸管。当然整个电路应按大功率晶闸管的要求加入 RC 吸收元件等。

4. 高速光电耦合器

一般光电耦合器的开关时间均在几微秒左右。这使得它们只能运用于低速电路，在 USB-串口转换器等高速场合则力所不逮。TI 公司的 1N137 是一款高速光电耦合器。它由磷砷化镓发光二极管和光敏集成触发器组成，见图 3.44。集电极开路输出便于进行电平转换。

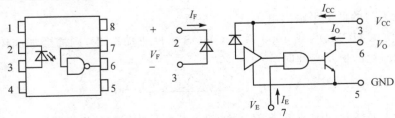

图 3.44　1N137 内部拓扑

其主要特点为：与 TTL、LSTTL 电平兼容；最高开关速度达 75 ns；一次侧导通电流≤5 mA；具有 3 000 V 的绝缘强度。表 3.11 为其推荐工作条件。表 3.12 为逻辑功能真值表。

表 3.11　1N137 推荐工作条件

参数	符号	最小	最大	单位
输入电流,低电平	TFL	0	250	μA
输入电流,高电平	IFH	6.3	15	mA
使能电压,高电平	VEL	0	0.8	V
使能电压,高电平	VEH	2.0	VCC	V
供电电压,输出	VCC	4.5	5.5	V
工作温度	TA	−40	+85	℃

表 3.12　1N137 真值表

输入 Input	使能 Enable	输出 Output
H	H	L
L	H	H
H	L	H
L	L	H
H	NC	L
L	NC	H

3.6.6　线性光电耦合器

和普通光电耦合器开关型应用不同,线性应用时,二次侧晶体管工作于放大状态,希望驱动一次侧 LED 的电流与二次侧晶体管的输出电压在一定范围内为线性关系。

图 3.45 是将普通光电耦合器 PC817A 线性应用的开关电源电路。图中 PC817A 传递输出电压的采样信号去控制单片开关电源芯片 TOP224P,并且＋12 V 输出与～220 V 隔离。LED 电流的变化范围为 3～7 mA。电路闭环控制的稳压效果良好。

把普通光电耦合器当作线性光电耦合器使用时,存在如下 4 个问题：

(1) LED 的死区电压使其输入电压在小于 V_F 时,LED 不导通。即小于 V_F 的输入电压在输出端不能反映。

(2) 光电耦合器的 CTR 并非是常数,图 3.46 为 PC817A 的 CTR 随 I_F 变化的曲线。这就使输出电压与 I_F 之间在大范围内难以保持线性关系。由图可知,I_F 在 3～7 mA 间,近似线性关系,所以有时将 PC817A 称为"线性光耦",并不恰当。

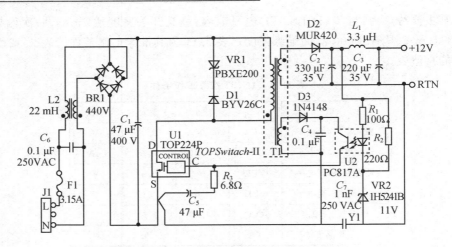

图 3.45 单片开关电源芯片的开关电源电路

（3）CTR 受温度的影响较大，即线性度也要受温度影响。

（4）I_F 与 LED 的发光亮度并非线性关系。

利用配对的 LED 构成一个进行线性补偿的负反馈环以改善线性是线性光电耦合器芯片所采用的方法。

TIL300（SLC800）是一种精密的线性光电耦合器。它可以耦合直流和交流信号，带宽 200 kHz，传输增益的温度系数可小至（0.05％/℃，传输增益（K_3）的线性度可达（0.25％，峰值隔离电压可达 3 500 V。8 脚

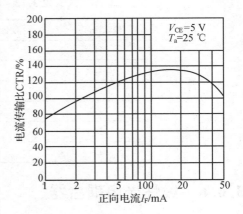

图 3.46 PC817A 的 CTR 曲线

PDIP 封装。图 3.47 是它的典型应用电路。TIL300 内部包含一个红外驱动 LED，反馈光敏二极管 D_1 和输出光敏二极管 D_2。反馈光敏二极管 D_1 接收了 LED 的部分光线，产生能稳定 LED 驱动电流的控制信号 V_b。运算放大器 A_1 为 LED 驱动，A_2 为输出缓冲。当输入电压 V_i 为某一确定值时，电路稳定在 $V_i = V_a = V_b$，LED 的 I_F 为一定值。LED→D_1→I_{P1}→V_b→I_F→LED 为一闭环负反馈。根据负反馈的原理可知，不论环路内 LED 的非线性还是温度的影响均可大大减小。

在器件中，K_1 称为伺服电流增益，K_2 称为正向增益，K_3 称为传输增益。

$$K_1 = \frac{I_{P1}}{I_F}, K_2 = \frac{I_{P2}}{I_F}, K_3 = \frac{K_2}{K_1} = \frac{I_{P2}}{I_{P1}}$$

由于 $V_i = R_1 I_{P1} = R_1 I_{P2}/K_3$，即 $I_{P2} = K_3 V_i/R_1$，而

$$V_O = I_{P2} R_2 = K_3 \frac{R_2}{R_1} V_i$$

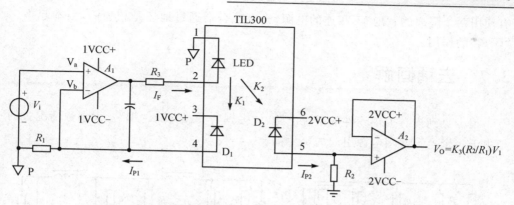

图 3.47　线性光电耦合器 TIL300 的典型应用电路

对于 TIL300A 而言，$K_3 = 0.9 \sim 1.10$，典型值为 $K_3 = 1$，故

$$V_o = \frac{R_2}{R_1} V_i$$

即输出电压 V_o 和输入电压为线性关系。

图 3.48 为某电力电子设备中强电回路电压 V_{in} 经线性光电耦合器隔离后，产生 V_o 送往数字电路的 $V_{ref} = 4.096$ V，12bit 的 ADC。$V_{in} = 0 \sim 500 V_{DC}$，经 100 kΩ 和 1 kΩ 电阻分压后衰减约 100 倍，形成光耦的 V_i。运放 A_1 为 TL082，R_1 取为 51 kΩ，510 Ω 的 R_3 保证了器件 LED 的 I_F。A_2 为轨-轨运放 OP291，它可以使输出电压达 4.096 V 而不限幅。此电路希望在 $V_{in} = 400$ V 时，$V_o = 4$ V。故可调电阻 W 大约调 整到 51.5 kΩ。

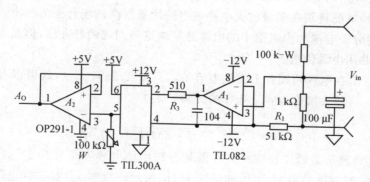

图 3.48　TIL300A 应用电路

安捷伦（Agilent）的 HCNR200/300 内部结构与 TIL300A 类似。它具有 0.01% 的非线性，-65 ppm/℃ 的温度系数，>1 MHz 的带宽。可构成精密线性隔离放大 器、高速低价位隔离放大器、4～20 mA 低功耗电流环隔离放大、可同时输出输入信 号幅度与极性的隔离放大器。

电子技术初学者应用光电耦合器最容易犯的错误是：光电耦合器两侧的电源没

有使用两个隔离的、"地"不相连的电源,光电耦合器通过地还是相通的,根本起不到"隔离"的作用。

3.7　去耦何解?

很少见到没有去耦元件的系统电路。"去耦"? 去的什么"耦"? 大多数情况去的是由于多个电路共用电源引起的寄生耦合。

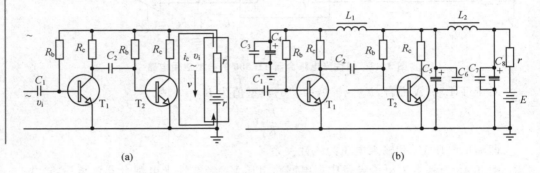

图 3.49　去耦元件的作用

可以用图 3.49 来说明去耦元件的作用。图 3.49(a)为二级共射极放大电路,它们由内阻为 r 的公共电源 E 供电。由于 $v=E-i_c r$,即在电源两端由于存在内阻 r 而引起的交流电压 v 和输入信号 v_1 同相。v 可通过 R_b 反馈回输入端。根据巴克豪森标准,只需环路增益满足 $A\beta=1$ 的条件,即使由于噪声的存在,电路都可能产生自激振荡。这种情况特别在多级放大电路或电路增益很高的场合更为突出。虽然从源头上讲,采用分布电源和内阻很小的电源是解决这一问题的好办法,但是大多数电子系统仍然是共用电源供电。

图 3.49(b)在电源两端并上去耦电容 C_B,只要 $1/2\pi f c_8 < r$,就可以有效地降低交流电压 v。这种去耦电容容量选择的经验公式为

$$c(\mu F) \gg \frac{1}{f_{\min}(MHz)}$$

式中,$f_{\min}$ 为电路的最低工作频率。在低频电路中该电容容量常在 10 μF 以上。为进一步降低 v 对前级的影响,可以如图 3.49(b)所示逐级加入 LC 去耦电路。L 的电感量视电路工作频率而定,从几微亨~几毫亨。有时也用电阻取代电感 L 而组成而组成 RC 去耦电路。R 的选择要兼顾去耦效果与减少直流压降两个方面,通常 R=10~100Ω。如果为双性极电源供电,则必需正、负电源都加去耦电路。数字电路中典型的去耦电容为 0.1 μF,通常它有 50 nH 的分布电感,其并行共振频率大约在 7MHz 左右,对 10 MHz 以下的噪声有较好的去耦作用。

上述例子虽是分立晶体管电路,但集成器件的情况类似。如 OP37 集成运放的

输入端就由两个电源供电的恒流源提供偏置,通过电源的寄生信号也会反馈到输入端。因此,该器件有一个电源抑制比(Supply Rejection)＝122 dB 的指标,就是一个侧面的说明。

3.8　调光器是怎么工作的?

调光台灯估计许多人都用过,它在电力电子技术里被称为"可控硅调压器",你知道它的工作原理吗? 图 3.59(a)就是一种典型的电路。首先了解一下 DIAC,它的中文名称为"双向触发二极管"或"二极管交流开关"(Diode AC Switch)。其伏安特性如(b)所示,两端电压不论方向只要超过击穿电压 v_{BR}、v_{BO},立刻击穿,导通。击穿电压视管子的参数而改变。除调压器外,它常用于日光灯整流器和保护电路里。双向可控硅 TRIAC 的简单工作条件,见 2.6 节。R_L 为负载,例如白炽灯。

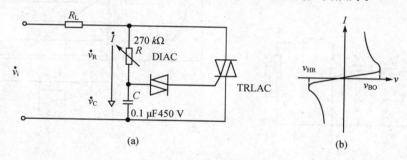

图 3.50　调光器原理

图 3.51(a)为 RC 路输入电压 v_i 电容电压 v_c 之间的向量关系,由图可知,v_c 落后 v_i 一个相位角 θ

$$\theta = \arctan \frac{X_C}{R} = \arctan \frac{1}{\omega CR}$$

图 3.51(b)为波形图,图中 v_c 落后 $v_i\theta$ 角,v_Z 为 DIAC 的击穿电压。当 v_c 到达击穿点时,TRIAC 立即导通,在输入电压的每一个过零点,TRIAC 截止。通过负载的电压波形如阴影部分所示。

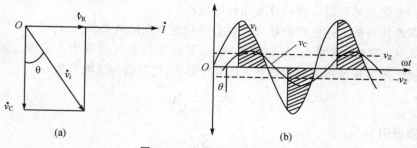

图 3.51　向量关系与波形

　　调整电位器 R，改变 θ 角，改变了 TRIAC 的导通时间，显然也就改变了其有效值，达到调压的目的。

3.9　模拟电路分析的利器——图解法

　　但凡学习过模拟电路的人，没有不知道单级共发射极晶体管放大电路的，也应当记得图 3.52(a) 的电路和说明其工作原理的集电极伏安特性的图(b)。此图很直观地展现了晶体管 T 的集电极伏安特性 $i_c = f(v_{CE}, i_B)$，而此特性要准确地用数学公式描述的话，将是十分困难的。在图中，$v_{CE} = V_{cc} - i_c R_C$ 的线性关系得到完全体现。更重要的是从此图可以动态的得到输入与输出信号，包括失真的情况。

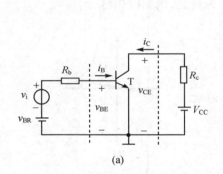

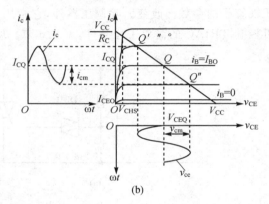

图 3.52　放大器工作状态图解

　　模拟电路的分析与计算的数学分析法，如微变等效电路法等，无疑是不可或缺的。但是有时图解法在分析电路工作原理时，可以了解得更清楚。例如图 3.53 所示的齐纳管(Zenar)—稳压管电路，用数学分析法可以得到

$$I_z = \frac{V_I R_L - V_{ZO}(R_L + R)}{R_L R + r_z(R_L + R)}$$

式中，V_{z0} 为稳压管 D_z 等效稳定电压，r_z 为 D_z 的动态内阻。带入设定的参数，可以从 $\Delta V_O = r_z \Delta I_z$ 计算出输出电压的变化来说明当 V_i，R_L 变化时的稳压效果。这种方法的一个优点是可以定量的计算出输出电压。

　　用图解法分析上述电路的稳压原理会得到更直观的效果。

　　图 3.52 先改画成图 3.54(a) 的形式，负载电阻以左可以视为一有源二端网络，根据等效电源定理又可等效为图 3.54(b) 的形式，此时的等效电源为

$$V_E = \frac{R_L}{R_E + R} V_i$$

等效内阻为

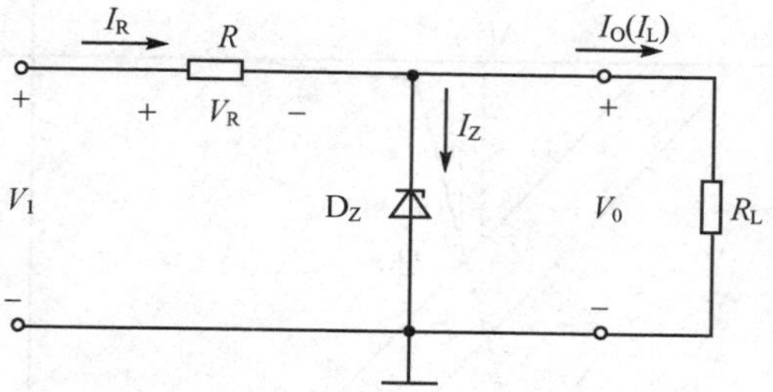

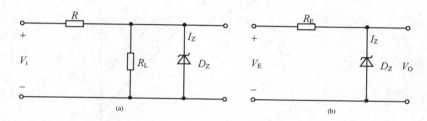

图 3.53　简单的并联稳压电路

图 3.54　改画的 3.52 图

$$R_E = \frac{RR_L}{R + R_L}$$

该电路中存存两个数学关系，一个线性关系为

$$V_o = V_i - I_Z R_E$$

另一个是由稳压二极管特性决定的非线性关系：

$$I_Z = f(V_o)$$

把两者用曲线表示出来，如图 3.55 所示。图中的非线性曲线为二极管的反向特性，击穿区本来很陡，为观察方便，有意减缓。静态时它和负载线的交点即为工作点 Q。

分析稳压器的稳压作用无非分为负载不变，分析输入电压变化时，输出电压的变动情况；以及输入不变，负载变动时，输出电压的稳定情况。

设负载不变，输入电压变小，此时等效内阻 R_E 不变即负载线斜率不变，而等效电源电压 V_E 减小，负载线向右平移，工作点变为 Q_1，这时可以清楚地看出，输出电压的变动也变小，但变动量远小于输入电压。

设输入电压不变，负载电阻减小（相当于负载电流加大），此时，V_E 减小，R_E 减小，负载线如 3 所示，工作点为 Q_2，输出电压的变动也很小。

利用上述图解的办法，分析稳压原理，可以非常直观地看出稳压的结果；也可以非常清晰地看出稳压的关键在于稳压管的击穿特性！同时也可以看出电阻 R 的限流作用。这种效果是数学分析法难以企及的。

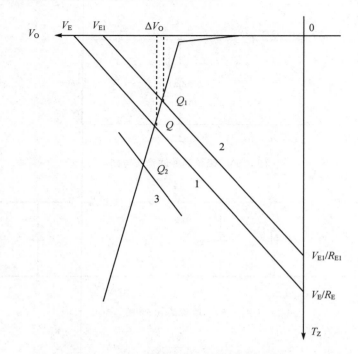

图 3.55 串联稳压电路的图解分析

3.10 "输入电阻"与"输出电阻"浅析

但凡和模拟电路打交道的,对"输入电阻""输出电阻"均耳熟能详,这里不妨从应用的角度再加以说明,希望能对读者略有助益。

3.10.1 定 义

放大、滤波、信号链、电源等典型的模拟电路具有两个输入、输出端口,可以用图 3.56 的"双端口网络"来描述。

图 3.56 双端口网络

该网络的 Z 参数方程为

$$\dot{V}_1 = z_{11}\dot{I}_1 + z_{12}\dot{I}_2$$

$$\dot{V}_2 = z_{21}\dot{I}_1 + z_{22}\dot{I}_2$$

其中

$$z_{11} = \frac{\dot{V}_1}{\dot{I}_1}\bigg|\dot{I}_2 = 0$$

$$z_{12} = \frac{\dot{V}_1}{\dot{I}_2}\bigg|\dot{I}_1 = 0$$

$$z_{21} = \frac{\dot{V}_2}{\dot{I}_1}\bigg|\dot{I}_2 = 0$$

$$z_{22} = \frac{\dot{V}_2}{\dot{I}_2}\bigg|\dot{I}_1 = 0$$

这里的 Z_{11} 和 Z_{22} 分别为输入和输出阻抗。它们也可以写为：

$$Z_{11}(Z_i) = R_i + X_i$$

$$Z_{22}(Z_o) = R_o + X_o$$

两式中的第 1 项为电阻分量。第 2 项为电抗分量。通常阻抗 X 为容抗，即 $X = 1/j\omega C$。当网络工作在直流或频率不高的场合，容抗可忽略，此时输入、输出均为纯电阻，即为 R_i 和 R_o。输入电容固然对电能没有损耗，但使电路的高频特性变差，使开关信号的前沿变缓。

对由运算放大器组成的放大、滤波电路而言，图 3.57 的反相输入运放的输入电阻为

$$R_i = R_1 + \frac{R_2 + r_0}{1 + A_0 + (R_2 + r_0)/r_d} \approx R_1$$

式中，A_0 为开环增益，r_0 为输出电阻，r_d 为运放器件的入端电阻。由于 A_0、r_d 很高，而 r_0 很低，故输入电阻主要入端电阻 R_1 决定。

该电路的输出电阻为：

$$R_O = \frac{r_O}{1 + T}, \quad T = \frac{A_O R_1}{R_1 + R_2}$$

式中，r_O 为运放器件本身的输出电阻，通常很小，由于 $T \gg 1$，故 $R_O \approx 0$。

对于图 3.58 所示的同相放大器而言。其输入电阻为：

$$R_i = r_d\left(1 + \frac{A_o}{1 + (R_2 + r_o)/R_1}\right)R_1 \parallel (R_2 + r_o)$$

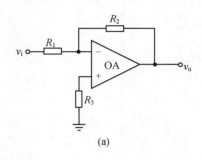 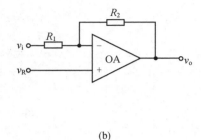

(a)　　　　　　　　　　　　　(b)

图 3.57　反相放大器

$$R_i \approx r_d(1 + T)$$

即，$R_i \approx \infty$。其输出电阻为

$$R_O = \frac{r_o}{1 + (A_o + r_o/R_1 + r_o/r_d)/(1 + R_2/R_1) + R_2/r_d}$$

$$R_o \approx \frac{r_o}{1 + T}$$

即，$R_o \approx 0$。

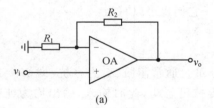 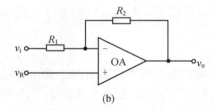

(a)　　　　　　　　　　　　　(b)

图 3.58　同相放大器

3.10.2　影　响

　　输入、输出阻抗的实数项代表电能的消耗，虚数项代表电能的交换。图 3.59(a)表示用电压信号源驱动网络时的情况。由图可见，决定了网络从信号源取用电能的多少，并使网络实际输入电压为：

$$V_i = v_s \frac{R_i}{R_i + R_S}$$

　　从获得实际输入电压出发，R_i 越大越好。然而，如果信号源通过特性阻抗 50 Ω/75 Ω 的高频电缆输入的话，R_i 则必须与之匹配。

　　注意：图 3.56 中的是广义的信号源，可以是信号发生器，也可以是前级电路。

　　双口网络和广义负载 R_L（真实负载，如扬声器等，也可以是后级电路）连接的电路如图 3.56(b)所示。r_o 越小，越接近一个理想电压源。但是如必须考虑阻抗匹配，

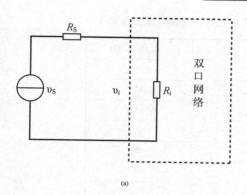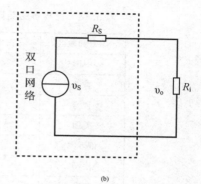

图 **3.59**　输入、输出电阻的影响

如接耳机、扬声器等则必须从最大功率传输出发，进行匹配。

3.10.3　测　　量

可以按图 3.59（a）测量网络的输入电阻，分别测出开路和接通时的电压 V_S 和 V_i，计算出：

$$R_i = R_S \frac{V_i}{V_S - V_i}$$

利用图 3.59（b），分别测出开路和接通时的电压 V_S 和 V_O，计算出：

$$R_O = R_L \frac{V_S - V_O}{V_O}$$

3.10.4　设　　定

1. 输入电阻的设定

对于反相输入方式的运放，使入端电阻 $R_1 = R_i$ 即可；

对于同相输入方式的运放，在同相输入端与地间接一只等于 R_i 的电阻即可。

2. 输出电阻的设定

简单到只需在运放输出串联一只等于 R_O 的电阻即可。

3.11　几个有关市电的知识

电子技术工作者或者出于出外旅游，或者出于电路设计的需要都应该对电网供电的知识有所了解。

3.11.1　各国市电电压与频率

表 3.13 列出了世界各主要国家/地区市电供电电压及频率。

表 3.13　世界各主要国家和地区市电供电电压及频率

国家和地区	市电电压/V	市电频率/Hz
中国	220	50
香港	220	50
台湾	110	60
美国	110～120	60
俄罗斯	230	50
法国	127/220	50
英国	240	50
德国	220	50
韩国	220	60
朝鲜	220	60
泰国	220	50
越南	220	50
澳大利亚	240～250	50
南非	220	50
日本	110	50（关东） 60（关西）

最早交流供电市场化是美国，当时设计的供电电压是 110 V，以后再没变过。后来的国家为减少供电线路的损耗，多采用 220 V 供电。

如果设计的产品要销往这些国家和地区或者到那里去旅游，就必须了解上表的参数，包括所使用的插座规格。

3.11.2　我国市电电压与频率规范

我国对于正常供电的电网市电频率和电压规定如下：

（1）电网装机容量≥300 万千瓦，频率允许误差±0.2 Hz；
　　　　　　　＜300 万千瓦，频率允许误差±0.5 Hz；

（2）35 kV 及以上电压供电的，电压正、负偏差的绝对值之和小于额定值的±10％；

（3）10 kV 及以下三相供电的，小于额定值的±10％；

（4）单相供电，小于＋7％～－10％。

对于大多数用电，电网电压应该在 204.6～242 V。

3.11.3 市电供电设备供电参数的考虑

1. 交流供电设备电源电压的考虑

交流供电设备的电源电压首先应该由设备的用途决定。电子仪器供电环境良好，通常将电源电压范围规定为 220 V±10%。电源电压范围的规定将影响直流供电电源的整体设计。试以图 3.60 的典型电源电路为例加以说明。这是一种由 220 V 供电，经三端稳压器件 7805 输出的稳压电源。其中 V_1 和 V_2 为变压器 T 的初、次级电压有效值，V_i 为整流、滤波后 7805 的直流输入电压，输出电压 $V_o=5$ V，$I_o=0.5$ A。为简化叙述，设定 $V_i=V_2$，$(V_i-V_o)\min=2.5$ V，$i_2=1.5I_o$。按 220 V±10% 的要求，$V_{1max}=242$ V，$V_{1min}=198$ V。变压器次级电压必须保证在 V_{1min} 时的正常工作，$V_2\geqslant7.5$ V。而当 $V_1=V_{1max}$ 时，$V_2\geqslant9.2$ V。此时必须考虑 7805 的功耗 $P=(V_i-V_o)\times I_o=2.1$ W，而加装散热片，并将变压器的功率确定为 7 W 以上。

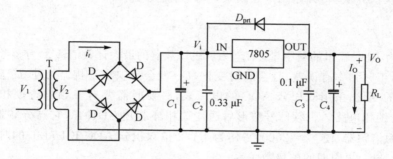

图 3.60 典型 5V0.5A 稳压电源

为了适应低电压地区使用，如将电源电压范围减低至 150 V，则 7805 的功耗将增加至 3.6 W，需增大散热片面积，而变压器的功率也必须大于 9W。至于整流元件、滤波器电容等亦应随之改变，真可谓"牵一发而动全身"。

早期的电视机采用的是模拟稳压电源，根本无法在农村等电压很低、波动很大的地区使用。现在，开关电源已普遍使用在计算机、视听设备、手机充电器等地方，电源电压范围一般均在 100～240 V，就再也不用担心在农村、在国外的使用了。

尽管如此，考虑到模拟电源的质量与低污染，只要对电源电压允许，仍有用武之地。

2. 交流电源频率的影响

50 Hz 或 60 Hz 的频率以及频率的些少变化，对绝大多数电子设备没有什么影响，可不予考虑。

身处工业环境之中，工频干扰不可避免，这种干扰也就成为数字测量仪表首先要对付的，特别是处处都在用的数字万用表。作为电压测量的核心部件—ADC，虽然品种繁多，但要抑制工频干扰，同时又兼顾精度和价格，当属双积分型 ADC。所以被几乎所有便携式数字万用表采用。双积分型 ADC 分两次进行积分，其工作波形如图 3.61 所示。第一次称"定时积分"，第二次称"定值积分"。第一次对转换的输入信号 v_i 进行后级计数器溢出所需时间 T_1 的积分，结束时的电压为 v_o。

如果输入信号是含有工频干扰成分的直流电压，只要当工频频率准确的是 50 Hz，设计电路使 T_1 为 20 ms 的整倍数，则工频干扰将被平均掉，于是

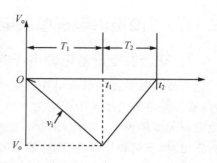

图 3.61　双积分 ADC 工作波形

$$V_O = -\frac{1}{RC}\int_0^{T_1} v_i\, \mathrm{d}t = -\frac{V_i}{RC}T_1$$

第二次积分从 V_o 开始到零点结束，从而可推导出：

$$D_n = \frac{N_{max}}{V_{ref}}v_i$$

式中，D_n 为 ADC 输出的数字量，N_{max} 为后级计数器的最大计数值，V_{ref} 为参考电压。

可惜，工频频率有误差，且会随时变化，D_n 就会反映出干扰。为使 T_1 随时跟踪工频频率的变化，采用双积分 ADC 的电压表，必要时需要对工频进行锁相（PLL）。图 3.62 为锁相电路。工频信号整形后送往锁相环芯片 CD4046，它与分频器组成模为 2 000 的倍频器，使 $f_o = 2000f_i$，作为 4 1/2 位双积分 ADC ICL7135 的时钟，从而保证了 T_1 与工频周期的整倍数关系。

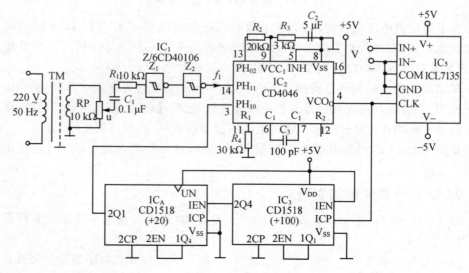

图 3.62　工频锁相环

3.12　注意电源的"恒"与"稳"

电源是电路电能的提供者。很难想象电路没有电能还能工作。通常用"电压源""电流源""内阻"几个参数来描述电源的性能。

3.12.1　恒压与稳压

"理想电压源"真是名副其实的"理想",其基本特性是它以恒定的直流电压 V_s 或交流电压 $v_s(t)$ 为用电电路提供电能,不论用电多少,负载轻重,其输出电压恒定,一点也不变。这是一种虚拟的电源,实际根本不存在。这种电源也可以称为"恒压源"。

实际的各种各样的电源,如化学电源-电池,发电机,太阳能电源,核能电池等,不论多么强大,其输出电压均会随负载变化。不过,许多情况下,在输出电流一定范围内变化时,输出电压的变化微乎其微,此时其特性非常接近理想电压源。为分析电路的方便,抽象的视为理想电压源。

图 3.63(a)为理想电压源符号。当用电压源表示一个电源时,一个实际的电源可用一个理想的电压源与一只串联内阻来表示,如图 3.63(b)所示。实际电源内阻的测量方法很简单:用一只高内阻的电压表(例如内阻为 10 MΩ 的数字万用表)直接测量电源两端的电压,由于电表的内阻远大于电源的内阻,故此电压即可视为 V_s。将一只电阻 R,并接在电源上,测出此时的电压 V,则可根据下式计算出电源的内阻:

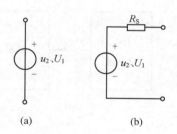

图 3.63　电压源

$$R_s = R\left(\frac{V_s - V}{V}\right)$$

电阻 R 应视电源的情况而定。如某稳压电源额定输出电压为 5 V,最大输出电流为 1 A,可选一只 5 W5.1 Ω 的电阻,若此时测出的 $V_s = 5$ V,$V = 4.99$ V,则 $R_s = 0.0102$ Ω。这里的 R_s 亦即此稳压电源的动态内阻。如果测普通 R6S 型 5 号 1.5 V 锌锰干电池,可选 R 为 20~50 Ω 较为合适。其新电池的内阻在 0.001 Ω 左右。

电子系统广泛使用的不论线性还是开关型稳压电源(Regulator)的"稳压"二字非常贴切。因为在供电电压或负载变化时,其输出电压一定会随之改变,绝不会恒定,尽管其内部均采用了闭环负反馈。"恒压"二字只适用于理想电压源。

3.12.2　恒流与稳流

理想电流源也是一个虚拟的电源,其特征为:不论负载如何变化,其输出电流恒定不变,虽然电源两端的电压会随负载变化。一个实际的电流源也可以用图 3.64 所示的一个理想的电流源和内阻 R_s 来表示。

电路里"稳流电源"的输出电流在供电电压和负载一定范围内变化时，输出电流能保持稳定。它一定会变，只是变得比较小而已。变化越小稳流性能越好。这里的"稳"字是贴切的。在描述器件内部拓扑和分析电路时，经翻译后，常常使用"恒流源"的字样，实际上原文一般用的是"Regulator current"，表示流过它的电流很稳定。作者以为既已约定俗成，就这么用，虽然不甚严格。

图 3.64　电流源

3.13　电流检测方法

早期模拟时代直接用电流表测量电流已成历史，数字仪表测量电流的方法如图 3.65 所示。图（a）为直流电流测量方法，先将其由 I/V 转换成直流电压，然后由 ADC 变为数字量。图（b）为交流电流测量方法，先将 i 转为交流电压 u，再由 DC-RMS 转为直流电压的有效值，再由 ADC 测量之。

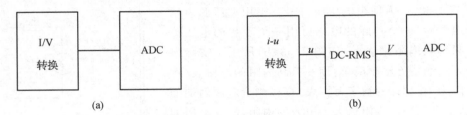

图 3.65　电流测量

3.13.1　I-R-V法

利用电流取样电阻，将电流转换为与之成正比的电压是最经典、最传统的方法。图 3.66 为数字万用表直流电流测量电路。20 μA～200 mA 挡由 R_{33}～R_{37} 电阻链进行 I/V 转换，例如 200 mA 挡，取样电阻为 1 kΩ，对于产生的电压为 200 mV，为 3-1/2 位 ADC TSC7106 的基本量程。20 A 量程对应的电压也是 200 mV。

电源电路里电流也可以直接用取样电阻，将电流转换为电压测量，这时需要根据被测电流的范围，ADC 的精度等来确定取样电阻的阻值。例如被测电流范围为 1～2 000 mA，整个量程的测量误差要求控制在 ±(0.1%FS+2 个字)（数字仪表误差的相关问题请参看 5.1 节），为保证精度，可采用 12 位 SAR 型 ADC，其分辨率达 1/4 096。如取样电阻取 1 Ω，则 $V_{max}=I_{max}R=2.000$ V。为减少取样电阻串联的影响，取其 0.1Ω，则必须加增益为 10 的放大。取样电阻的功率要充分"减额"，可取为 20 W，使得在大电流时的发热不至于影响测量精度。

如果取样电阻一端接地，处理起来很方便。如果它两端存在大的共模电压，可以采用允许大共模电压的专用电流检测芯片进行转换，如图 3.67 所示。其中取样电阻

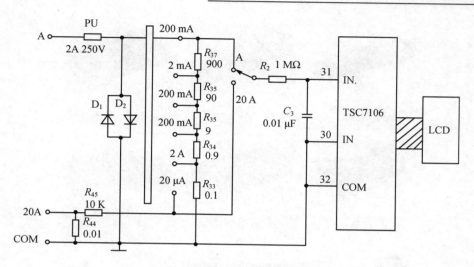

图 3.66　DT830A 电流测量电路

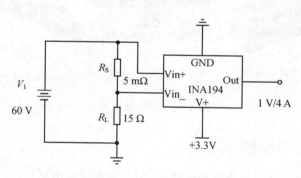

图 3.67　INA194 电流检测电路

R_S 仅为 5 mΩ。电流检测运放为 TI 公司的 INA194，它可以成功地抑制 60 V 的共模电压。INA194 输入的差分电压为 $\Delta V_{in}=20$ mV，由于芯片增益为 50，故得到 1 V/4 A 的输出电压。此芯片只需单 3.3 V 供电，使用起来十分方便。

mΩ 级的取样电阻，有时不易获得。内部自带取样电阻的电流检测芯片如 MAX471 就更方便了。其 $R_S=35$ mΩ，供电电压 3～36 V，测量范围 0～±3 A。其芯片输出电流 I_{OUT} 与流过页载的电流 I_{LOAD} 之比约为 500 μA/A，当输出端接 2 kΩ 电阻时，$I_{LOAD}=1$ A，$V_{OUT}=1$ V。

在电力设备里，常采用 75 mV 的所谓"分流器"作为电流取样，此类产品在通过额定电流时产生准确的 75 mV 电压。图 3.68 为这种分流器的外形，此种分流器的额定电流从 30A 到数千安。

微弱电流测量则常常使用跨电阻法或电容积分法，前者实际上也应当属于电阻法，相关内容请参阅 3.5 节。

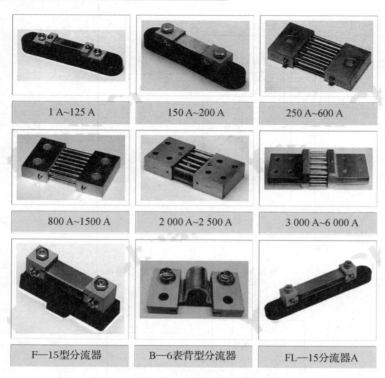

1 A~125 A	150 A~200 A	250 A~600 A
800 A~1500 A	2 000 A~2 500 A	3 000 A~6 000 A
F—15型分流器	B—6表背型分流器	FL—15分流器A

图 3.68 分流器外形

3.13.2 电流传感器法

电力技术常用互感绕组作电流传感器，但只能测交流电流。

霍尔电流传感器在电流检测中的应用越来越多，特别在小电流测量场合。这种传感器的核心部件是霍尔器件，通过电—磁—电进行检测，其内部自动磁补偿和温度补偿，具有高灵敏度和优良的线性度。表 3.14 列出了额定电流 1～5 A 的 CSM 型霍尔传感器的特性。这种传感器可以测量交流或直流电流，但必须双电源供电。它的 I＋与 I－两端的电阻非常小，基本等于一段导线的电阻。图 3.69 为其外形及接线。图 3.70 为一种应用电路，其电流测量范围为 0～5 A。不方便之处，在于必须使用正负电源供电。

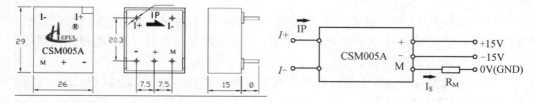

图 3.69 CSM 传感器外形及接线

表 3.14　CSM 霍尔电流传感器特性

型　号		CSM001A	CSM002A	CSM003A	CSM005A	
$I\mathrm{PN}$	原边额定输入电流	1	·2	3	5	A
I_P	原边电流测量范围	0～±2	0～±4	0～±6	0～±10	A
I_SN	副边额定输出电流	25	25	25	25	mA
K_N	匝数比	25：1 000	12：960	8：960	5：1 000	
R_M	测量电阻($V_\mathrm{C}=\pm15$ V)	$\pm I_\mathrm{PN}$ max　100～460		I_P max　100～250		Ω
V_C	电源电压	$\pm12\sim\pm15(\%)$				V
I_C	电流消耗	$VC=\pm15$ V　$10+IS$				mA
V_d	绝缘电压	在原边与副边电路之间 2.5 kV 有效值/50 Hz/1 min				
ε_L	线性度	<0.2				%FS
X_G	精度	$T_\mathrm{A}=25$ ℃　$V_\mathrm{C}=\pm15$ V　±0.7				%
I_0	零点失调电流	$T_\mathrm{A}=25$ ℃　<±0.15				mA
I_OM	磁失调电流	$I_\mathrm{P}\rightarrow0$　<±0.15				mA
I_OT	失调电流温漂	$I_\mathrm{P}=0$　$T_\mathrm{A}=-25\sim85$℃　<±0.15				mA
T_r	响应时间	<1				μs
f	频带宽度(-1 dB)	DC～100				kHz
T_A	工作环境温度	-25～+85				℃
T_S	贮存环境温度	-40～+100				℃
R_S	副边线圈内阻	$T_\mathrm{A}=85$℃　50				Ω
	标准	Q/3201CHGL02-2007				

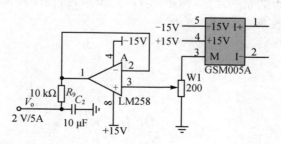

图 3.70　CSM 应用电路

3.14　数控稳压、稳流电源设计

3.14.1　数控线性串联稳压电路

图 3.71 为典型的由分立晶体管组成的串联稳压电路。图中 Q_1 为调整管，Q_2 为误差放大管，D 为基准电压源（如齐纳二极管），R_1、R_2 为输出电压的取样电阻。电路是电压负反馈闭环回路。不论输入电压 V_i 或负载变化时能基本维持输出电压的稳定。

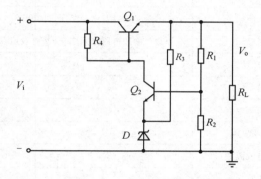

图 3.71　串联稳压电路

电路的基本关系为：

$$V_o = (V_b + V_{be})\left(1 + \frac{R_1}{R_2}\right)$$

式中，V_b 为基准电压，V_{be} 为 Q_2 的发射结压降。由于这种简单电路的闭环增益不高，加之 V_{be} 也不稳定，所以虽能稳压，但效果比较差。

将误差放大器改为精密运放，如图 3.72（a）所示，将使闭环增益大幅提高，使稳压性能得到极大的改善。此时，

$$V_+ = V_r \frac{D_n}{N_{max}}$$

故

$$V_o = V_r \frac{D_n}{N_{max}}\left(1 + \frac{R_1}{R_2}\right)$$

式中，V_r 为 DAC 的基准电压或 DPOT 的 V_w，N_{max} 为 DAC 的最大位数，如：2^n。对 DPOT 则为最大点数等。D_n 为输入的数字量，对 DAC 而言，其最大值为 $N_{max} - 1$，对 DPOT 而言，$D_{nmax} = N_{max}$。

下面介绍数控稳压电源的设计要点。

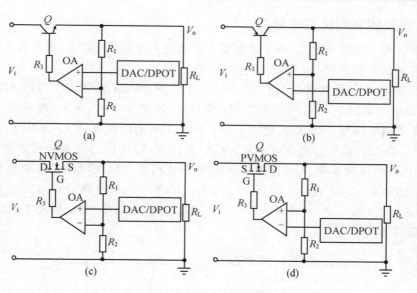

图 3.72 数控稳压电路

1. 调整管的选择

图 3.71(a) 的调整管为 NPN 型晶体管。为保证在输入电压最低值时的稳定输出，$V_{\text{imin}} - V_{\text{o}}$ 必须比调整管的饱和压降还要大 1 V，同时误差放大运放的输出上限必须保证在 V_{imin} 时，至少比 V_{o} 高 0.7 V 以上。因此误差放大运放有时要用辅助电源或"电荷泵"提高供电电压或采用"轨对轨"运放。图 (c) 采用的是 N 沟道 VMOS 管，由于一般增强型 VMOS 管的开启电压 $V_{\text{th}} \approx 4$ V，即误差放大器的输出电压必须大于 $V_{\text{o}} + V_{\text{th}}$，故选择运放及运放的电源电压必须加以注意。图 (b) 采用的是 PNP 管，故运放的输出电压只需小于 $V_{\text{o}} - 0.7$ V，在 V_{min} 时容易保证 V_{o}。图 (d) 由于采用了 P 沟道 VMOS 管，即使 VMOS 管 $V_{\text{th}} = 4$ V，这一点只要运放的电源电压 $\geqslant V_{\text{o}}$，运放输出低于 $V_{\text{o}} - V_{\text{th}}$ 是完全能满足的。当然如果选用 $V_{\text{th}} < 1$ V 的 VMOS 管，可以允许运放更低的电源电压。

当选择功率双极性晶体管做调整管时，选单晶体管的好处是饱和压降较低，即使在大电流时，一般 V_{ces} 也小于 2 V，但环路增益较低，稳压效果不如选用达林顿管，而后者的 V_{ces} 较大。在输入电压的最低值受限时，也限制了输出电压。

稳压电源对调整管的频率特性没有高的要求，选用低频器件即可。

调整管的最大管耗 $P_{\text{max}} = (V_{\text{max}} - V_{\text{min}}) \times I_{\text{omax}}$，当 $P_{\text{max}} > 0.5$ W 时，必须加足够的散热片，请参看 2.12 小节的相关内容。

2. 误差放大器运放的选择

为保证最大的闭环增益，由于误差放大器运放工作在开环状态，所以首先应选用开环增益高的精密运放，如 TI 的 OP37、LM358 等。

要注意运放和调整管的配合，以图 3.73 采用 PVMOS 管 IRF4905 和单电源 LM358 运放组成的一款稳压电源为例，在 DAC 输出 $V_- = 2.5$ V，调整 20 kΩ 的 3 296 W 多圈电位器，可使输入电压 $V_i = 6.0 \sim 15$ V 的情况下，$V_O = 5$ V，$I_O = 1$ A。且获得 $S_v < 0.2\%$ 的良好电压调整率。在 $V_i = 12$ V，$I_O = 1 \sim 2$ A 时也可以得到 $S_I < 0.2\%$ 的良好电流调整率。此电路由于采用了 P 沟道 VMOS 管，当负载电阻取为 60 Ω 时，即使在 $V_i = 5.005$ V 时，$V_o = 0.499~8$ V；$V_i = 7$ V 时，$V_o = 0.499~6$ V；$V_i = 8$ V 时，$V_o = 0.499~7$ V；空载时，$V_o = 5.002$ V。这样的结果，完全拜托于 PMOS 管的低电阻特性。

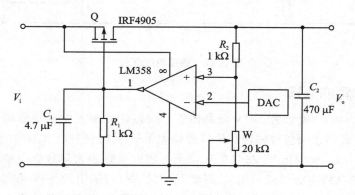

图 3.73　一种数控稳压电路

3. DAC/DPOT 的选择

根据数控步长的要求，只要选择 DAC/DPOT 分辨率超过步长几倍即可。当然 DAC 的积分非线性小，有利于输出电压的线性。当前使用 IIC 或 SPI 接口的 DAC 较方便。对 DAC 的速度倒不必计较。

4. DAC/DPOT 基准电源的选择

DAC/DPOT 基准电源的质量，主要是电压漂移，尤其是温漂，此项指标与 DAC 的输出直接关联。基准电源的容差可以通过取样电位器校正，倒不是主要的。表 3.15 为几种常用基准器件的特性。

5. 取样电阻的选择

为精确调整输出电压，取样电阻之一通常采用 3296W 型多圈预调电位器。

表 3.15　几种常用电压基准的特性

型　号	厂家	输入电压/V	基准电压/v	容差/%	温漂/ppm/℃	封装
REF3212	TI	$7.5V_{max}$	1.25	0.2	4	SOT23
REF3220	TI	$7.5V_{max}$	2.048	0.2	4	SOT23
REF3225	TI	$7.5V_{max}$	2.5	0.2	4	SOT23
REF3240	TI	7.5Vmax	4.096	0.2	4	SOT23
TLVH431	TI	<20	1.24~18	0.5		TO—92
TL431	TI,STM	$\leqslant36$	2.495~36	0.5	8	TO—92 PDIP
MC1403	Motorola	4.5~40	2.5	1	10	TO—92 SOIC—8
LM336	TI	3.5~40	2.5/5	4	1.8 mV	TO—92 SOIC—8

3.14.2　数控稳流电路

图 3.74 为典型的数控稳流电路。它由调整管 Q，负载 R_L，取样电阻 R_s，误差放大器 OA1、OA2 以及 DAC 组成。由图可知此电路实质上是一种电流闭环负反馈电路。

$$V_+=V_{DAC}\approx V_-=I_O R_s A_r$$

$$I_O=\frac{V_{DAC}}{R_s A_f}$$

式中，I_O 为输出电流，V_{DAC} 为 DAC 的输出电压，即稳流电源的基准电压，R_s 为取样电阻，A_f 为误差放大器 OA1 的增益。若 $R_S=0.1\Omega$，$A_f=10$，则 $I_O=V_{DAC}$，此时稳流电源的控制电压与输出电流的关系为：$I_O(mA)=V_{DAC}(mV)$。即只要控制电压不变，输出电流则保持稳定。这就是稳流的原理。

图 3.75 仅将图 3.73 中的调整管换为 P 沟道 VMOS 管，同时采用了 INA194 类的电流监测器将电流信号转换为误差电压。闭环负反馈的原理相同。

数控稳流电源的设计要点如下。

1. 调整管的选择

调整管选用 NPN、PNP、双极性功率管或 P 沟道 VMOS、N 沟道 VMOS 管均可。由于不需要考虑管压降，选用达林顿管有利于闭环增益。调整管在最大 V＋和最大的 I_O 时的实际功耗与管子的额定功耗要足够减额，并且充分散热。

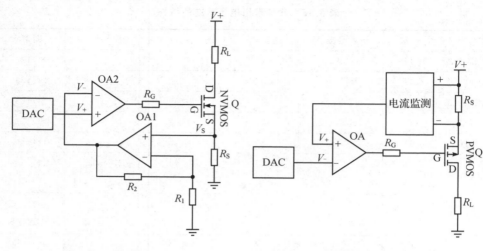

图 3.74　数控稳流电路　　　　　图 3.75　稳流的另一种电路

2. 取样电阻的选择

输出电流在 2 A 以下时，R_S 可选用 0.1 Ω，最大牺牲 0.2 V 的电压。取样电阻的功率必须足够重视，在满额电流时，如果功率不足，它的发热将导致阻值明显变大，影响长期稳定性。这时一般可将数只电阻串联使用。大电流可减小其阻值，甚至采用 50 mΩ 的专用分流器，当然也可以使用各种电流传感器（如霍尔电流传感器）。

3. 运放、DAC、DAC 基准的选择

与稳压电路相同。

3.15　视觉暂留与电子技术

人们常说："耳听为虚，眼见为实"。人类虽然有时也会上"最可靠的眼睛"的当，产生错误的视觉：把直线看成曲线等，但是眼睛的一个特殊功能，却使人们得到了无可比拟的视觉享受。这就是"视觉残（暂）留现象"。

人眼的视网膜接收到光学信息传递到大脑神经后会存储一段时间，这段光学信息保留的时间称为"视觉暂留时间"，它的长短因人而异，一般在 50～200 ms。50 ms 是最短的视觉暂留时间。这就给了人类视觉"变静为动"的可能。

照明的白炽灯由 50 Hz 的工频交流电点亮。白炽灯应该是闪烁的，但其闪动频率并非 50 Hz，而是与交流功率频率相同的 100 Hz，其闪亮周期是 10 ms，所以人们丝毫感觉不到它的闪动。

电影摄影机拍摄时为每秒 24 个画面。放映时，放映机的电机匀速转动，通过机械（十字轮等）将影片变为间歇拉动，每秒更换 24 个画面，但是每一个画面中间用遮

光板遮挡一次，把一个画面分为两次放映出来，所以实际看到的是每秒 48 个画面（不是很多地方认为电影是每秒 24 画面），即每个画面的存留时间是 20.8 ms，使人们感觉到画面毫无停滞、非常流畅。

电视技术的"帧频"为 25 Hz，即每秒更换 25 帧画面，为使画面更连续，将每个画面分为"奇数场""偶数场"，以 50 Hz 的"场频"频率扫描屏幕。实际的画面停留时间是 20 ms。与电影有异曲同工之妙。

动态显示与静态显示相比，可以减少译码器的数量，故应用较广。它是逐位轮流点亮各位数码管的。显然，只要从第一位经其他位，扫描回来的频率大于 50 Hz 就能使人眼感觉到各位数码管一直在亮着。当然，若数码管为 N 位，则驱动位选的信号频率应大于 $N \times 50$ Hz。

3.16　导线的安全载流量

当设计的电路里的电流大于几十毫安时，读者一定会考虑导线和 PCB 板线的选择。安全载流量 I 的基本计算为：

$$I(\text{A}) = JS$$

式中，$J(\text{A/mm}^2)$ 为电流密度，$S(\text{mm}^2)$ 为导线截面积。

3.16.1　铜线的电流密度

电路里的导线究竟应该选多粗？首先由导线的导电体的电流密度来决定。电流密度与使用环境有关，一般用途的多股软铜线在 $2 \sim 5$ A/mm^2。变压器绕制的漆包线，因常年工作，且散热不良，应取得小一点。另外多股软铜线的电流密度为单股铜线的 $80\% \sim 90\%$。不要相信导线零售商宣称的 $J = 10$ A/mm^2 的宣传。

3.16.2　PCB 导线的宽度

PCB 的导线宽度，一种说法是 1 mm 宽为 1 A。笔者在此数据的基础上，还同时采取如下办法来保证安全载流量：

（1）同一根大电流线，在元件面（Top Layer）和焊接面（Bottom Layer）同时铺设；

（2）在焊接面的导线设为预留焊接（Bottom Solder），焊接时可将此导线加上一层焊锡，提高载流量。

3.17　一种锂电池组充电器的设计

3.17.1　性能要求

某种便携式仪器的主电源为电池供电，主电路采用了若干块 $9 \sim 18$ V 宽电压

DC-DC 模块,整机在供电电压为 12 V 时的耗电为 0.3 A。要求电池可保证仪器连续工作 8 h,充电时间小于 6 h。

3.17.2 电池的选择

目前常用的可充电电池有铅锌、镍锌、镍氢、镍镉、锂离子等,其中锂离子聚合物电池漏电率低(6%/月)、无记忆效应、寿命长(1 000 次)、能量密度高(90 Wh/kg)。同重量体积下,其电容量是镍氢电池的 1.6 倍,是镍镉电池的 4 倍,而且无污染,电气性能最优,在安全性上亦有出色的表现,自然成为首选。

电池容量 C 的单位为 Ah(mAh)-安时(毫安时)或 Wh(mWh)-瓦时(毫瓦时)。按仪器要求,电池的容量应大于 0.3 A×8 h=2.4 Ah。考虑到仪器同时要带动 1 只 12 V 的微型风扇,故可以选用由单节额定电压为 3.6 V 容量为 4 Ah 或 43.2 Wh 的 3 节电池组。其充电电流设计为 1 A,充满电电压为 12.6 V。充电电流和放电电流都必须明确告知电池生产厂家,以便厂家确定电池组内安装的保护板规格。电池组内的保护板起均流和过流等保护作用。

3.17.3 充电器方案选择

首先确定直接采用 AC-DC 开关电源为充电器供电,其优点为输入电压范围宽、效率高、体积小。它的输出直流电压为:10~13.7 V 可调,额定电流 2 A。

充电率(充电电流)一般以 C 的百分比来衡量,太小会使充电时间过长,太大会使电池温度过高,易导致电池损坏甚至引发爆炸,常用的充电率为 0.5~1C,需根据实际情况进行调整。

充电器能否达到最佳充电效果由所选择的充电方式和充电特性曲线共同决定。电池都是通过向自身传输电能的方法进行充电的,一般电池的充电模式有 6 种:恒流充电、恒压充电、恒流限压充电、恒压限流充电、先恒流后恒压充电、脉冲充电。

在上述充电方式中,脉冲电流充电具有许多优点。它在充电过程中是断断续续的,可以提高电池的接受能力、消除电极化作用、缩短充电时间、增大放电容量、减少电池发热和提高充电效率。但是要想根据充电状态改变充电脉冲宽度、间歇时间以及适应快速充电的要求,需要借助 MCU、ADC 等实时监测电池电压、电流状态,电路结构较复杂。

本设计针对锂电池的自身特点,综合考虑,按照涓流预充电、先恒流后恒压(充满终止)的锂电池充电模式。该充电方法不同于镍基材料的化学电池,它采用顶点截止法充电,以保证安全地将最多的能量储存在电池中。

首先检测电池电压值 V_{BAT},当低于低电压门限值 V_{MIN} 时,开始以较小电流 I_{CON}(一般取恒流电流 I_{REG} 的 1%)进行涓流预充电,电池电压以较快的速度上升到 V_{MIN},进而转换成恒流充电,此时电流较大,持续时间较长,是充电的主要阶段。在恒流充电阶段,电池电压以一定的斜率增长,当每节电池电压达到充电限制电压值

V_{REG} 后,转为恒压充电(充电电压为 V_{REG}),此时充电电流不断减小,当跌落到一个下限值 I_{FULL}(一般取 I_{REG} 的 1‰)时终止充电,在这个过程中电池电压基本保持不变。

图 3.76 所示的锂电池充电特性曲线反映了上述整个充电过程。图中粗实线标示电池的充电电流 I_{BAT} 随时间变化曲线,粗虚线标示电池电压 V_{BAT} 随时间变化曲线。V_{MIN}、I_{REG}、V_{REG}、I_{CON}、I_{FULL} 5 个参数由电池(或电池组)参数和充电电路共同决定。

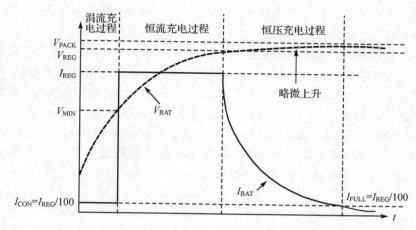

图 3.76　锂电池充电特性曲线

1. MCU＋DPOT

由 MCU 负责电池电压和充电电流的测量,AC－DC 输出电压调整电位器由数字电位器 DPOT 控制。根据电池充电的要求由 MCU 采样电池电压、电流,控制DPOT,完成预充电、恒流充电、恒压充电及涓流充电的全程,并由 LED 给出工作状态指示。此方案的缺点在于受低价位 DPOT 点数限制,调整不够精细,而且需要AC－DC 改线。

2. MCU＋功率调整管

与方案 1 不同之处在于必须采用内含 ADC、DAC 的混合信号 MCU,优点是充电全过程易检测、易控制。缺点是必须设置电压、电流校正元件,调整费时。

3. 锂电池充电专用芯片

使用锂电池充电专用芯片构成充电器,较上述两种方案的电路要简单得多,而且充电全过程由芯片管理,芯片制作时充分考虑了精度要求,所以无须调整,特别适合便携式设备体积小的需求。

由于锂离子材料的特殊性,它要求配备高精度的充电电路,其压差一般仅允许±50 mV。为此,各大 IC 厂商设计了多款针对锂电池充电的控制、管理芯片,其中 TI公司的 BQ2057 以其良好的性能占据着重要地位。

BQ2057 系列芯片适合单节(4.1 V 或 4.2 V)或双节(8.2 V 或 8.4 V)锂离子(Li-ion)和锂聚合物(Li-Pol)电池的充电需要,同时提供了多种贴片封装,利用该芯片设计的充电器外围电路结构简单,适合便携式电子产品的紧凑设计需要。它可以动态补偿锂电池内阻以减少充电时间;带有电池温度控制功能,借助电池组内部温度传感器连续检测电池温度,当电池温度超出设定范围时 BQ2057 关闭对电池充电;内部集成了精度较高的恒压恒流器,通过调节外部感应电阻实现充电电流的控制;具有充电状态电平输出,可扩展 LED 指示灯;自动重新充电、最小电流终止充电、低功耗睡眠等特性。

基本工作特点:(1)启动电池充电需满足两个条件:电池温度检测值满足 $V_{TS1} \leqslant V_{TS} \leqslant V_{TS2}$、电池电压 $V_{BAT} \leqslant V_{MIN}$。(2)当 $V_{BAT} \leqslant V_{MIN}$ 时,启动涓流预充电,使用较小充电电流 $I_{CON} = 0.01 I_{REG}$。(3)当 $V_{MIN} < V_{BAT} \leqslant V_{REG}$ 时,启动恒流充电,充电电流 I_{REG} 由公式(3.21)决定。(4)当 $V_{BAT} > V_{REG}$ 时,启动恒压充电,充电电流 I_{BAT} 将逐渐减小,减小到 I_{FULL} 时充电状态指示引脚 STAT 将由高电平跳变为低电平,可驱动状态指示灯。(5)当给电池组充电时,采用外部分压电路进行扩展。具体电路如图 3.77 所示,分压电阻比由公式(3.22)决定。

$$I_{REG} = \frac{V_{SNS}}{R_{SNS}} \tag{3.21}$$

$$\frac{R_{B1}}{R_{B2}} = \left(N \frac{V_{CELL}}{V_{REG}} \right) - 1 \tag{3.22}$$

其中:R_{SNS} 为外接限流电阻,V_{SNS} 因芯片供电电压不同而存在一定差异(具体值可参考数据手册),R_{B1},R_{B2} 为外接电池电压取样电阻,N 为电池组所含单节电池的个数,V_{CELL} 为单节电池的充电限制电压,V_{REG} 为所选 BQ2057 对应型号的基准电压参考。请注意:关键之处是 V_{REG} 的精度为 ±1%,它是电池充满的保证。BQ2057 特性参数如表 7.16 所列。

表 3.16　BQ2057 特性参数表

	数　值	精　度	备　注
V_{REG}	4.10 V	±1%	BQ2057
	4.20 V	±1%	BQ2057C
	8.20 V	±1%	BQ2057T
	8.40 V	±1%	BQ2057W
V_{SNS}	110 mV	±10 %	VCC＝5 V
	115 mV	±10 %	VCC＝9 V
	115 mV	±15 %	VCC＝其他值

续表 3.16

	数　值	精　度	备　注
V_{MIN}	3.0 V	±2%	BQ2057
	3.1 V	±2%	BQ2057C
	6.0 V	±2%	BQ2057T
	6.2 V	±2%	BQ2057W
V_{TS1}	0.3 VCC	±3% * VCC	对地电压
V_{TS2}	0.6 VCC	±3% * VCC	对地电压

注：VCC 电源电压

　　在参考 BQ2057 数据手册后，以 3 节锂电池为基础，选用 BQ2057C 控制芯片，可设计出如图 3.77 所示的锂电池组充电器电路。

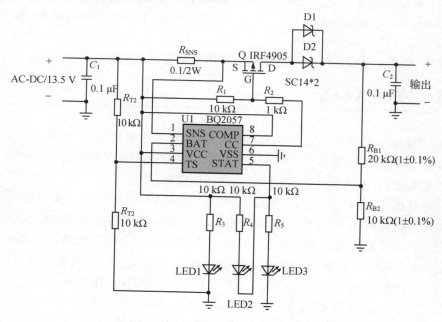

图 3.77　锂电池组充电器电路

　　(1) 恒流充电电流值的选定：充电时间主要由电池容量和恒流充电电流决定，$T=C/I_{REG}$，当 $C=4$ Ah，$I_{REG}=1$ A 时，理论充电时间约为 4 h，满足性能要求。

　　(2) R_{B1}、R_{B2} 分压比：$V_{REG}=V_{CEL}$，$N=3$，代入公式(3.22)计算得出分压电阻比为 2，R_{B1}、R_{B2} 采用 ±0.1% 的精密电阻，以确保 V_{REG} 的精度，从而保证电池能充满。

　　(3) R_{T1}、R_{T2} 分压比：当不使用电池温度监测时，可设置为 1：1 禁止该功能；当使用温度监测时，去掉电阻 R_{T1}、R_{T2}，TS 端接电池的温度输出引线。

　　(4) R_{SNS} 选取：根据公式(3.21)计算得出 R_{SNS} 取为 0.1 Ω。电路取样电阻功率

$P \approx (2 \sim 10) I_{\text{REG}}^2 R_{\text{SNS}}$，功率减额使用，选为 2 W。

（5）Q 选取：调整管可选用 PNP 功率晶体管或 P 沟道 VMOS 管。低 $R_{\text{DS(on)}}$ 的 VMOS 管的电压降远较功率 PNP 管小，应列为首选。这里采用的是 IRF4905，其最大功耗 $P_{\max} = 200$ W，最大漏极电流 $I_{\text{DSmax}} = 74$ A，$R_{\text{DS(on)}} = 0.02$ Ω。其最大功耗出现在开始恒流充电的时刻，$P = (V_{\text{IN}} - I_{\text{REG}} R_{\text{SNS}} - V_{\text{D}} - V_{\text{MIN}}) I_{\text{REG}} = 3.6$ W（$V_{\text{D}} \approx 0.5$ V）。故应考虑适当散热。

（6）电路设计了 LED 灯指示工作状态，LED1 为电源指示灯，LED2 为"充满"标志，LED3 为"充电"标志，反映充电的整个过程。

（7）为防止电池已接、而充电器尚未通电时，电池反向供电，并且为降低管压降 V_{D}，选用 2 只 1 A 的肖特基二极管并联起隔离作用。注意：肖特基二极管小电流时的压降 <0.2 V，大电流时的压降可达 0.5 V。

（8）电源供电电压 V_{IN} 设计：在恒流充电时，当电池刚刚到达充电限制电压值 V_{REG} 时，$V_{\text{IN}} \geqslant I_{\text{REG}} R_{\text{SNS}} + I_{\text{REG}} R_{\text{DS(on)}} + V_{\text{D}} + 3V_{\text{REG}} = 13.22$ V。为留有余地，取 $V_{\text{IN}} = 13.5$ V。

实测：电池充电时间约 5 h，电池供电时的仪器连续工作时间大于 10 h。

3.18　浅谈 AGC

AGC（Automatic Gain Control）自动增益控制，其作用是：输入信号在一定范围内变化时，能使输出保持稳定。笔者最早接触它是在制作电子管收音机的时候。这一技术在收音机、电视机以及其他一些领域得到应用。

从收音机的 AGC 谈起。收音机由于气候、电磁波传播特性等因素的影响，天线接收的信号时强时弱，特别在短波，由于电磁波多次反射的路径可能存在的差异，这种信号的波动特别明显。为解决这一问题，希望收音机高频部分的增益能像图 3.78 所示那样，在信号弱时，保持高增益（AB 段），而在信号较强时使增益保持稳定（BC 段）。图 3.79 的七管超外差式中波收音机电路可以说明其工作原理。图中 BG1 为变频管，BG2、BG3 为中频放大，D1 为检波，BG4、BG5 为低频放大，BG6、BG7 为 OTL 低频功率放大。其中 BG2、BG3、D1、R7 和 C11 组成 AGC 闭环电路。其中 BG2、BG3 为 PNP 型三极管，负责将 465 kHz 的中频信号放大，BG2 同时通过改变其增益，完成 AGC 的任务。D1 为检波锗二极管，负责将中频信号检波，将调幅信号解调为音频信号。BG2 的增益是通过控制器工作点改变其共射极交流小信号电流放大系数 β 来实现的。图 3.89 给出了 PNP 晶体管工作点对 β 的影响，可以看出，在 $I_c < 1$ mA 段，工作点对 β 的影响很明显。BG2 的静态工作点由正向偏置电阻 R_4 和 AGC 的反向电压叠加决定，约 0.5 mA。由于 R_7、C_{11} 的时间常数约 110 ms，通过 R_7 反馈到 BG2 的 AGC 电压是音频信号的平均值。当收音机接收到的信号较强时，AGC 电压增大，BG2 工作点下移，β 减小，增益下降，最终达到一个平衡点。从而使

天线接收到的信号在一定范围内变动时,能保持音频信号的稳定。AGC 就是这么工作的。

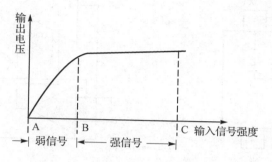

图 3.78　AGC 传输特性

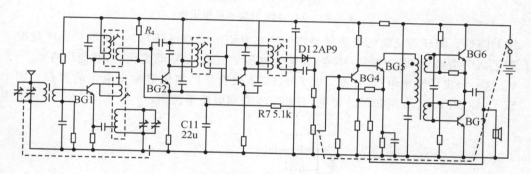

图 3.79　七管超外差收音机电路

随着现代电子技术的发展,AGC 可以由专用芯片完成,给电路设计者带来很大的方便。TI 公司的 VCA810 就是这样一种能完成 AGC 任务的芯片。它本身是一款压控增益的芯片,图 3.81 为其引脚和内部电路。当控制直流电压 V_c 在 $0 \sim -2$ V 范围内变化时,增益的可调范围为 $-40 \sim +40$ dB($0.01 \sim 100$ 倍);信号带宽 80 MHz,增益带宽积 35 MHz;差分输入单端输出;输出电流可达 60 mA;输入噪声 2.4 nV/$\sqrt{\text{Hz}}$。

图 3.82 是以 VCA810 为核心巧妙构成的

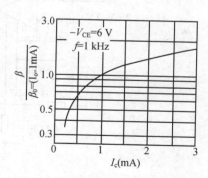

图 3.80　工作点对 β 的影响

AGC 电路。图中 VCA810 的输出、OP37、二极管 D,通过 V_c 形成一个闭环负反馈环路。OP37 的反相输入端加入控制输出电压幅度的 V_R。R_4 和 C_2 为闭环电路的相位补偿。-5 V 的电源经 R_1、R_2 分压为 VCA810 的 V_c 提供 -2.5 V 的偏置,C_1 为保持电容,它和 R_3 决定了 AGC 的反应时间。OP37 这里做比较器用,不论何时,只要输出电压的峰值(V_p)超过 V_R,二极管 D 导通,从而使 V_c 朝正方向变化,VCA810

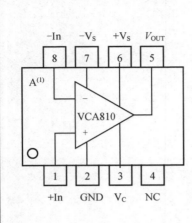

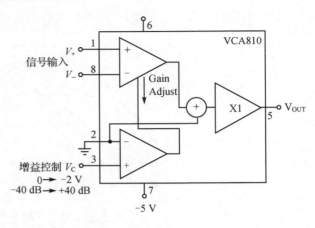

图 3.81　VCA810 引脚和内部拓扑

增益降低。闭环负反馈的最终结果将使输出电压的峰值保持与 V_R 相等。这样就得到了两个结果：一是只要 V_R 不变，在输入电压 2 mV～2 V 间变化时，都能维持 $V_{op} = V_R$ 这一稳定的输出电压；二是，可以通过 V_R 很容易的实现对输出电压的数控。别忘了，VCR810 还有兆赫级的带宽，有利于在高频电路里使用。

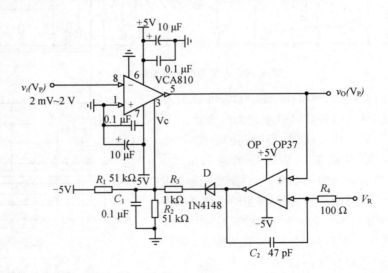

图 3.82　VCA810 构成的 AGC 电路

　　可以完成 AGC 压控增益的芯片还有 AD603 等。但没有 CVA810 的电路这么简单。

3.19　一种高压脉冲稳流电源

　　某化学分析仪器需要为其使用的"元素灯"供给 $30\sim160$ mA 的数控稳流电流，其驱动电压信号的波形如图 3.83 所示。稳流脉冲幅度 $30\sim160$ mA，相应控制电压幅度为 $0.562\,5\sim3.000$ V。脉宽 20 ms，占空比 DR＝5％。频率为 250 Hz($T=4\,000$ ms)。

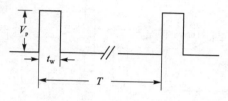

图 3.83　电流波形图

　　此电路的核心还是如图 3.74 所示的稳流电路，只不过输入控制信号为数控电压脉冲而已。此信号由仪器主板 MCU 的 DAC 提供。

　　图 3.84 为元素灯供电的稳流电路。驱动电压信号首先经过 R_8、C_4、U1B 组成的一阶有源低通滤波电路。其转折频率＝$1/(2\pi R_8 * C_4)=156$ Hz，起到抑制杂波的作用。其输出经 R_7 进入闭环脉冲稳流电路。闭环脉冲恒流电路由误差运算放大器 U1A、N 沟道 VMOS 管 Q1、10 Ω 的取样电阻 R_{13}、反馈运算放大器 U1C 构成。电位器 VP1 可使 U1C 的增益在 $1\sim3$ 倍间调整。当驱动电压峰值 $V_p=3$ V 时，可调整电位器 VP1，使取样电阻 R_{13} 上的电压峰值 V_s 为 1.6 V，即此时元素灯电流峰值 $I_p=160$ mA。

$$I_p = \frac{V_p}{R_{13} \times A_f}$$

其中 A_f 为反馈运算放大器 U1C 的增益：

$$A_f = \left(\frac{R_{VP1}}{R_{11}}\right)$$

　　当 $A_f=1.875$ 时，$V_p=3$ V，元素灯脉冲峰值 $I_p=160$ mA。

　　VMOS 管 Q1 的漏极接元素灯的主阳极 K。电容 C_5 可改善电流波形。

　　220 V 交流电源经变压器升压至约 330 V，再经全波整流，电容滤波产生约 450 V 的直流供电电压供给元素灯阳极 A，并满足元素灯启辉要求。由于元素灯为恒流供电，交流 220 V 的波动对元素灯电流的影响甚微。其中 R_1、R_2 为电容器的均压电阻。

　　晶体管 N1 控制灯的通断，当主板 MCU 的控制信号 LAMP＝1 时，N1 饱和导通，元素灯电流关断，熄灭元素灯；LAMP＝0 时，元素灯正常工作。

　　N 沟道 VMOS 管 K2225 的 $V_{DS}=1\,500$ V(漏源电压，即耐压)，$I_D=2$ A(漏极电流)，$R_{DS}=9$ Ω(通态电阻)，完全可以满足电路要求。

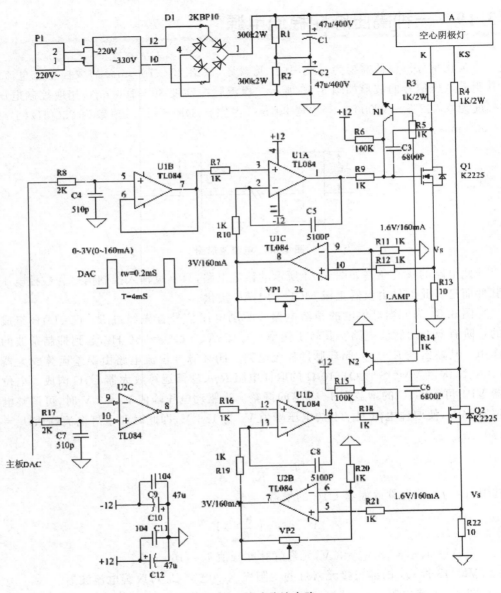

图 3.84 脉冲稳流电路

元素灯辅助阴极的供电电路与上述主阴极电路相同,只不过 VMOS 管 Q2 的漏极接元素灯辅助阴极 KS。调整电位器 VP2 即可控制主阴极与辅助阴极电流的比值。

3.20　从一个简单模拟信号源设计看涉及的知识

　　从模拟到数字的瓶颈—ADC，其重要性不言而喻。调试 ADC 除了给它 0 值和满度值（V_r）外，常常需要提供给它 $0\sim V_r$ 之间的稳定电压，以检测其性能。这种信号电压固然可以从稳压电源直接提供，但第一，电压的稳定性不够；第二，精细调整不容易。如果能为调试 ADC 专门制作一款信号源，倒不失为调试带来方便。

　　对此信号源的要求是：

　　（1）提供 $0\sim5$ V 的直流电压；

　　（2）此电压最好有刻度指示；

　　（3）至少有 10 mA 的驱动能力；

　　（4）电池供电，以便携带。

我们根据它的要求，在设计电路之前，分析一下应该选用何种器件。

1.　要提供稳定的电压，自然非基准电压源不可

　　图 3.85 列出了几种常用的基准电压源，既然要求输出 $0\sim5$ V，同时也注意到此种芯片应用很广，价格便宜，有分立 TO-92、SOIC-8 两种封装形式，提供 2.5/5 V 两种电压，选择的余地大，故选它。

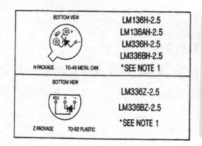

LM336	
性能指标	**参数**
Vr	2.5V；5V
容差	±1%（2.525V~2.475V）
温度系数	4ppm/℃
工作电流	0.4~10mA
长期稳定性	20ppm

图 3.85　LM336 的外形、引脚及主要参数

　　请注意，即使制造经过激光校正，也有 $\pm1\%\sim4\%$（2.5/5 V）的容差。由于此信号源仅在室内使用，故温飘、时飘可以不考虑。至于选 2.5 V 还是选 5 V，待设计整体电路时再决定。

2.　用什么器件来调整输出电压，还得有刻度

　　这就需要使用 3590 型多圈电位器了。图 3.86 为该种电位器的图形与电参数。它有很好的线性，与图 3.87 的刻度盘配合，可以比较直观地设置输出电压值。

3.　需要用运放吗？

　　初看起来，似乎直接把带刻度的多圈电位器接在基准器件输出即可。是的，这样可以获得 $0\sim5$ V 可调电压，但你忘了需要 10 mA 的驱动能力。这一点要求并不为

3590	
性能指标	参数
线性（独立）	±0.25%
温度系数	±50ppm/℃
绝缘电阻	500Vdd时1000MΩ
介电强度	2000V交流（有效值）
电气旋转和机械旋转	3600°+10°-0°
旋转寿命	1百万圈轴转动
启动扭矩（最大值）	0.5oz-in.（0.4Ncm）
工作温度	-55℃-125℃
主体尺寸	⌀22.2 长18.6mm

图 3.86　3590 的图形与电参数

● 10圈每圈10分度每度5格可以很容易调到1/100刻度。

● 线性度可达±0.25%。

● 10 kΩ。

● $I \approx 0.25$ mA。

图 3.87　的刻度盘

过，因为有时你带的电路的输入电阻较低，比如只有几个千欧，它和电位器并联，使得电位器的分压比变化，比如在 5.0 刻度的输出电压低于 2.5 V。所以加一级放大器做缓冲是必要的。

那么应该选哪种运算放大器呢？

表 3.17 列出了最典型的几类常用运算放大器的特性。

由于必须采用电池供电，绝大多数双电源供电的运算放大器用起来不方便处理正负两组电源，何况我们并不需要负极性信号，所以选用单电源供电的运放最合适。单电源供电的运算放大器比较少，表中列出了最常用的两种：LM358、LM324。LM324 非常便宜，在低端电子产品中应用十分广泛，但电气性能略差，故选择双运放的 LM358。

LM358 在要求输出调整至 0 V 时的输入失调电压 V_{IO} 仅 3 mV，不加"调零"电路亦可。由于处理的是直流信号故频率特性可以不加的考虑。

表3.17 几类常用运算放大器特性参数

类型	型号	A_o	I_{IB}	r_{id}	V_{IO}	BW	SR	CMRR	r_o	V_{CC}/V_{EE}	V_{OP}	I_{CC}	P_C	备注
通用	LM358	100V/mV	45 nA		3mV			80dB		3~32V			725 mW	双运放/单电源供电
通用	LM324	100V/mV	20nA		3mV	1.2 MHz		80dB		3~30V	28V		900mW	可单/双电源供电
低失调	OP07	500V/mV	9.7nA	60MΩ	10μV	6MHz	3V/μs	126dB	60Ω	±3~18V			75mW	
低漂移	OP37	1200V/mV	14nA	6MΩ	20μV	63MHz	17V/μs	121dB	70Ω	±22V	±13V		100mW	
低输入偏置电流	TL081	200V/mV	30pA	10^{12} Ω	3mV	4MHz	13V/μs	100dB		±18V	24V	1.4mA		$f_A = 10^{-15}$ A
	AD549	1000	40fA	10^{13} Ω	0.15mV	1MHz	3V/μs			±15V				
斩波稳零	ICL7650	5×10^8	1.5pA	10^{12} Ω	1μV	2MHz	2.5V/μs	130dB		$V_{CC}-V_{EE}$ <18V	±4.85V	2mA		$V_{OP}(V_{CC}, V_{EE} = ±5V)$
高带宽	AD8011		5μA	450kΩ	2mV	300MHz	3500V/μs	57dB		±5V	±4.1V	1mA		
增益可编程	PGA103	1,10,100	50nA	10^8 Ω	100μV	1.5MHz				±5~18V	$V_+ - 2.5V$ / $V_- + 2.5V$	2.6mA		

(1) 本表中一般均为参数的典型值;

(2) TL081/082/084 分别为单、双、器件封装,电参数相同。

图 3.88 为 LM358 的主要特性。

几个重要参数：
V_{CC}=3~30 V；I_{CC}=0.73 mA；可单双电源供电；V_{IQ}=3 mV；
A_{VD}=100 V/mV(100,000,80 dB)；
K_{SVR}=100 dB；I_O=20 mA.

图 3.88　LM358 的主要特性

4. 电池怎么选？

表 3.18 是几种可供选择的电池的特性。这里特别要提一下所谓"记忆效应"。"记忆效应"只是在早期便携式电子产品所用的镍铬电池中存在。它指的是,当你没把电用光就充电的话,电池的化学分子就会记住这个点,从此只要放电到这个电压就没电了,必须重新充电,这就意味着,电池不能充分利用。在锂电池已非常普及的今天,如手机都是用的锂电池,根本不存在"记忆效应"。电池的寿命仅由充电次数决定。可惜这一误区,还存在着。

由于必须采用运算放大器,一般运放做线性应用(如放大)时输出电压的最大值往往只有 70%V_{CC}(轨对轨运放除外),即电池直接给它供电,其电动势至少要 7.14 V。这就使得要么选 2 节 3.7 V 的锂离子电池,要么选一节 9 V 的 6F22 电池。德力普6F22 镍氢电池可重复充电 1200 次,是万用表电池最佳选择。用在这里也很合适,即使用一段时间电压下降一点,基准电压源仍可保持输出稳定,且运放也不会受影响。

表 3.18　几种电池的主要特性

材　料	一/二次	型　号	额定电压/V	容量/mAh	记忆效应	特　点
锌锰	一次（原）	1 号（R20）	1.5	4 000	无	最早应用
碱性	一次（原）	5 号（R6）	1.5	1 500	无	
碱性	一次（原）	7 号（R03）	1.5	860	无	广泛用于遥控器
铅酸	二次（蓄）	6 - DZM - 12	12 * 3	12 000	无	电动车
铅酸	二次（蓄）	6 - QAW - 54a	12	50 000～60 000	无	小轿车
镍镉	二次（蓄）	5 号/7 号等	1.2	1 000～1 500	有	早期电子产品
镍氢	二次（蓄）	6F22	9	280	无	数字万用表等

材　料	一/二次	型　号	额定电压/V	容量/mAh	记忆效应	特　点
锂离子 锂聚合物	二次（蓄）	纽扣、5 号等 及电阻组	3.7	800～1 200 （5 号）	无	自放电率低,体积小、寿命长,广泛用于笔记本电脑、手机等便携式电子产品以及电动车等
层叠	一次（原）	6F22	9	60	无	数字万用表

　　鉴于上述的讨论,该电路呼之欲出,如图 3.89 所示。有几个细节,作者认为还可以向初学者交代一下。LED 指示灯是仪表必须安装的,图 3.90 为市场常见的 LED。"普亮"类的早已淘汰,"高亮"类在同样的电流下,可获更高的亮度,我们选"高亮",电流有 0.5 mA 就很清楚了。也许你觉得,何必这么"斤斤计较",但要知道对于电池供电的便携式设备,每节省 1 mA 都很有意义!

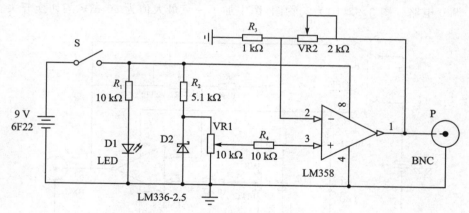

图 3.89　直流电压信号源电路

　　基准电压器件 LM336 - 2.5 V,在电池电压为（9～7）V 可以保证 0.7～0.6 mA 的工作电流。

　　VR1 精密多圈电位器为运放同相输入端提供 0～2.5 V 的信号。

　　运算放大器的增益为:

$$V_Q = V_+ \left(1 + \frac{R_{VR2}}{R_3}\right) = (1-3)V_+$$

其中承担校准任务的电位器 VR2,应该用图 3.91 所示的多圈精密预调电位器 3296W。这种电位器可以旋转 20 圈,每旋转 1°,相当于调整 1/72 000 的阻值,非常适合做精细调整。

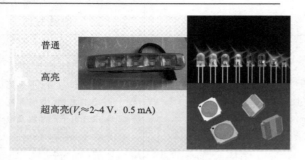

图 3.90　几种 LED

图 3.91　3296W 预调电位器

　　设计的要求似乎均已达到。但即使电位器调到 0，输出往往有几毫伏，这应该是运放的 V_{IO}（Input Offset Voltage）导致。解决的办法有两个。其一，是将电源开关改为双刀双掷（DPDT）型的，相应的电路如图 3.92（a）所示。当开关关断时，输出端短路到地，保证输出为 0。当开关接通时，正常使用。其二，是在运放的反相输入端加一调 0 电路。图 3.92（b）为实物图，图中加了一只最大值为 50 mV 的切换开关。

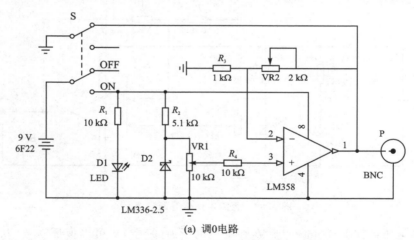

(a) 调0电路

(b) 外　形

图 3.92　调 0 电路及其外形

表 3.19 是在输出 5 V 校正后，刻度值与输出电压的对照。测试仪表为 Agilent 34401A 61/2 数字万用表。

表 3.19　刻度值与输出电压

刻度	10.0	9.0	8.0	7.0	6.0	5.0	4.0	3.0	2.0	1.0	0.0
输出电压/V	5.010	4.519	4.018	3.518	3.019	2.511	2.009	1.508	1.006	0.505	0.001

如果你希望能用数字设定输出电压值，并提高设置精度，恐怕得使用 MCU 了。

3.21　不可小觑的 I_{IB}

一个实际的集成运算放大器其输入电路如图 3.93 所示。图 3.93(a) 和 (b) 分别为双极性晶体管和场效应管的输入电路，在输入端均存在着两个静态偏置电流 I_{B1} 和 I_{B2}，这两个电流的平均值称为偏置电流 (input bias current) I_{IB}：

$$I_{\text{IB}} = (I_{\text{B1}} + I_{\text{B2}})/2$$

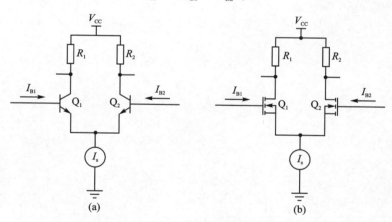

图 3.93　实际运放输入电路

双极性晶体管的 I_{IB} 较大，约为几百到几千 nA，FET 的 I_{IB} 较小，通常为 pA 级。I_{IB} 在设计电路时，其影响有时不可忽视。作者曾经设计过一款二阶抗混叠低通滤波器，其电路如图 3.94 所示。

该电路的输入为微弱的含有噪声的直流信号，电路试图大幅降低低频噪声，故选用了低噪声的运放 LT6234。当然十分重视 $V_i = 0$ 时的输出电压，不料此时的 V_o 竟然等于 -0.55 V。这就是 I_{IB} 惹的祸！原来 LT6234 的 $I_{\text{IB}} = 1.5 \sim 3\ \mu\text{A}$。由于 $R_1 + R_2 = 270\ \text{k}\Omega$，当 $I_{\text{IB}} = 2.42\ \mu\text{A}$ 时，

$$V_+ = V_o = -0.55\ \text{V}$$

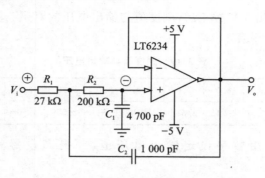

图 3.94　一款抗混叠低通滤波

换用 FET 输入的 TL082（$I_{IB}=30$ pA，典型值），V_o 降到只有 2 mV，相当于 $I_{IB}=$ 8 nA。

## 第 4 章

数字电路偶得

4.1 为什么许多芯片的控制口都低电平有效?

从数字器件的输出说起。大家都十分熟悉数字电路的许多芯片,其控制口,例如片选端(/CS)为什么总是低电平有效? 这与逻辑器件的 V_{OH}、I_{OH}、V_{OL}、I_{OL} 有关,表 4.1 列出了几种常用数字器件的输出特性。可以看出,TTL、LSTTL、MCU 的输出低电平驱动能力远大于高电平的驱动能力。这就意味着采用低电平驱动可以驱动更多的芯片。这也是许多接口芯片输入控制端多采用低电平有效的原因之一。

表 4.1 几种常用数字器件的输出特性(V_{CC}、$V_{DD}=5$ V)

器件类型 输出特性	TTL	LSTTL	CMOS (4000,4500)	74HC	74HCT	MCU (AT89C5X)
电源电压/V	4.75~5.25	4.75~5.25	3~18	2~6	4.5~5.5	4~6
输出高电平 V_{OH}/V	2.4~3.4	2.7~3.4	V_{DD}	$\approx V_{DD}$**	$\approx V_{DD}$**	0.75V_{DD}**
输出高电平电流 I_{OH}/mA	-0.4*	-0.4	-0.5	-4	-4	-0.3***
输出低电平 V_{OL}/V	0.2~0.4	0.35~0.5	0	0**	0**	0.45***
输出低电平电流 I_{OL}/mA	16*	8	-0.5	4	4	10***

* 表内各数字逻辑器件不包含缓冲器、OC/OD 门

* * V_{OH}、V_{OL} 随电流明显变化,例如 $I_{OH}=4$ mA 时,$V_{OH}\approx3.3$ V

* * * P0 口、I/O 口最大输出电流 10 mA。每 8 位口最大的输出电流 P0 口 26 mA,其余口 15 mA,所有输出脚的最大总电流 71mA。不同型号的、不同厂家的 MCU 驱动能力相差较大。本节除特殊注明外,MCU 均指 AT89C××。

MCU 种类繁多,一般其输出口上电后未执行程序前为高电平。如果像 RAM、ADC、DAC 等芯片的片选端高电平有效,就有可能在上电瞬间产生误动作,这是接口芯片控制端采用低电平驱动的另一原因。

现在再琢磨一下数字芯片的输出特性。图 4.1 为数字器件典型的输出特性曲线。图(a)为低电平输出特性曲线,由图可知器件的 V_O 随 I_O 的增加而增加。而器件的 V_{OL} 是在 $I_O = I_{OL}$ 的电压。如果实际 $I_O < I_{OL}$,则实际 $V_O < V_{OL}$。一般情况下,实际 I_O 应小于 I_{OL}。这并不意味着实际 I_O 不能大于 I_{OL},只要 V_{OL} 的增高在设计允许范围内,实际 I_O 略大于 I_{OL} 亦可。图(b)的高电平输出特性表明:当实际 $I_O \leqslant I_{OH}$ 时,$V_O \geqslant V_{OH}$。强迫增大 I_O 将导致 V_O 下降,I_O 太大,V_O 难以保证高电平。

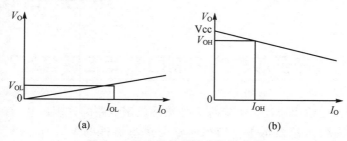

图 4.1　数字器件的输出特性曲线

设计电路时应充分发挥低电平高驱动能力这一特点。如果允许,器件尽可能采用低电平驱动。图 4.2 数字定时器中由 89C2051 MCU 驱动的 LED 动态显示电路就体现了这一点。电路 LED 数码管采用应用最广的 0.5 英寸,高亮度红色的共阴极器件。动态驱动时每个笔段平均 $I_F > 0.5$ mA 已可明亮显示。若 $V_F = 1.5$ V,每笔段的限流电阻为 2 kΩ,则 LED 点亮时每笔段 $I_F \approx 1.75$ mA,动态扫描时两个 LED 轮流显示,每个 LED 只有 1/2 的时间亮,每个字每个笔段的平均电流约为 0.875 mA,已有相当的亮度。考虑到 MCU 口线的 I_{OH} 较小,限流电阻应接为上拉形式。八段笔画直接由 P1 口驱动。被点亮 LED 数码管的最大电流为 $8 \times 1.75 = 14$ mA,利用 P3.0、P3.1 的 I_{OL} 是完全可以承受的。

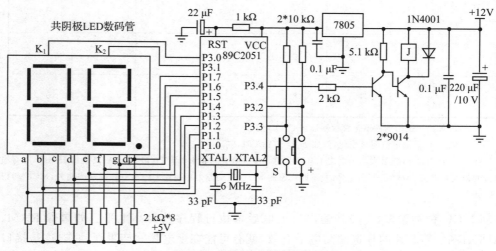

图 4.2　数字定时器硬件电路

4.2　注意几个术语的异同

4.2.1　"分频器"与"计数器"

计数器(Counter)与分频器(Divider)都是数字电路的基本单元。两者均以具有二进制记忆功能的触发器(Flip‑Flop F/F)为基础,这是它们的共同之处。两者不同之处如表 4.2 所示。

表 4.2　计数器/分频器差异

项　目	功　能	复位端	输出端	输出信号
计数器	记录输入脉冲数	计数前复位	一般接译码器	二进制数码
分频器	对输入脉冲分频($\div$N)	计数前不需复位	仅一个输出有效	脉冲

硬件分频器一般可由计数器按功能要求改接即可。

4.2.2　"模拟开关"与"数据选择器"

CMOS 双向开关(Bilateral Switch)又称传输门(Transfer Gate)是由一只 P 沟道和一只 N 沟道 MOS 管组成的模拟开关。它具有微功耗、高速度、无机械触点、无残余电压、可双向传输及体积小等突出优点,故在电子电路和器件内部得到广泛应用。

其主要电气指标有:导通电阻 $R_{DS(ON)}$,通常为几十到几百欧;漏电流 I_{COM} 在 0.1 到几纳安;导通/关断时间 t_{ON}/t_{OFF} 为几十纳秒;电源电压在 2~12 V 范围。

表 4.3 为 CD4066 四重双向模拟开关的主要电气参数。表 4.4 为其构成的 4 种基本开关。图 4.3 为它组成的基本门电路。

表 4.3　CD4066 四重双向模拟开关的主要电气参数

参　　数	测试条件	最大值/最小值	典型值
静态电流 I_{DD}		0.5 μA	0.01 μA
导通电阻 R_{en}	$V_c = V_{DD}, R_L = 10\ k\Omega$ 接到 $\dfrac{V_{DD} - V_{SS}}{2}, V = V_{SS} \sim V_{DD}$	400Ω	180Ω
导通电阻路差 ΔR_{en}	$R_L = 10\ k\Omega, V_C = V_{DD}$		10Ω
总谐波失真 THD	$V_C = V_{DD} = 5\ V, V_{SS} = -5\ V, V_{REF} = 5\ V$(正弦波) $R_L = 10\ k\Omega, f = 1\ kHz$		0.4%

电子技术随笔(第2版)

参　　数	测试条件	最大值/最小值	典型值
−3 dB 截止频率 −50 dB 截止频率	$V_C=V_{DD}=5$ V,$V_{SS}=-5$ V,$V_{DD}=5$ V(正弦波) $R_L=1$ kΩ $V_C=V_{SS}=-5$ V,$V_{REF}=5$ V(正弦波),R $=1$ kΩ		40 MHz 1 MHz
输入输出间泄漏电流	$V_C=0$ V,$V_{in}=18$ V,$V=0$ V; $V_{in}=0$ V,$V=18$ v	±0.1 μA	$±10^{-5}$ μA
传输延迟时间 t_{PN}	$R_L=100$ kΩ,$V_{CC}=V_{DD}$,$V_{SS}=0$ V; $V_{in}=0$ V,$V=18$ V	20 ns	10 ns
输入电容　C_{IS} 输出电容　C_{OS} 锁通电容　(C_{IOS})	$V_{DD}=5$ V,$V_C-V_{SS}=-5$ V		8 pF 8 pF 0.5 pF
串扰 V_e-V_{os}	$V_c=10$ V(方波),$t_f=t_f=10$ ns,$R_s=10$ kΩ		50 mV
传输延迟时间	$V_{DD}-V_{SS}=10$ V,$t_f=t_f=20$ ns, $C_L=50$ pF,$R_L=1$ kΩ	40 ns	20 ns
最大控制端重复频率	$V_{in}=V_{DD}$,$V_{SS}=0$ V,$R_L=1\,1$Ω 到地,$C_L=50$ pF $V_c=10$ V(方波),$t_f=t_f=20$ ns		9.5 MHz

164

表 4.4　4 种基本开关

序　　号	功能名称	等效图	线路图
(a)	单刀单掷		
(b)	单刀双掷		
(c)	双刀单掷		
(d)	双刀双掷		

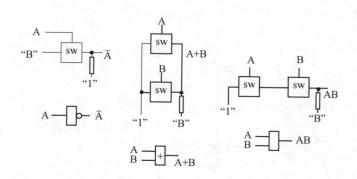

图 4.3　CD4066 构成的 3 种基本门

模拟开关可以用于控制大于零的直流或者脉冲信号，但不能用于控制有正有负的交流信号。要传递交流信号，只能使用如 CD4051 之类的模拟多路选择器/分配器（Analog Multiplexer/Demultiplexer），图 4.4 为其内部拓扑。从图可以看出，禁止端（INH），地址端（A/B/C）是电源 $V_{DD} - V_{SS}$ 间的驱动电平，而译码器由 $V_{DD} - V_{EE}$ 正负电源供电，所以能允许模拟开关传送交流信号。图 4.4 为其一种应用电路。由于采用 $V_{DD} = +5$ V、$V_{SS} = 0$ 和 $V_{EE} = -5$ V，因此地址和禁止信号为 $0 \sim 5$ V 逻辑电平，而三种交流信号只要峰值不超过 5 V，均能被地址所选择，正常传送。

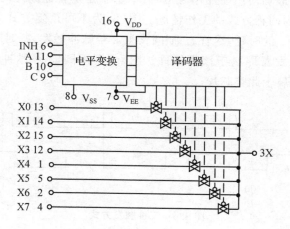

图 4.4　CD4051 内部拓扑

上述器件，要重视导通电阻 $R_{DS(ON)}$，在后级电路输入电阻较低时的影响。由于模拟开关的双向性，如 CD4051 类器件，既可以多选一，做分配器，也可以一选多做选择器。

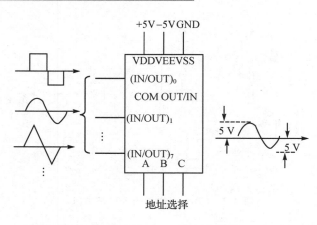

图 4.5　CD4051 三选一电路

4.2.3　"可重复"与"不可重复"单稳态触发

　　笔者住宅有这样一种声控楼梯灯,当某人从楼上起步时,灯亮。约十几秒后下到下层时灯灭。似乎没有什么问题。可是当这个人下到接近下层时,又有人下楼,结果他还没下到下层,灯就灭了。这就存在着设计漏洞。

　　声控楼梯灯一般均使用硬件作为延时,单稳态是最普通的延时器件。它有两种触发方式,图 4.6 为两种方式的工作情况。图(b)为不可重复方式,在 2 号脉冲下降沿触发后,将产生 t_w 的时延,尽管 t_w 期间又被 3 号脉冲触发,延时时间不变。74HC(LS)221 单稳态触发器即属于该类器件。图(a)则不同,3 号脉冲触发后还会延时 t_w,74HC(LS)123 属于此类芯片。

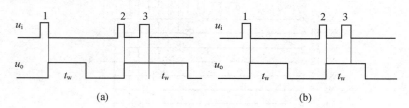

图 4.6　二种触发方式

　　功能完善的声控楼梯灯显然应该采用"可重复触发"工作方式。

4.2.4　"异步计数"与"同步计数"

　　作为数字电路最基本的硬件计数器按进位方式可分为"异步计数"和"同步计数"两类。异步计数器中的各触发器从低位到高位依次翻转,即第 i 位触发器的时钟脉冲由第 $i-1$ 位触发器提供。时钟脉冲触发最低位后,其余各位像波浪式的翻滚前进,故又称"行波(Ripple)"计数器。异步计数器有如下特点:

（1）若计数器由 n 个触发器组成，而计数器的进制数（又称"模数"或"计数容量"）为 M，对于二进制计数器而言

$$M = 2^n$$

对于非二进制计数器而言

$$2^{n-1} < M \leqslant 2^n$$

（2）二进制和非二进制计数器均在 M 个时钟到来时复位，归零。

（3）二进制计数器最大计数值为 $2^n - 1$，非二进制计数器最大计数值为 $M - 1$。

（4）异步计数器级联时，遵循表 4.5 的规律。

表 4.5　异步计数器级联规律

时钟脉冲	加法	减法
↑	$\overline{Q}_i - CP_{i+1}$	$Q_1 - CP_{i+1}$
↓	$\overline{Q}_i - CP_{i+1}$	$Q_1 - CP_{i+1}$

同步计数器（Synchronous Counter）在同一时钟脉冲作用下，构成计数器的各触发器同时动作。因此，它的工作速度较异步计数器快，同时各输出端由于传输延迟时间所引起的尖峰毛刺也得以减小，故其品种及应用比异步计数器多。

当用 T 触发器构成同步计数器时，第 i 级是否翻转，由该级输入端 T_i 来决定。对于二进制加法计数器而言，若第 i 位以前各位皆为 1，则最低位再计入 1 时，第 i 位才应该翻转，故第 i 位触发器的：

$$T_i = Q_{i-1}Q_{i-2}\cdots\cdots Q_1 Q_0 = \prod_{j=0}^{i-1} Q_j \quad (j = 1, 2, \cdots, n-1)$$

用 T 触发器构成减法计数器时，只有当第 i 位以前各位同时为 0，再减 1 时才应使第 i 位翻转，故：

$$T_i = \overline{Q}_{i-1}\overline{Q}_{i-2}\cdots\cdots\overline{Q}_1\overline{Q}_0 = \prod_{j=0}^{i-1} \overline{Q}_j \quad (j = 1, 2, \cdots, n-1)$$

如果用 T′ 触发器构成同步计数器，由时钟信号 CP 的有无控制第 i 级的翻转。对于二进制加法计数器

$$CP_1 = CP \prod_{j=0}^{i-1} Q_j \quad (j = 1, 2, \cdots, n-1)$$

对于二进制减法计数器而言

$$CP_1 = CP \prod_{j=0}^{i-1} \overline{Q}_j \quad (j = 1, 2, \cdots, n-1)$$

4.3　数字器件空闲端的处理

数字芯片经常总有一些空闲端，这些空闲端就可以不加理会，让其"悬空"吗？

4.3.1　空闲输入端的处理

本小节从最基本的 TTL、LSTTL 小规模器件说起。如果从功能上要求为高电平，例如与门的空闲输入端，学习过数字电路知识的都知道，从这类器件的内部机理可知，输入端悬空相当于接高电平，可以不做任何处理。但为了减少外部干扰，建议读者还是直接接电源，或者经电阻上拉。当然上拉电阻的选择得保证高电平的输入电流 I_{IH} 满足器件要求，通常为 10 kΩ。如果从功能上要求为低电平，例如或门的空闲输入端，则可以经下拉电阻接地，其阻值应小于 1 kΩ。

HCMOS 不仅是 LSI、MSI 器件，也是 LSI、VLSI 器件的基本结构。其输入不论高电平还是低电平所需驱动电流仅为 μA 级，所以加的上拉或下拉电阻可在 100 kΩ 左右。但是不能悬空，原因在于 HCMOS 输入端的高阻抗使其易受干扰和静电破坏。如果功能允许，空闲端也可以和有用端并联使用。

4.3.2　空闲输出端的处理

空闲输出端倒真的可以不予理会，任其悬空。

4.4　异步信号同步化

4.4.1　异步信号同步化的必要性

外部输入信号通常是异步信号，之所以必须将异步输入信号同步化是基于如下两个方面的考虑：

1. 异步信号的捕获

如果异步输入信号的有效期 t_p 与时钟脉冲周期 T_e 之间满足如下关系：

$$t_p \geqslant T_e$$

则控制器能够及时鉴别到这一变化，并作出相应的响应。

如果

$$t_p < T_e$$

则此输入信号的变化可能未被控制器所察觉而没有做出正确的响应，这种情况如图 4.7 所示。

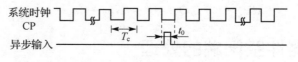

图 4.7　异步输入信号 $t_p < T_e$

从图 4.7 中看出，异步输入信号有效期与时钟周期相比较，只是一个很短暂的时间间隔，此信号可能会被控制器所忽略，就像没有产生一样，从而未进行本应进行的操作。尽管这是对短暂异步输入而言，实际上短暂的同步输入也会产生相同的问题。因此，系统控制器若要毫无遗漏地捕获这一短暂的输入脉冲信号，必须满足以下关系：

$$t_p > T_e$$

显然，只有提高系统时钟频率，才能避免发生上述的这种遗漏，但是，单纯依靠这个办法是不实际的，有时是不可能做到的。因此，需要寻求其他途径去捕获并保持这些短暂的异步输入信号，直至控制器做出响应。

2. 输入信号变化的时间

加到控制器的输入信号总要有一个建立过程。显然，系统应该在这一信号达到稳定值以后才动作，否则就会产生误动作；系统的任何一个动作总要有一个动作时间，有一个从一个状态向另一个状态过渡的转换时间。外加信号仅允许在电路处于稳定状态时发生变化，否则也会出现错误的动作，因此必须对异步输入信号进行同步化处理。

4.4.2　同步化电路

这里介绍两种实现异步信号同步化的电路。图 4.8 所示的电路是由门电路构成的基本捕获单元和 D 触发器组成。捕获单元由 D 触发器 $\overline{Q_D}$ 信号复位。设该异步输入为低电平有效。当输入端为高电平时，该单元输出 Q 为低电平；当异步输入端有一短暂的负脉冲输入时，捕获单元的 Q 端由低变高，即使输入信号很快回到高电平，Q 仍然保持高电平，当时钟的上升沿来到，D 触发器翻转，Q_D 输出高电平，成为同步输入送至控制器。与此同时由高变低的 $\overline{Q_D}$ 信号使捕获单元复位，Q 又变为低电平。紧接着来到的时钟信号又将 D 触发器复位。图 4.8 相应的工作波形如图 4.9 所示。由此可见，此电路不仅捕获了短暂异步输入信号，且使它保持一个时钟周期的时间，对控制器而言，就能毫无遗漏地做出响应。

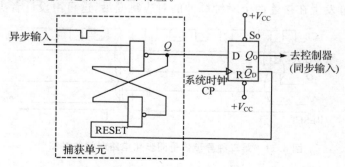

图 4.8　第一种异步输入信号同步化电路

图 4.9 给出另一种异步输入信号同步化的电路,它与图 4.8 电路的工作原理相同,两个电路的区别仅在于捕获单元复位信号来源不同。后者的捕获单元复位信号来自系统控制器。异步输入进入捕获单元后,在时钟的上升沿来到时,D 触发器置 1,将异步信号改变为同步信号输入(对控制器而言),此输入保持到控制器实施了相应的控制或者输入分支为止。由控制器来的信号将捕获单元复位,准备接收下一个异步输入信号。图 4.11 是此电路的时间关系图。

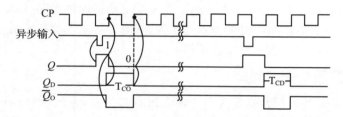

图 4.9　第一种异步信号同步化电路时间关系图

上面讨论的两种异步信号同步化电路有如下两个共同点:

(1) 异步输入信号是短暂的,$t_p < T_e$,且与系统的时钟没有直接关系;

(2) 异步输入信号同步化的时间发生在时钟上升沿。

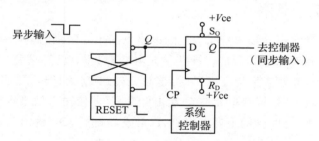

图 4.10　第二种异步信号同步化电路

这里假设系统控制器的状态变化发生在时钟的下降沿。但这种假设不是一成不变的。异步输入同步化以及控制器状态变化可以分别发生在一个时钟脉冲的上升沿和下降沿,也可发生在接连两个时钟脉冲的对应跳变沿,这可由设计者决定。

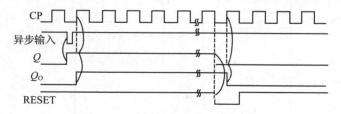

图 4.11　第二种异步信号同步化电路时间关系图

至此,还有另一情况要加以说明。当异步输入信号 $t_p \geqslant T_e$ 时,仍然有同步化的问题,通常称之为电平同步。这类异步输入信号持续期较长,但从时间关系来说,它与时钟还是异步的,为了捕获异步电平,同样可采用图 4.8 和图 4.10 两种电路,但其中的捕获单元完全可以省略,异步输入信号直接加在 D 触发器的 D 端,被时钟上升沿所同步,当下一个时钟来到时,控制器已从 D 触发器的输出端获得稳定的同步输入信号。

4.5 一种简单的数控占空比方法

数字电路最主要的信号源有脉冲信号发生器和函数发生器。脉冲信号最主要的参数包括频率、幅度、脉宽、前后沿时间、顶部降落等。占空比(Duty Rate)是描述周期与宽度相对关系的参数,其定义为:

$$\text{DR} = \frac{t_w}{T} \times 100\%$$

式中, t_w 为脉宽, T 为周期。在开关电源设计与应用中,DR 这一参数用的最广。

当需要产生一个 DR 可数控的矩形脉冲时,如何实现这一功能呢?

图 4.12 是由两只 74LS85 和一只 CD4518 双重 BCD 同步加法计数器组成的占空比可数控的脉冲发生器电路。图中时钟信号 F_{in} 由 CD4518 的 ENA 端输入,下降沿触发。通过 Q4A 与 ENB 级联为 100 进位计数器。脉冲的占空比 M 以 BCD 码的形式分别输入到两只 4 位比较器 74LS85 的 B_i 端。比较器的 A_i 端和 BCD 计数器的 Q 端相连,即 A_i 为计数累计值。74LS85 的真值表如表 4.6 所示。

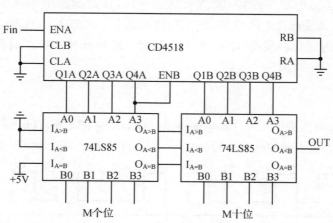

图 4.12 占空比可数控的脉冲发生器

表 4.6　74LS85 真值表

比较输入				级联输入			输出		
A_3,B_3	A_2,B_2	A_1,B_1	A_0,B_0	$I_{A>B}$	$I_{A<B}$	$I_{A=B}$	$O_{A>B}$	$O_{A<B}$	$O_{A=B}$
$A_3>B_3$	×	×	×	×	×	×	H	L	L
$A_3=B_3$	$A_2>B_2$	×	×	×	×	×	L	H	L
$A_3=B_3$	$A_2<B_2$	×	×	×	×	×	H	L	L
$A_3=B_3$	$A_2=B_2$	$A_1>B_1$	×	×	×	×	L	H	L
$A_3=B_3$	$A_2=B2$	$A_1<B_1$	×	×	×	×	H	L	L
$A_3=B_3$	$A_2=B_2$	$A_1=B_1$	$A_0>B_0$	×	×	×	L	H	L
$A_3=B_3$	$A_2=B_2$	$A_1=B_1$	$A_0<B_0$	×	×	×	H	L	L
$A_3=B_3$	$A_2=B_2$	$A_1=B_1$	$A_0=B_0$	×	×	×	H	L	L
$A_3=B_3$	$A_2=B_2$	$A_1=B_1$	$A_0=B_0$	×	×	×	L	H	L
$A_3=B_3$	$A_2=B_2$	$A_1=B_1$	$A_0=B_0$	×	×	×	L	L	H
$A_3=B_3$	$A_2=B_2$	$A_1=B_1$	$A_0=B_0$	H	H	L	L	L	L
$A_3=B_3$	$A_2=B_2$	$A_1=B_1$	$A_0=B_0$	L	L	L	H	H	L

　　根据 74LS85 的真值表结合图 4.12 分析其工作情况。图 4.13 表示了该电路的工作情况。F_{in} 在每一个下降沿使 CD4518 计数值加 1。设比较器 B_i 的输入值为 M，在计数器开始计数时，$A=0$，故 $A<B$，从表 4.6 的第 2、4、6、8 行可以看出比较器 $(A<B)$ 输出端为高电平。在第 M 个时钟脉冲到来时，$A_i=M=B_i$，故比较器 $(A<B)$ 输出立即变为低电平。当第 100 个时钟到来时，计数器复位，$A_i=0$，即 $A<B$，故 $(A<B)$ 输出端又重新变为高电平，恢复到初始状态。比较器 $(A<B)$ 输出脉冲的周期 T 为 100 个时钟脉冲周期，即对 F_{in} 100 分频。输出脉冲的持续时间 t_w（脉宽）为 M 个时钟脉冲，故占空比

$$DR = \frac{t_w}{T} \times 100\% = M(\%)$$

　　DR 的设置范围为 1～99。此电路的优点是 DR 绝对准确，且电路简单。但输出脉冲的频率仅为输入脉冲频率的百分之一，故最高输出频率受计数器的限制。

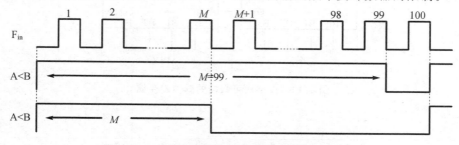

图 4.13　占空比可数控的脉冲发生器的工作情况

4.6 CMOS 反相器的一种特殊应用——放大

CMOS 反相器如 CD4069 之类,如果按图 4.14(a)所示,在输入与输出之间加上一只高阻值反馈电阻,可以构成一种简易的放大器。该电路存在两种关系,一种是电阻支路的线性关系,由于器件输入电流可忽略不计,故:

$$V_O = V_i$$

在图(b)上它是一条穿过零点、45°的直线。另一种是 CMOS 反相器的传输特性曲线:

$$V_O = f(v_i)$$

这条曲线,在高低电平转换时的斜率是非常陡峭的,为清楚地看出其放大过程,图中有意将斜率画缓。直线与传输曲线的交点,即静态工作点 Q。V_{TH} 为转折电压,约为 $0.5V_{DD}$。由图可见,当输入为一小幅度的正弦信号时,输出的是大得多的正弦信号。电路的增益由传输特性的斜率决定。由于斜率很高,故可以获得高的增益,不过由于器件特性的离散性,此增益难以精确控制。一般情况下能将几十毫伏的信号放大到几伏。该电路的最大优点在于简单,低功耗。笔者曾用于将核辐射探测器输出的尖脉冲加以放大,然后整形、计数。由于着重于总计数值,对幅度没有严格的要求,而又必须是低功耗,所以使用它不失为一种办法。

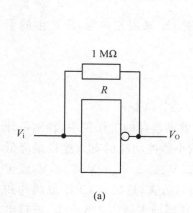

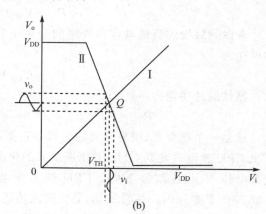

图 4.14 CMOS 反相器的放大作用

4.7 CMOS 器件的一个重要公式

HCMOS 数字器件,SSI、MSI、LSI、VLSI,的内部总离不开图 4.15(a)所示的互补推挽(Pull-Push、Totem-Pole 图腾柱)结构。它由一只 PMOS 管和一只 NMOS 管串接而成,因此在静态时,总有一只管通,一只管截止,故其静态功耗 $P_S \approx 0$。工作

时两只管来回翻转,有很短瞬间两管同时导通,其导通电流的波形如图 4.15(b)所示。这期间一个周期所产生的平均电流为:

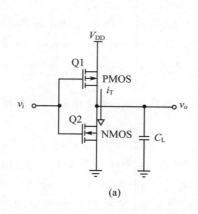

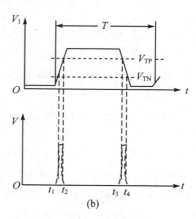

174

图 4.15　HCMOS 器件的结构与动态损耗

$$I_{\text{TAV}} = \frac{1}{T} \left[\int_{t_1}^{t_2} i_T \, \mathrm{d}t + \int_{t_3}^{t_4} i_T \, \mathrm{d}t \right]$$

动态损耗为

$$P_D = V_{DD} I_{\text{TAV}}$$

考虑到后级的负载电容和线路的分布电容 C_L,对 C_L 来回充放电,所产生的平均损耗为

$$P_C = C_L f V_{DD}^2$$

器件的总功耗为

$$P_T = P_S + P_D + P_C \approx V_{DD} I_{\text{TAV}} + C_L I V_{DD}^2$$

这是一个很重要、很有意义的公式。它指明了在数字器件的工作频率,特别是计算机 CPU 速度提高到 GHz,并不断提高的情况下,减小器件功耗的有效途径是降低电源电压 V_{DD},这就是 MCU、CPU 的工作电压由 5 V、3.3 V、3 V、1.8 V 直至 0.65 V 的根本原因。尽管如此,器件的发热还是越来越厉害,这也是 CPU 散热片和散热风扇越来越大的道理。例如 Intel 酷睿 i5 760 处理器的主频达 2.8 GHz,内核电压 0.65～1.4 V,热设计功耗达 95 W。

4.8　一种简单的二倍频电路

　　笔者曾需要将方波频率倍频,但又不打算采用经典的锁相环(Phase Locked loop - PLL),因此设计了图 4.16(a)所示的简单二倍频电路。它由 74HC00 中的 3 个与非门与两个 RC 微分电路($C_1 = C_2 = 1\,000$ pF,$R_1 = R_2 = 1$ kΩ,输入方波频率=20 Hz～

20 kHz)组成。图(b)为其工作波形。其中 v_i 为输入信号,A 为 C_1R_1 微分后的波形,B 为 C_2R_2 微分后的波形,注意:由于两个电阻均上拉,故微分后的波形在 VDD 之上被限幅。图中虚线为 CMOS 器件的传唤电平。C 为两微分"与非"后的波形,此时输出频率为输入信号频率的二倍。

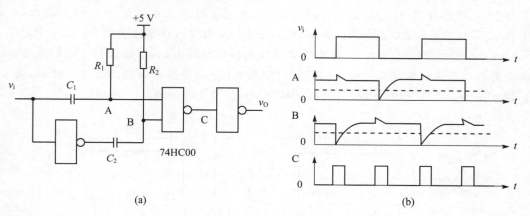

图 4.16　二倍频电路

4.9　倍频器与数控频率

4.9.1　倍频器

倍频器(Frequncy Multiplier)是一种输出信号频率为输入信号频率若干整数倍的电路。以锁相环和分频器组成的数字倍频器应用十分广泛。图 4.17 就是一种典型电路。

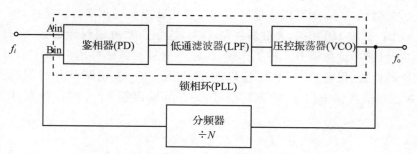

图 4.17　PLL 倍频器

图 4.17 中的锁相环由鉴相器、低通滤波器和压控振荡器组成。其工作原理在许多书籍中均有介绍。分频器的模为 N。锁相环和分频器构成闭环,就形成了一具倍频器。其输出信号的频率

$$f_0 = Nf_i$$

锁相环在工作频率较低时以 CD4046/HC4046/HCT4046 使用普遍。高频时 MC145146 集成锁相环芯片就是其中一种。

图 4.19 为 100 倍频器。输入信号的频率为 1~200 Hz，输出为 100 Hz~20 kHz。4046 系列芯片以 HCT4046 工作频率最高。设计时的关键在于中心频率的选择（R_1、C_1），以及低通滤波参数的确定（R_2、R_3、C_2）。当输入频率范围较大，如 20 Hz~20 kHz，而倍频数又较大时，要使整个频段获得稳定输出，参数选择有一定的难度，此时可以采用模拟开关切换不同的定时电容 C_1 来满足频率覆盖的要求。此外，若输入信号为正弦信号，在使用比较器做整形时，亦需小心处理。

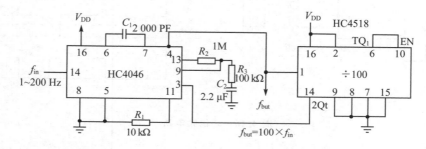

图 4.18　100 倍频器

4.9.2　数控频率

如果需要数字设定信号发生器产生的信号频率，无疑使用直接数字频率合成器件（DDS），如 AD9850 类，是最简单，最方便的办法。但是这种办法也有不足之处，一是器件昂贵，二是在时钟频率为 125 MHz 时，控制步长为 0.029 Hz，若以控制步长的 34 倍为设置步长，设置步长为 0.989 Hz，这已经能满足一般要求。若要进一步减少此误差，并降低成本，则可以将倍频器加以变化就能实现频率数控功能，图 4.19 为其电路。PLL 采用 HC4046，关键器件是 8254，这是一款可编程计数器，它有 3 个独立的 16 位计数器，计数器有 6 种工作模式，输入信号的频率可达 10 MHz，可以二进制或 BCD 码计数，很容易和 MCU 接口，电源电压 5 V。在电路里由 MCU 设定计数器的模 N。当输入频率为 f_i 的方波信号，锁相环输出模为 f_i 的分频器，则输出频率为：

$$f_0 = N \times f_i \div f_i = N$$

也就是说，MCU 为 8254 设定的计数值就是输出信号的频率。如果想提高频率的精度，输入方波应由晶振经分频后产生，频率误差由晶振决定，很容易做到 10^{-4} 以上。输出信号的最高频率由 8254 的最大计数值 65 535 以及 PLL 的 VCO 最高中心频率和 f_i 决定。若 $f_i = 50$ Hz，希望输出信号的频率为 20 Hz~20 kHz，那么关键就在调整 PLL 参数了。

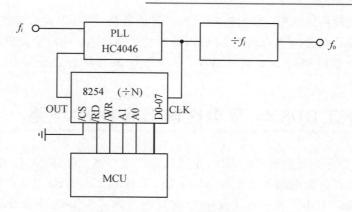

图 4.19　PLL 数控频率

4.10　DAC 与 DPOT 的异同

数模转换器 DAC 是模数混合电路的基本器件,数控电位器 DPOT 也是近些年运用较广的器件。它们最大的相同之处在于都可以看成是一个数控分压器,两者都可以用图 4.20 的电路等效。对于 DAC 而言,最经典的用法是将分压器的输入端接基准电压源 V_r,其输出为基准电压与分压比 K 的乘积:

$$V_o = KV_r$$

$$K = \frac{D_n}{N_{max}}$$

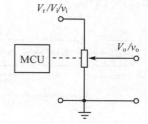

式中,N_{max} 为 DAC 位数的最大值,D_n 为控制数字量的值。

对于数字电位器而言,

$$V_o = KV_i$$

$$K = \frac{R_{WL}}{R_{HL}}$$

图 4.20　等效电路

式中,R_{HL} 为电位器 H 与 L 端的最大阻值,R_{WL} 为滑动端 W 与 L 端的阻值。DAC 与 DPOT 均可由 MCU 控制。它们的输入信号既可以是直流的基准电压 V_r,或其他直流电压,也可以是交流信号。它们的不同之处如表 4.7 所示。

表 4.7　DAC 与 DPOT 的差异

器件	K	可分辨位数	接口	掉电存储功能
DAC	$\dfrac{D_n}{N_{max}}$	256,1024,4096,65536	并口,SPI,IIC	部分有
DPOT	$\dfrac{R_{WL}}{R_{HL}}$	32,100,128,256 等	3 线串口,IIC	有

从以上比较可以看出：从功能来看，两者可以互换；都可以对直流或交流信号进行分压；但 DAC 的分辨率均高于 DPOT，即精度更高；DAC 应用历史更长，更为大家熟悉。但考虑到应用时的要求和价格，在视听设备等场合还是以使用 DPOT 更合适。

4.11　分立 DDS 与 双极性输出的 DAC 电路

图 4.21 为分立元件组成的 DDS 正弦信号产生方案。2.56 MHz 有源晶体振荡器的时钟脉冲经分频电路得到 2.56 MHz、256 kHz 和 25.6 kHz 这 3 个频率的时钟，由三选一模拟开关选择其一作为 256 分频器的时钟。A、B 为模拟开关地址控制。256 分频器的输出 $Q_0 \sim Q_7$ 作为 2764A 8 位 8 KB EEPROM 的地址输入。EEPROM 内 $A_8 \sim A_{12} = 0$，$A_0 \sim A_7$ 这 256 个地址固化了正弦函数表，其具体数据示意于图 4.22(a)。EEPROM 数据输出 $D_0 \sim D_7$ 为 8 位 DAC 的数字输入。DAC 形成的正弦信号经 LBF 低通滤波后输出给测试电路。测试信号的频率分别可为 100 Hz、1 kHz 和 10 kHz。其频率准确度由有源晶振测定，误差 $< 10^{-4}$，频率稳定度 $< 10^{-5}$。幅度稳定度由 DAC 的基准电压源决定。由于是 8 位 DAC，正弦信号的失真度约为 $\gamma = 0.005\%$，也非常小，即纯度很高。由于在信号频率选为 10 kHz 时，DAC 的速度必须小于 $100\ \mu s/256 = 0.39\ \mu s$，故必须采用建立时间为 $0.1\ \mu s$ 的乘法 DAC，如 TLC7528。

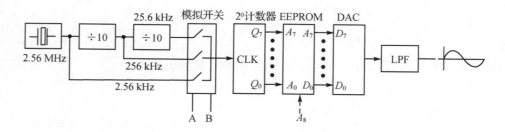

图 4.21　分立 DDS 正弦信号产生电路

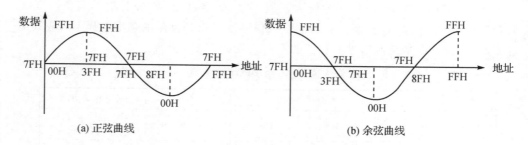

(a) 正弦曲线　　　　　　　　　(b) 余弦曲线

图 4.22　分立 DDS 正弦曲线

图 4.21 电路里的 DAC 必须输出正、负相间的正弦信号，其实现电路如图 4.23 所示。电路由 8 位 DAC0832 和双极性供电的运放构成。可以推导出：

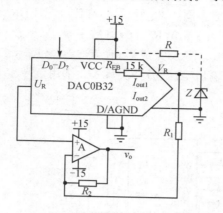

图 4.23　DAC 双极性输出

4.12　如何将 8 位 DAC 变成 16 位 DAC？

多年以前，笔者曾希望得到一款 13 位以上的 DAC，当时最流行的是 8 位的 DAC0832，12 位 DAC 也有，且不说价格昂贵，有效位也达不到要求。当然现在 14 位、16 位的 DAC 早已不稀罕，如 TI 公司的 DAC712、DAC8532 以及 INTERSIL 公司的 HI5741 等。

在当时十分窘迫的情况下，能否用二片 DAC0832 拼成一个 16 位 DAC 呢？这还要从图 4.24 所示的 DAC0832 的内部结构说起。它具有输入、DAC 两个寄存器，分别有两个 /WR 写入控制端，一个片选端 /CS，一个输入寄存器锁存使能端 ILE 和一个数据传输控制端 /XFER。于是它可工作在 3 种运行模式：

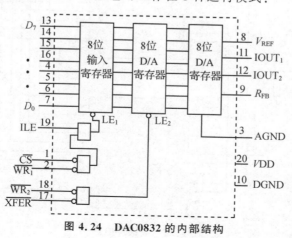

图 4.24　DAC0832 的内部结构

（1）直通模式：ILE＝1 ，/CS＝/WR$_1$＝/WR$_2$＝/XFER＝0。在忽略 DAC 数据建立时间的情况下，数字量 $D_0 \sim D_7$ 的变化将立刻反应在模拟输出上。

（2）单缓冲模式：电路如图 4.25 所示。/WR$_2$＝/XFER＝0 使 DAC 寄存器为直通状态。写入数据时，使/CS＝/WR$_1$＝0，将数字量 $D_0 \sim D_7$ 锁存于输入寄存器，并经 DAC 寄存器产生输出。写入完成后，使/CS＝/WR$_1$＝1，$D_0 \sim D_7$ 被封锁。而 DAC0832 将继续保持原输出，直到另一次写入。采用负 V_{REF} 为输出正电压。

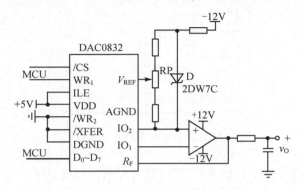

图 4.25　单缓冲模式电路

（3）双缓冲模式：使两片 DAC 配合分二次输入数字量而同时输出。其电路如图 4.26 所示。两片 DAC 均工作于标准的电流输出模式。DAC0832 - B 的

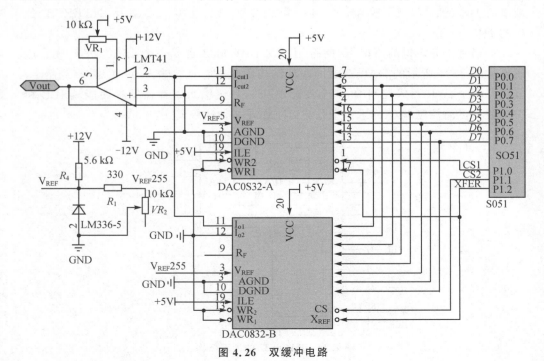

图 4.26　双缓冲电路

$V_{REF}255 = V_{REF}/255$。它负责低 8 位输出。DAC0832—A 负责高 8 位输出。高、低 8 位数据由 CS1 和 CS2 控制分别送往 DAC。在 XFER 有效时同时将两只 DAC 的输出电流送往 LM741 组合为 16 位分辨率的模拟输出。

LM741 的调零在高、低 8 位均为 0 时,先行调整。在高 8 位=0,而低 8 位=0xff 时,调整 VR_2 使输出模拟电压为 $V_{REF}/256$。

此电路 VR_1、VR_2 应选用 3296W 型预调电位器。

4.13 基于 DAC 的频率可数控的函数发生器

构成频率可数字设置的函数发生器,最方便的莫过于使用集成 DDS 芯片了,然而利用廉价的 DAC0832 函数发生器亦不失为有特色的方案之一。图 4.27 为其电路,其中 DAC0832 工作于直通模式,它和两只 LM392 运放构成闭环回路,可产生三角波和方波,频率为:

$$f = \frac{D_n}{256 \times 20\,000C}$$

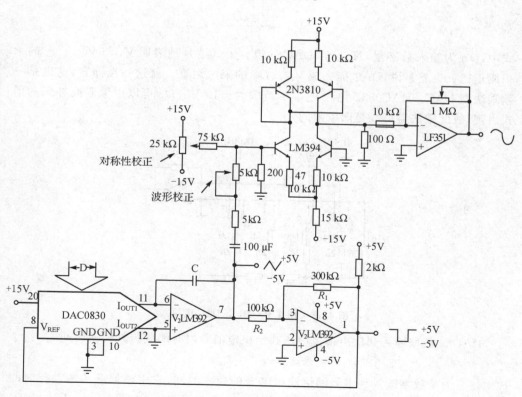

图 4.27　DAC 数控频率的函数发生器

式中，$D_n = 0$ 时，停振。D_n 的范围为 $1 \sim 255$。在此范围内 f 与 Dn 呈线性关系。2N3810 和 LM394 为 PNP、NPN 精密对管，它们组成三角波—正弦波变换器。5 kΩ 电位器可调整正弦波波形，25 kΩ 电位器可调整正弦波的对称度。

4.14　乘法数模转换器（M－DAC）的特点

4.14.1　普通倒 T 型 DAC

虽然从原理上，DAC 的电阻网络有权电阻型、R－2R 型、倒 T R－2R 型等几种，但还是以 DAC0832 8 位 DAC 采用的倒 T R－2R 型优点突出，得以广泛应用，其基本拓扑结构如图 4.28 所示。它由倒 T R－2R 网络、模拟开关及 I/V 转换的运放组成，如果数据串行输入还多一个串-并转换器。由于所有电阻只有 R 和 $2R$ 两种阻值，且包括运放反馈电阻在内的全部电阻集成在同一芯片上，故集成较易，温度自动补偿，而且基准电压源提供的电流恒定为 $I = V_{REF}/R$，V_{REF} 更稳定。电路的输出模拟电压为：

$$V_O = \frac{V_{REF} D_n}{N_{max}}$$

式中，Dn 为输入数字量，N_{max} 为 DAC 的模。上式清楚地表明 V_o 与 V_{REF}、D_n 的乘积成正比。也就是说，DAC 能完成 V_{REF}、D_n 的乘法运算。就这一点而言，这也是一款乘法型 DAC。DAC0832 允许 V_{REF} 的范围为 ± 10 V。D_n 可以以原码或补码的形式出现，故此乘法器可以是四象限的。

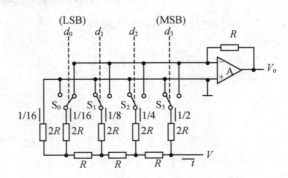

图 4.28　倒 T R－2R 型 DAC 电路

DAC 从数据输入到输出模拟电压到达稳定值所需时间成为其转换时间 t_{con}：

$$t_{con} = t_{set} + t_{op}$$

式中，t_{set} 为从数字输入到电阻网络输出电流的建立时间，它由模拟开关的动作时间加电流到运放反相输入端的传输时间决定。t_{op} 为运放的反应时间，$t_{op} = V_{omax}/SR$，SR 为运放的压摆率。DAC0832 的 $t_{set} = 1$ μs，即 $t_{con} > 1$ μs。

如果采用双缓冲寄存器架构,可有效地防止输出的毛刺。

笔者多年前曾使用 EEPROM 2732 作为正弦波波形参数存储器,以 2.56 MHz 的时钟频率扫描 256 个点数据,通过 DAC0832、OP07 运放及滤波环节得到 10 kHz 的正弦信号。结果发现时钟频率为 256 kHz,形成的 1 kHz 的正弦信号正常,而 10 kHz 信号失真严重。究其根本,原因在于 DAC0832 的 t_{set} 太大,输出来不及反应。在换用双重 8 位乘法 DAC TLC7528 后,问题迎刃而解。那么到底号称"乘法 DAC" 的 DAC 和上述 DAC 到底有什么异同之处呢?

4.14.2 乘法 DAC

首先了解一下它们内部的电路拓扑构架,图 4.29 为 TLC7528 内部简化的功能电路。它和经典的倒 T 型 R – 2R 电路没有什么不同。故输出电压的表达式亦同。

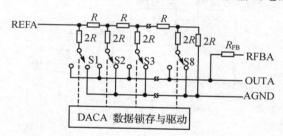

图 4.29 TLC7528 电阻网络的构架

图 4.30 为另一种芯片 DAC7781 的内部架构。由图可知,它由电流输出和电压输出组合而成,直接输出模拟电压。其值为:

$$V_{\text{OUT}} = \frac{(V_{\text{REFH}} - V_{\text{REFL}}) \times D_{\text{n}}}{65\,536} + V_{\text{REFL}}$$

当 $V_{\text{REFH}} = +10\ \text{V}, V_{\text{REFL}} = -10\ \text{V}$ 时,$D_{\text{n}} = 0\text{x}00, V_{\text{OUT}} = -10\ \text{V}; D_{\text{n}} = 0\text{xff}, V_{\text{OUT}} = +10\ V$。

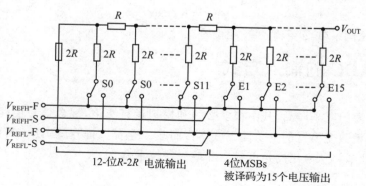

图 4.30 DAC8871 的内部拓扑

V_{REFL} 范围为 -18 V $\sim$($V_{REFH}-1.25$),而 V_{REFH} 的范围为 $0\sim18$ V。DAC8871 可根据 V_{REFH} 和 V_{REFL} 的设定值,工作于单极性 $0\sim18$ V,或双极性输出。

TLC7528 或 DAC8871 电阻网络的结构虽有差异,但输出电压仍然和基准电压、数字量的乘积成正比。不过 DAC8871 的四象限特性更加分明。

此外,乘法 DAC 的生产厂家将产品提高到 14、16 位,且积分与微分非线性降至 1LSB 水平,这也是一大进步。

乘法 DAC 的在输出高速运放的配合下,可获得更快的速度。如 TLC7528 的 $t_{set}=80$ ns,仅为 DAC0832 的十二分之一。从 V_{REF} 端输入可高达几兆赫的交流信号,用数字控制输入信号的衰减,可充分发挥此种 DAC 的特点。

其实,还可以进行数字鉴相。图 4.31 为其电路。

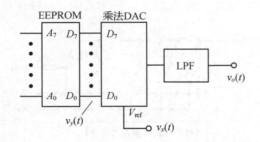

图 4.31　乘法 DAC 做鉴相

EEPROM 产生正交的数字基准正交信号 $v_r(t)$,$v_x(t)$ 加在乘法 DAC 的参考电压输入端 V_{REF}。对 DAC 而言,其输出:

$$v_0(t)=\frac{D_n}{256}\times v_x(t)$$

其中,数字输入 $D_n=v_r(t)=v_{rm}\sin(\omega t+\varphi_1)$,$\varphi_0=0$ 或 $90°$,$v_x(t)=v_{xm}\sin(\omega t+\varphi_2)$,不难推导出,经 LPF 后,其直流成分为

$$\overline{V_0}=K\cos\varphi$$

式中,K 为比例系数,$\varphi=\varphi_1-\varphi_2$ 相位差。

4.15　ADC 的输入方式

浩若瀚海的电子产品,其中很多必须和模拟量打交道,混合信号电路比比皆是,因此前端的模数变换器的重要性也就不言而喻。笔者不打算就 ADC 的许多基本原理着墨,后几节将从应用的角度横向介绍一些技术概念。

4.15.1 单端输入

早期的不少 ADC 为简单的单端输入（Single Ended Input），且多为逐次逼近型（SAR）或并行比较（Flash）型。

1. 单极性输入（Unipolar）

SAR 型 ADC0801～0805 的引脚如图 4.32(a)所示，模拟电压输入端为 VIN（＋）和 VIN（－），明确规定了只能输入正极性的模拟电压。图(b)为 ADC0808/0809 的引脚，它的输入端为（IN_0～$1N_7$）与"地"GND。

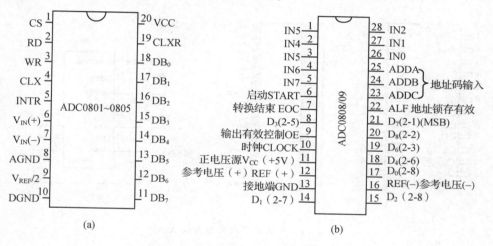

图 4.32 ADC0801、ADC0809 的输入端

图 4.33(a)为 12 位 SAR 型 AD574A 的芯片引脚，当按图连接时，从 10VIN、20VIN 和模拟公共端加入单极性电压。图(b)为 8 位闪速 ADC CA3308 芯片的引脚。它从两个并联的 VIN 端和模拟地之间加入单极性电压。

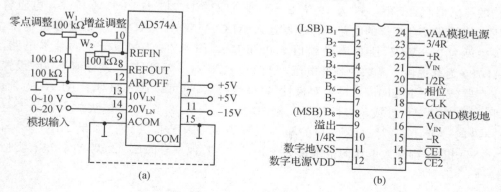

图 4.33 AD574A 和 CA3308 引脚

2. 双极性输入(Bipolar)

虽然仍然只有两个输入端,但可以输入正或负的模拟电压,这类 ADC 以双积分型为代表。图 4.34(a)为 3 1/2 位 MC14433 的引脚,输入电压由 Vx 和 VAG(模拟地)加入,量程范围 0~±1.999 V(199.9 mV)。VDD＝+5,VEE＝-5 V,VSS＝0 V。图(b)为在万用表中广泛应用的 3 1/2 位 ADC ICL7106 的引脚,其中 IN LO 和 COM(模拟地)连接在一起,作为输入电压负端,测量量程为 ±1.999 V(199.9 mV)。图(c)为 AD574A 直接做双极性±5 V,±10 V 测量的引脚。双极性的供电及工作方式,使其能进行双极性电压测量。

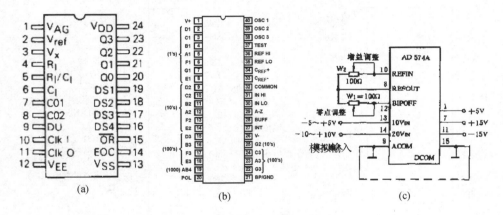

图 4.34 几种可双极性输入的 ADC

4.15.2 差分输入(Differential)

Σ－Δ 型 ADC 以其独特的数模混合处理方式获得了很高的分辨率,又具有较低的价位,应该说是目前最优性价比的 ADC,除了速度较慢之外。特别适合与桥式结构的传感器配合,图 4.35 为 16 位 Σ－Δ 型 ADC AD7715 与 BP01 型桥式 4 电阻臂压力传感器配合工作的电路。传感器送入 ADC AIN(＋)、AIN(－)的是差分电压,灵敏度为 3 mV/V,压力满量程值 300mmHg。图 4.36 为 AD7715 的基本电路,AD780 为其提供 2.5 V 的基准电压,AIN(＋)、AIN(－)可以输入差分信号;在"设置寄存器(Setup Register)"设置双极性/单极性位后,也可以输入相对于 AIN(－),而非 AGND 的双极性或单极性信号。例如,当 $V_{REF}＝+2.5$ V,可编程放大器的增益 $G＝2$ 时,AIN(＋)对 AIN(－)的输入范围为 2.5 V±1.25 V。如果 AIN(－)与 AGND 相接,则输入电压的范围仅为 ±30 mV。其他型号的 Σ－Δ 型 ADC 也有类似特性。

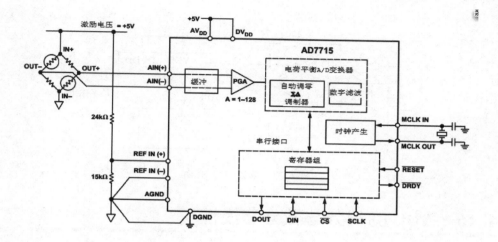

图 4.35　AD7715 压力测量

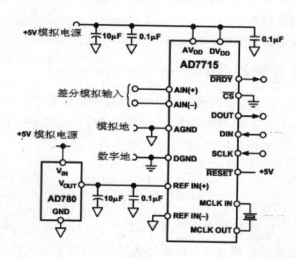

图 4.36　AD7715 的基本电路

4.15.3　单端-差分转换

Σ−Δ 型 ADC 的 AGND 往往和系统前级的模拟地相连,直接将单端信号加于 AIN（＋）、AIN（−）是不可行的。这时就需要在 ADC 之前加入单端−差分转换（差分驱动）芯片,AD8138 就是其中一款,其原理电路如图 4.37 所示。VIN 与模拟地输入单端信号,V_{OCM} 与 ADC 的 V_{REF} 端相连。若 $V_{REF}=+2.5\ V$,VIN$=0\ V$,则 AIN$=/$AIN$=2.5\ V$. 若 VIN$=1.25\ V$,则 AIN$=3.75\ V$,$/$VIN$=1.25\ V$. 图中 499 Ω 的电阻并非必须使用精确的 499 Ω 电阻,而是必须使用精度在 1/500 以上的电阻以保障电路的对称性,实际上采用±0.1％500 Ω 电阻即可。

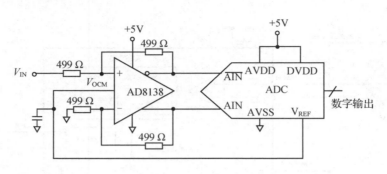

图 4.37　单端-差分变换

4.16　ADC 的积分与微分非线性

混合信号电子系统中对电路影响最大的莫过于 ADC 了。设计者最关心其精度。如何提高其精度将在下一节讨论，这里仅回顾一下对精度有直接影响的两个基本参数。这两个参数都是在对模拟量量化过程中必然产生的。

4.16.1　积分非线性（Integral Nonlinearity）

图 4.38 非常形象地表示出 ADC 将模拟量理想量化的过程。可以看出，模拟量只要落在 ±0.5LSB 范围内，就能获得一个固定的对应数字量。将各中点相连得到一条理想的直线。在软件程序里，进行标度变换的公式如下：

$$V_X = \frac{D_n}{D_{nmax}} V_{REF}$$

其实就表示了这一线性关系。

实际 ADC 的转换关系并非如此理想，图 4.39（a）是模拟与数字输出之间存在"失调"的情况。这里的失调表现为把理想曲线平移，也就是出现了"截距"。它可以是 ADC 本身的，也可能由前级运放引起。图（b）为"增益"失真，也就是直线的斜率是非理想的。它同样可以由 ADC 或前级运放造成。更多的情况是如图 4.40 所示的非线性失真示意曲线，而图 4.39 的"失调"与"增益"曲线只是理想化的失真。

积分非线性是 ADC 的硬伤。厂商通常给出的积分非线性（INL）指标为 ±（0.5～1)LSB，它是指器件转换特性与通过 0 点、满量程点理想直线的最大误差。它对 ADC 整体精度的影响是明显的。如一个 10 位 ADC，若 INL＝±1LSB，造成的误差约 ±0.1%。

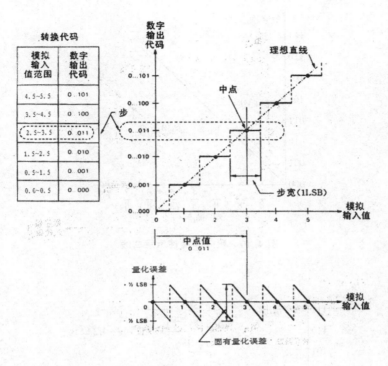

图 4.38　ADC 量化过程

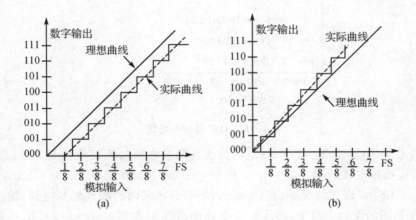

图 4.39　ADC 失调与增益误差

4.16.2　微分非线性(Differential Nonlinearity)

如果说 INL 是 ADC 转换特性的宏观表现,那么 DNL 则是微观、细部的描述。图 4.41 表示了 DNL 的情况。图中的 1/8 FS 对应 1LSB。实线为理想曲线,虚线为

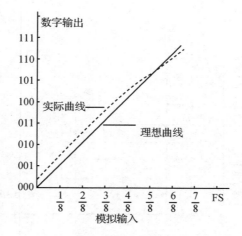

图 4.40　积分非线性示意曲线

190

失真曲线。

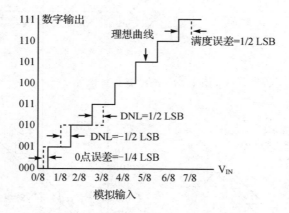

图 4.41　ADC 微分非线性

在图 4.41 中,1 LSB＝1/8 FS。在 000 点模拟电压的范围应该是 0～1/16,001 输出的对应模拟电压范围为 1/16～3/16……在 000 点,曲线窄了－1/4 LSB,在 011 点宽了 1/2 LSB。理想情况下,在(2/8±1/16)FS 区间内的输入模拟电压,输出的都是 010,在如图的微分失真下,输入模拟电压的范围扩大到(1/8～3/8)FS,这将导致输出 010 对应的模拟电压值变化,变宽的二部分的输出本应是 001 和 011。这实际上使积分曲线的某些细节产生非线性。

制造商也把 INL、DNL 称为 ADC 的"直流参数"。

4.17 一种改善 ADC 微分非线性的特殊方法——滑尺

ADC 的积分和微分非线性根源在芯片集成扩散电阻的离散性。特别是微分非线性这种细节分度的差异,看来很难弥补。

4.17.1 DNL 对核能谱测量的影响

能谱测量是核技术的主要手段。近代核能谱仪以 ADC 为核心。它首先由核探测器将核辐射转换为电脉冲,脉冲幅度正比于射线能量,不同核元素具有自己的特征能量,这些能量由于放射性的起伏涨落特性,理想情况下按高斯分布。核素的强度(含量)正比于单位时间的脉冲数(计数率)。能谱仪将放大、整形的电脉冲送入 ADC,将幅度转换为数字量。计数器记录计数率,测出幅度—计数率的分布曲线,即能量—强度的谱曲线,图 4.42 就是对铯同位素 C_S^{137} 测出的谱线。横轴将 ADC 测出的幅度已换算为能量,单位为 MeV,纵轴代表不同能量的脉冲单位时间出现的计数(计数率),这些谱线实际上是由若干个点组成。谱线在 661 keV 处出现谱峰,这说明被测的核素为 C_S^{137},其强度大约为 45 000。核能谱仪广泛用于元素分析等场合。

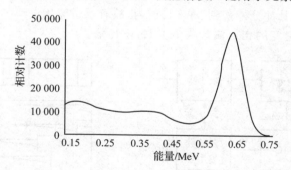

图 4.42 铯的能谱

在能谱测量领域将 ADC 的数字分度称为"道"。例如采用 12 位 ADC,且每 1LSB 为一道,则该谱仪被称为"1024"道谱仪。以图 4.41 的微分非线性为例,010 道变宽,意味着落入该道的脉冲增多,该点计数率值上升;而变窄的 011 道计数降低,这明显导致谱线畸变,使能谱仪的重要指标—能量分辨率变差。

SAR 型 ADC 的偶数道宽为电阻网络最低电平,虽有误差尚比较一致。奇数道宽为若干参考电平之差,这种不一致更明显,其中尤其在 1/2 总道数处道宽偏差最为严重,对于 8 位 ADC,127 道处的道宽为:

$$W_{127} = V_{R7} - \sum_{i=0}^{8} V_{Ri}$$

即使后一项的误差为 0,当 V_{R7} 的误差为 ± 0.5LSB 时,W127 将达 9.7 mV 之多。

实际工作中的 ADC 存在着噪声、电源抖动等随机干扰,使得道宽的两个边界围绕着平均位置起伏涨落,也会造成道宽的不一致。

4.17.2　硬件滑尺技术

随机干扰可以用软、硬件滤波等措施加以抑制,ADC 本身的 DNL 难道就束手无策了吗? 核电子技术中的滑尺技术能使其改善。滑尺(滑移)技术又称道宽均匀技术,相应的电路称为滑尺电路或道宽均匀电路。最基本的滑尺电路的方框图如图 4.43(a)所示,随机数发生器随机产生 $0 \sim m$ 间的一个数字量,此数字信号分别送往 DAC 和减法器,如果使 DAC 和 ADC 的参考电压和位数相等,则 DAC 输出为 $m\triangle$,此时 ADC 的实际输入电压为脉冲信号与 $m\triangle$ 的叠加,经 A/D 转换输出的数字量 $n+m$,减去 m 以后的数字输出 N 仍和输入脉冲信号的幅度相对应。硬件电路的设计保证在每输入一个脉冲信号时,产生一个新随机数。图(b)表示了电路的工作情况。若随机信号 $m=0$,输入信号落在 ADC 的第 i 道。$m=1$ 时落在 $i+1$ 道。随机数为 m 时落在 $i+m$ 道。因此数字输出为 N 的输入脉冲信号,由第 i 道到第 $(i+m)$ 道的道宽分别量化,而不仅由第 i 道量化。由于 m 为随机信号,假定测量时间又足够长,则输入脉冲落到第 i 道到第 $(i+m)$ 道间所有道的机会相等,这样就使原本固定落入第 i 道的脉冲分摊落到 $(m+1)$ 道内,故有效道宽为 i 到 $(i+m)$ 间各道道宽的平均值,使某道道宽的相对偏差减小 $1/(m+1)$ 倍。

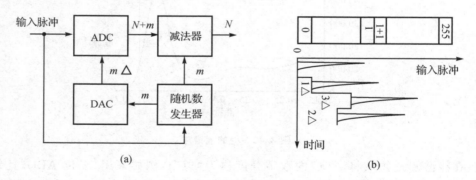

图 4.43　硬件滑尺原理

可见,滑尺技术是建立于各原始道宽的平均效应之上的,它使任一道道宽的偏差均分到各道,以减少道宽的不一致性。通常只要 m 取为几十,即可使 DNL 降低到 $\pm(1\sim3)\%$。

值得指出的是滑尺技术对于抑制输入脉冲的噪声干扰也是颇为有效的。

实际电路里的随机数发生器常为一个计数器,该计数器每次变换后自动加 1;溢出自动复 0。故当计数器各输出端与 DAC 数据输入端连接后,DAC 输出的是一个周期性的阶梯信号。由于输入信号的随机出现,使其效果与随机滑尺信号相同。

滑尺电路中 ADC 实际输入由于叠加了 $m\triangle$ 的随机信号,就使(最高道＋m)以上的道不能应用,因为幅度落在此范围内输入信号叠加 $m\triangle$ 以后有可能超过 V_R 而溢出。

图 4.43(a)的电路称为正向滑尺电路。当 DAC 产生$-m\triangle$滑尺信号时,只需将减法器改为加法器,可获相同效果,这时的电路称为负向滑尺电路。这种电路占用 ADC 最低的 m 道。

双向滑尺技术可改进占用有效道数这一缺点。办法是在输入脉冲出现时使其触发一个比较器,比较器阀道通常设计在$(1/4\sim1/2)V_R$之间,当输入脉冲的幅度超过此阀值时,电路自动轮换为负向滑尺,反之则自动轮换为正向滑尺。这样就允许采用大的 m 而又不占用有效道。

4.17.3　MCU 滑尺技术

与硬件滑尺相比,单片机滑尺具有许多优点。图 4.44 为其原理方框图。输入脉冲出现时,使单片机中断,进入滑尺－ADC 处理程序。输入脉冲经展宽器适当展宽,以保证在 ADC 转换期间的正确取值,这一点是脉冲幅值 ADC 转换所必需的。DAC 接收单片机发出的滑尺数 m,并转换为 $m\triangle$ 的模拟电压,由于单片机给出 0～m 的循环数,故 DAC 输出的也是周期性阶梯滑尺信号。被展宽的输入信号和滑尺信号差动输入增益为 1 的运放 A,故为负向滑尺,ADC 和 DAC 均通过总线与单片机联系。

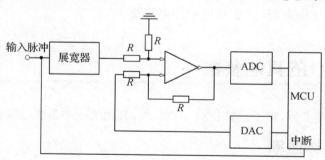

图 4.44　单片机滑尺

滑尺－ADC 中断服务程序流程如图 4.45 所示。在单片机初始化程序中可先使 DAC 锁存 m 以内任一数,通常可设置为 0。若采用高速 ADC 器件,中断响应后不必延时而直接对 ADC 取值。因为在中断响应的时间内,ADC 早已完成转换。若采用中速器件,则需先启动 ADC,再经适当延时后取值。ADC 值加当前滑尺值即为输入脉冲幅度的真值,以幅度值为地址,将该地址寄存的内容加 1。这表示这种幅度的脉冲又来了 1 个。这是幅度分布测量所应完成的主要任务。当前滑尺值加 1 后判是否达到 m+1？若未到,置 DAC 后中断返回;若已到,则滑尺数置 0,再置 DAC 后返回。

单片机滑尺技术的主要特点如下。

（1）以单片机为核心的仪器,加入滑尺相应电路,并未占用单片机过多的资源,却使滑尺电路大为简化。加以用软件代替硬件使系统可靠性提高。

（2）单片机滑尺技术采用软件将幅度转换为地址进行计数,有效地消除了同一功能硬件电路的数字干扰。这种干扰是地址脉冲进入地址寄存器,使寄存器各位随地址脉冲的输入而不断地改变状态,各位状态的跃变通过电源、地线以及电磁耦合而产生的一种干扰。

（3）滑尺数 m 可任意选择、调整且可取得相当大而不增加硬件开销,仅改变滑尺数寄存器的赋值而已。

（4）由于噪声脉冲存在于低位道,采用负向滑尺正好覆盖这一区域,有效道数比正向多。因为噪声所在道本来就不能用。

（5）软件滑尺的缺点在于增长了中断服务程序的时间。

（6）若采用双向滑尺,只需再增加一个比较器,占用一根口线供查询,比起相应硬件电路更为简单。

194

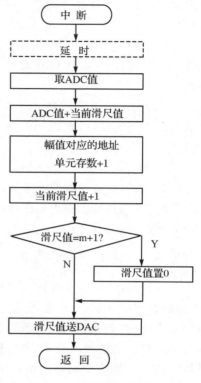

图 4.45 滑尺程序流程图

4.18 ADC 的其他参数

ADC 的性能参数,除了位数、INL、DNL 外,其他的一些参数也应该引起注意。

4.18.1 采样速率

ADC 的采样速率是其转换速度的决定因素。表 4.18 为几种典型 ADC 的位数与采样速率的比较。

表 4.8 可以使读者对不同类型的 ADC 有一个总体印象,从而可根据自己的需求选用合适的 ADC。

位数、INL、DNL 可以说是 ADC 的直流参数。下面将介绍 ADC 的动态参数（Dynamic Specifications）。这些参数主要出现在高速 ADC 器件手册中。

表 4.8　几种 ADC 的采样速率与位数

	双积分	SAR	Flash	Σ—Δ	流水线
位数	1 999~39 999	8~16 bit	8~10 bit	10~24 bit	10 bit
采样速率最大值	10 sps	1 Msps	1.5 Gsps	几十 ksps	105 Msps
应用	对工频干扰抑制能力强,低速、廉价如万用表	中速、中等分辨率,应用广泛	极高速,数据采集。价高	低到中速、价位适中,高分辨率。精密测量	高速、低功耗。移动电话、数码相机、手持存储设备等

4.18.2　量化噪声及信噪比

理想情况下,ADC 仅存在量化过程中产生的"量化噪声"(Quantization Noise),既不考虑失真也不考虑其他噪声。ADC 将输入信号分段,每一小段的理想值为 1LSB,从图 4.38 可以清楚地看出,每一位有 $\pm 1/2$ LSB 的不确定区间,在不存在 DNL 时,此误差响应的理想状态为锯齿波,锯齿波有效值=幅值/$\sqrt{3}$。故量化噪声的有效值为

$$\text{Noise(rms)} = \pm \frac{\frac{\text{LSB}}{2}}{\sqrt{3}} = q / \sqrt{12}$$

量化噪声的信噪比为:

$$\text{SNR(dB)} = 20\log \frac{\text{信号电压有效值}}{\text{噪声电压有效值}} = 20\log \left[\frac{(2^{(N-1)} \times q)/2\sqrt{2}}{\frac{q}{\sqrt{12}}} \right] = 6.02N + 1.76$$

实际上,ADC 内部的有源和无源器件的噪声将降低上述理想值。根据 ADC 位数,利用其估计 SNR 时,应做必要的修正。许多 ADC,特别是早期的产品未给出 SNR 值。

上述公式可用于 ADC 位数的估算,如 MAX1425 型流水线式(Line Pipe)ADC 厂商给出的 SNR=59 dB,据此可计算出的位数为 9.5 位,器件标明的是 10 位。

对于 Σ—Δ 型 ADC 而言,

$$\text{SNR(dB)} = 6.02N + 1.76 + 10\log\left(\frac{f_s}{2 \times \text{BW}}\right)$$

式中,f_s 为采样频率,BW 为期望的最大带宽。

4.18.3　信噪失真比 SINAD

SINAD(Signal - to - noise and distortion ratio -信纳值—信噪谐波比)和 SNR 不同之处在于除了考虑电路的噪声还考虑了器件所造成的失真,通常也以 dB 表示:

$$\text{SINAD(dB)} = 10\log_{10} \frac{P_{\text{signal}} + P_{\text{noise}} + P_{\text{distortion}}}{P_{\text{signal}} + P_{\text{distortion}}}$$

式中，P_{signal} 为信号功率，P_{noise} 为噪声功率，$P_{distortion}$ 为总谐波功率。

另一种表达式为：

$$SINAD(dB) = -20\log_{10}\sqrt{10^{-SNR/10} + 10^{-THD/10}}$$

式中的谐波失真：

$$THD(dB) = 10\lg\frac{P_{signal}}{P_{distortion}}$$

一般器件的 SINAD 可以用图 4.46 的电路来测量。点框内为 SINAD 表。虚线框内为失真度表。图中射频信号可工作于调制和不调制两种状态，SINAD 测量时，调制信号频率为 1 kHz。测试接收机相当于一个精密检波器，其输出为包含由接收机内部电路所产生的噪声及对 1 kHz 音频的失真。表，图中的音频滤波器滤除 20 Hz～20 kHz 范围以外的信号，而且这个滤波器的频率曲线设定也很重要，必须配合不同的法规需求。图中的陷波器对 1 kHz 音频信号予以滤除。陷波器前端的读值为 S+N+D，后端的读值为 N+D。前后两端 dB 读值的差异，就是 SINAD 值。

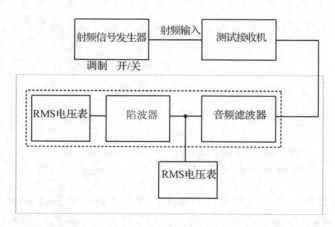

图 4.46　SINAD 测试电路

ADC 的 SINAD 的测量通常采用 FFT 法和正弦拟合法。FFT 法是对时域采集的一组数据进行 FFT 运算，得到采样信号的傅立叶频谱。然后从频谱中计算信号、噪声及谐波分量的功率，求出 SINAD，并计算出 ADC 的 ENOB。信噪谐波比（SINAD）的计算方法为：对 N 个点采样序列进行 FFT 运算，假设信号所在的谱线位置为 K 和 $N-K-1$，则有

$$SINAD = 10\lg\left(\frac{S^2(K) + S^2(N-K-1)}{\displaystyle\sum_{\substack{n=1 \\ n \neq k \\ n \neq N-K-1}}^{N-1} S^2(n)}\right)$$

图 4.47 为一种广义对 ADC 进行测试的电路。M 为存储在缓冲存储中的 FFT 的点数。

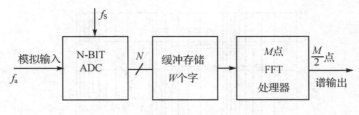

图 4.47　测试

图 4.48 为 AD9226 型 ADC 厂商给出的 FFT 谱图。信号频率 $f_a = 5$ MHz，采样频率 $f_s = 65$ MHz，图中 dBFS 为满度的 dB 值，dBc 为载波的 dB 值。SFDR 为无杂散动态范围（Spurious Free Dynamic Range）。

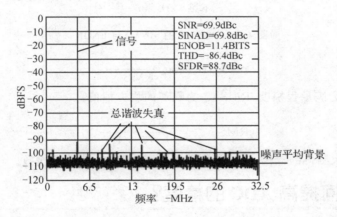

图 4.48　AD9226 的 FFT 谱

4.18.4　有效位 ENOB

作为电子设计者，对 ADC 最关心的当然是能够稳定的、可重复的得到多少位了。这个指标就是有效位数（Effective Number Of Bits，ENOB）。ENOB 与 SINAD 的关系如下：

$$\text{ENOB} = \frac{\text{SINAD} - 1.76}{6.02}$$

上述公式与 $\text{SNR(dB)} = N \times 6.02 - 1.76$ 的差异在于 SINAD 值与 SNR 并不相同。图 4.49 表示了一个 12 位 AD9226 型 ADC，在不同量程、不同输入方式、不同频率时 ENOB 与 SINAD 的关系。

如果考虑到输入信号的幅度非满量程的情况，则可用下式进行修正：

$$\text{ENOB} = \frac{\text{SINAD}_{\text{实测}} - 1.76 + 20\log\left(\dfrac{\text{满量程幅度}}{\text{输入幅度}}\right)}{6.02}$$

对设计者更为实用的是通过对 ADC 进行 N 次实测，然后用下式计算：

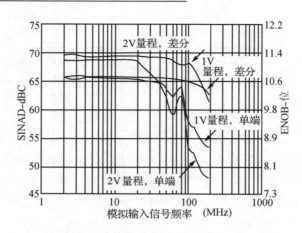

图 4.49　AD9226 的 SINAD 与 ENOB

$$\text{ENOB} = \log_2 \frac{\text{FS}}{\text{RMS}_{\text{noise}}}$$

式中：FS 为满量程幅度，$\text{RMS}_{\text{noise}}$ 为噪声的均方根值：

$$\text{RMS}_{\text{noise}} = \sqrt{\frac{\sum (x_i - \overline{x})^2}{N-1}}$$

式中：x_i 为每次测得的数据，$\overline{x}$ 为所有数据的平均值，N 为测量次数。

4.19　如何提高 ADC 的精度？

　　这无疑是设计者最关心的问题。首先要区分两个术语："分辨率"和"精度"。ADC 的分辨率指的是 1 LSB 所对应的模拟电压值。例如：一个 16bit 基准电压为 2.5000 V 的 ADC，其分辨率为 2.500 V/65 536＝38 μV/LSB，即每个数字相当于 38 μV。至于显示单位是多少，那是系统的要求决定的。如果显示单位为 mV，则每 mV 大约为 26 个 LSB。数字仪器的精度（误差）的表示为：$\pm(X\%\text{FS}+Y$ 个字) 或 $\pm(X\%\text{RD}+Y$ 个字)。前半部分为满度（FS）或读数值（RD）的相对误差，后半部分为允许的量化误差。后者先放下不说，就相对误差而言，它实际上决定了 ADC 最重要的参数—位数。

4.19.1　ADC 的位数的选择

　　系统的功能与精度要求是选择 ADC 的出发点。例如设计一个数字电压表，量程 2.5 V，满度相对误差要求 $\pm0.1\%$。此要求意味着其精度必须保证高于 2.5 mV。表面上看 10bit 的 ADC 已勉强可用，实际上由于噪声及 INL、DNL 的影响，加上系统其他电路造成的失真等因素，选 12 bit 的 ADC，其 ENOB 一般可达 10～11 bit，应该合适。如果选择 16 bit 的 ADC，其 ENOB 可保证在 12 bit 以上，这时即使显示单位为 mV，也比较容易获得 1 mV 的稳定值。当然，需要考虑 16bit ADC 和 12 bit ADC 的价格差异是否可以接受。

简单地说，就是在充分考虑 ADC 本身和信号链各部分所带来误差的前提下，从产品的性价比出发，只要 ADC 为能满足指标即可，不必太奢侈。

4.19.2　基准电压源

基准电压源的基本情况在 3.14.1 小节已做了讨论。众所周知，理想 ADC（器件无失调、无增益误差，即 INL＝0 且 DNL＝0）模拟输入与数字输出之间存在：

$$D_n = \frac{V_i}{V_{REF}}(D_{nmax} - 1)$$

由于 D_{nmax} 为定值，此线性关系的斜率仅仅受基准电压的影响。设基准电压的误差绝对值为 ΔV_{REF}，则：

$$D_n = \frac{V_i}{V_{REF} + \Delta V_{REF}}(D_{nmax} - 1)$$

此时 ADC 的转换特性如图 4.50 所示。此图与上式都清楚地表明，V_{REF} 影响的是 ADC 的增益，即转换曲线的斜率。以器件制造时经过激光校准的 TL431 而言，其容差为 ±0.4％，即 V_{REF}＝2.490～2.510 V，ΔV_{REF}＝±0.01 V。在满度时的相对误差亦为 ±0.4％。若一个 12 位 ADC 的 INL＝±1LSB，在满度时的相对误差仅为 1/4 095＝±0.024％。可见 V_{REF} 容差对 ADC 精度的影响远比 INL 为大，设计电路时必须予以校正。

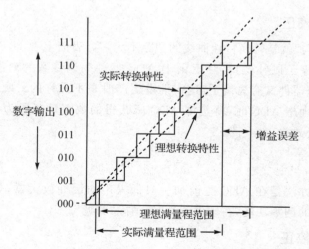

图 4.50　基准电压源对增益的影响

不可忽视的是基准电压源的噪声对 ADC 的 SNR 和 THD 的影响，这种影响随输入电压的增大而增大，图 4.51 表示了此现象。显然选用低噪声的基准电压源是克服这一影响的一个办法，另一办法是在基准电压源与 ADC 间加入低噪声的缓冲放大器。

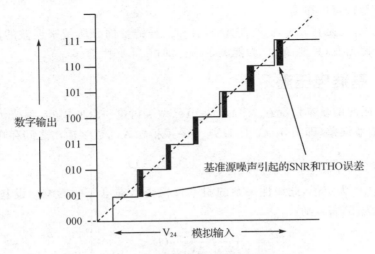

图 4.51　基准电压源噪声的影响

　　基准电压源的温飘在环境温度变化不大或对 ADC 精度要求不是很高时，由于其值不大，可忽略。温度要求较高时，可选用温飘小的器件，如 AD580。实在要求很高时，可采用带恒温电路的基准电压器件，甚至将整个电路置于恒温箱中。

4.19.3　失调与增益的校正

1. 失调的校正

　　ADC 的"失调"就是转换特性曲线的截距不为零。表面上看，可以从控制器软件中的标度变换程序予以补偿，实际上由于 ADC 器件失调参数的离散性，这块 ADC 补偿得刚好，换个器件又有失调了，这在批量生产时是不允许的。顺便说一句"标度变换"，此程序在理想 ADC 时，就是将 ADC 所获得的数字量还原为 ADC 输入的模拟电压值，计算公式为：

$$V_i = \frac{D_n}{D_{nmax}} V_{REF}$$

　　比较规范的办法是在 ADC 之前加一只低噪声的缓冲放大器，如图 4.52（a）所示。利用该运放的调零功能，在硬件调试时，消除"失调"。

2. 增益的校正

　　缓冲放大的增益可以设置为略大于 1，以便为 W_2 留出校正空间。其增益也可以设置为 1，在标度变换计算时，适当提高比例系数，为 W_2 留出校正空间。

　　图 4.52（b）中的缓冲放大器增益为 1，仅完成"失调"校正。增益由 W_2 调节 ADC 实际输入的基准电压值来实现，此时，应适当提高标度变换计算的比例系数。

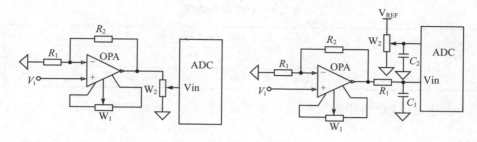

图 4.52　ADC 失调与增益的校正

缓冲放大器与 ADC 模拟信号输入端由 R_1C_1 组成低通滤波器，以减小噪声。一般基准电压源的输出电流约 $10\ \mathrm{mA}$，W_2 的阻值以数千欧以上为好。

可以先使 $V_i=0$，通过 W_1 调整"失调"，即使得 $D_n\approx0$。再使 $V_i=V_{REF}$，调节 W_2，使 $D_n\approx D_{nmax}$。由于 W_1、W_2 的调整相互间会有些许影响，故应反复调整几次，使"0"点和满度值都能达到精度要求。此时转换曲线的两个端点的校正就算完成了。各中间值的误差仅由 INL 特性决定。图 4.53 是这种误差的一种示意图。图中虚线为理想情况，实线为实际情况。用曲线拟合的方法能不能克服这一中值误差呢？

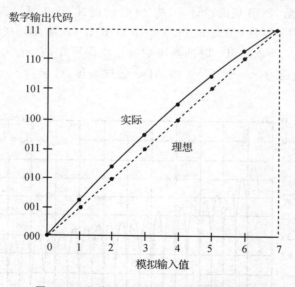

图 4.53　经失调和增益校正后的转换特性

3. 曲线拟合

图 4.53 的实际转换关系是由 ADC 决定的，利用曲线拟合的方法，可以通过标度变换程序，得到 ADC 模拟输入电压与处理器得出电压的相当精确的对应结果。表 4.9 第一、二行为上图的对应数据。读者可以使用 Matlab、Excel 或 Curve Expert1.3 等曲线拟合工具拟命。

表 4.9 ADC 拟合数据

V_{in}/V	0.000	0.789	1.631	2.530	3.502	4.578	5.752	7.000
D_n	000	001	010	011	100	101	110	111
V_o/V	−0.0027	0.788	1.628	2.530	3.508	4.574	5.743	7.020

利用上述 ADC 的转换结果，采用多项式，得到下列标度变换公式：

$$V_o = -0.0027 + 0.7719D_n + 0.0174D_n^2 + 0.0022D_n^3$$

从上式计算出的结果，列于第三行。由最终结果来看，拟合收到了良好的效果。

这种拟合对于像参加电子设计竞赛等场合，只做一台，的确是个好办法，甚至可以省却失调的校正。但批量生产时，器件参数的离散性，使这一办法只能束之高阁。

4.19.4 抗干扰

1. 抗工频干扰

工频干扰几乎无处不在，特别是对于工业现场的电子设备，电磁兼容设计均会给予充分的考虑。对工频干扰的抑制应从整个系统综合设计考虑，比如电源 EMI 滤波，系统的电磁屏蔽，PCB 板的设计等，从 ADC 的局部，首先可以选用对工频干扰具有先天优势的双积分器件（参阅 3.11.3 小节）；图 4.54 为 ADS1255 $\Sigma - \triangle$ 型 ADC 在数据刷新率 $f_{DATA}=2.5$ SPS 时的频率响应。由图可知，它对 50 或 60 Hz 的工频有 -36 dB 的抑制能力。一般 $\Sigma - \triangle$ 型 ADC 通过编程，可选择 50 或 60 Hz，获得更高的工频抑制比。

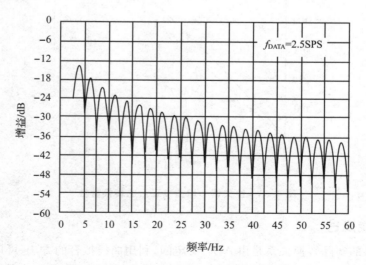

图 4.54 ADS1255 的频率响应

2. 数字滤波

处理器在执行标度变换程序之前,可以对由 ADC 获取的数字量先进行软件数字滤波(digital filtering)。常用的有算术平均值滤波、滑动平均值滤波、中值滤波等。其中以算术平均值滤波应用最为广泛。图 4.55 为 ADC 对某含有噪声的正弦信号进行算术平均值滤波前后的波形,滤波明显抑制了噪声,使输出变得"平滑"。

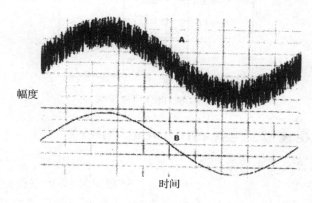

幅度

时间

图 4.55　滤波效果

滤波除了上述得益之外,还使 ADC 的实际分辨率和精度提高。理论上,对直流信号每 4 个采样点可提升 1 位有效分辨率,使 SNR 提高 3 dB。若平均次数为 4^N,可使 ADC 获益 N 位分辨率和 $N \times 3$ dB 的 SNR。前提是噪声为高斯分布,且发生在低几位 LSB。

数字滤波益处明显,却是以时间的消耗为代价的。滑动平均值滤波算法可缩短滤波程序花费的时间。N 的选取应根据系统要求权衡。

3. 模拟地与数字地

3.6 节谈到了地和地电流。ADC 为前端模拟电路和后级数字电路间的桥梁。除非采用光电耦合器等隔离措施,否则系统为保证同一基准电位点,必须将模拟地与数字地相连。模拟电路和数字电路均应当自成回路,且在 PCB 上各有足够的面积。ADC 芯片一般均有模拟地和数字地两个引脚,通常的做法是用"0 电阻"将两个引脚就近连接。0 电阻实际上就是一根导线。采用"磁珠"连接,由于磁珠对 MHz 以上的高频信号起抑制作用,比用 0 电阻强。工程上,可试试用低直流电阻的小电感来连接,有时能取得更理想的效果。

4. SPI 接口线的处理

笔者曾在设计一个系统时发现,有时 ADC 的采样率和取得的数据被破坏,而系统其他部分及程序均正常。所采用的 ADC 为 SPI 接口,共有 SLK、DIN、DOUT、/DRDY 这 4 根接线,初步判断:干扰信号应该由 SLK、DIN 窜入 ADC。于是在这两

根线与处理器原有的 100 Ω 电阻端各加一只 510 pF 电容,问题迎刃而解,
见图 4.56。

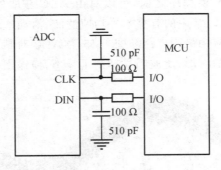

图 4.56 SPI 口去干扰

4.19.5 抗混叠滤波器(anti－alias filter)

"抗混叠"的含义是指滤除混叠在有效信号中的干扰信号。这里有两种情况,一
种是若 ADC 采样频率不满足大于 2 倍最高信号频率时,会出现模拟信号中的高频信
号折叠到低频段,出现虚假频率成分的现象,此一情况通常不易出现;更多的是指各
种噪声。

抗混叠滤波器实质上就是一种低通滤波器。可以是多阶的,各种类型的。图 4.57
为笔者在某微弱直流信号检测中 ADC 之前采用的二阶双极点电压控制型抗混叠滤
波器。其截止频率约为 10 Hz,增益为 1。此滤波器的加入使 SNR 得到明显的改善。

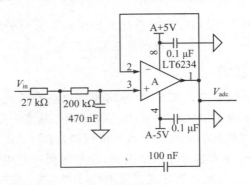

图 4.57 抗混叠滤波器

4.19.6 PCB 的大面积接地和加粗的电源线

模拟-数字混合电路的 PCB 设计应充分重视通过大面积地和足够宽的电源线来
减少噪声。图 4.58 为一个 12 位 ADC 未做上述处理,4 096 次采样输出代码的直方
图-横轴为输出代码,纵轴为代码出现的次数。由图可见噪声占了 15 个代码宽度。

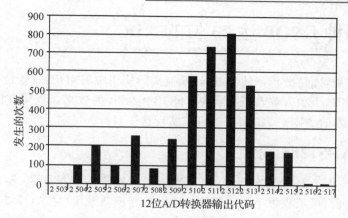

图 4.58　原始直方图

　　图 4.59 为加大面积地和加粗电源线后的直方图。由图可见,噪声代码减少到 11 位,噪声出现的频率也有明显改善。

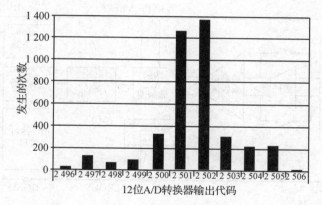

图 4.59　处理后的直方图

　　加入二阶抗混叠检波器后的转换结果如图 4.60 所示。噪声完全被抑制,所有代码全是同一值。情况十分理想。

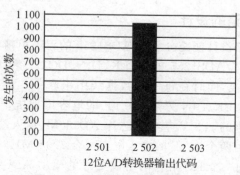

图 4.60　加混叠滤波后的直方图

4.20 一种 ENOB 达 23 位的 ADC

目前大多数 24 位分辨率的 A/D 转换器实际使用中 ENOB(有效位数)甚至很难达到 20 位。相信不少人都希望能获得 ENOB>22bit 的效果。利用 TI 公司推出的基于 $\Delta-\Sigma$ 技术的 ADC–ADS1255,可以实现这一目标。

4.20.1 ADS1255 简介

ADS1255 具有 24 位的分辨率,内部集成了 3 路输入模拟开关、输入缓冲器、可编程增益放大器、可编程数字滤波器等。该模数转换器采用模拟电压 5 V、数字电源 1.8~3.3 V 供电,数据采样率最大 30 kSPS;内部有 11 种独立控制寄存器,用户可以通过 SPI 接口对寄存器配置,从而得到不同的 A/D 采样速率、采样方式、A/D 转换精度等。图 4.61 所示是 ADS1255 的内部结构框图。

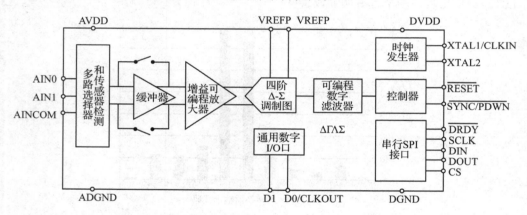

图 4.61 ADS1255 内部结构

4.20.2 硬件电路

1. ADS1255 电路的设计

高性能的外围电路设计能充分发挥 ADS1255 的无噪声精度。如图 4.62 所示是 ADS1255 的应用电路。ADS1255 的 SCLK、DIN、DOUT 和 DRDY 引脚与单片机 (MCU)的 SPI 接口相连,同时在每一根数据线中串联 100 Ω 的电阻以限制输出电流,两根数据输入线 SCLK、DIN 旁路 510 pF 的电容增加抗干扰能力。电压基准使用具有极低噪声和温漂的 2.5 V 基准源芯片 AD580M,输入端用 RC 低通滤波器限制高频噪声。主时钟由两个 15pF 的接入电容配合 7.68 MHz 的晶振完成。ADC 输入端 AIN0,AIN1 添加一个 RC 阻容网络以更好的驱动 ADC 并去除电路中的尖刺信号。3.3 V 数字电源与单片机的供电电源连接,模拟电源和数字电源的输入端分

别并联一个 $0.1~\mu F$ 的陶瓷电容和一个 $10~\mu F$ 的钽电容,数字地和模拟地用 $1~mH$ 的电感进行隔离。

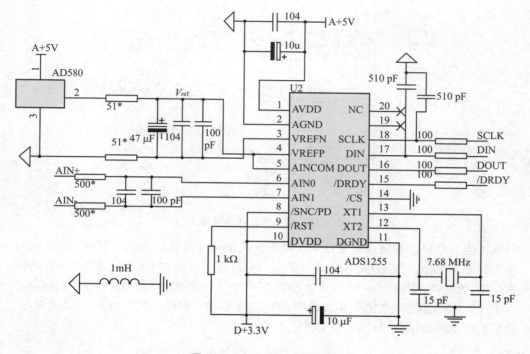

图 4.62　ADS1255 应用电路

2. 高稳定度正负电源的设计

在实际测量中,电源是影响精度的一个重要因素,为了减少其影响,设计一个高稳定度的正负电源至关重要。电路使用 AD580M 产生高精度的 2.5 V 基准电压,利用高性能的运放 LM158 将电压放大 2 倍到 ±5 V,并在运放输出端进行 LC 滤波,形成精密电源为 ADS1255、抗混叠滤波器、单端转差分电路供电。图 4.63 是低噪声正负电源电路。

3. 抗混叠滤波器设计

为抑制输入级的各种噪声,提高 SNR,电路使用低噪声运算放大器 LTU2252 构成抗混叠滤波器,截止频率约为 10 Hz,可有效滤除输入信号中的噪声得到纯净的直流信号。图 4.64 是抗混叠滤波器的电路图,实测表明此电路几乎可将 SNR 提高好几倍。

4. 单端转差分电路设计

ADS1255 的 3 路模拟输入端可以将其配置为 2 路单极输入或者 1 路差动输入。对于单极性信号测量只需将图 4.62 中 AIN－接地、AIN＋接抗混叠滤波器形成伪差

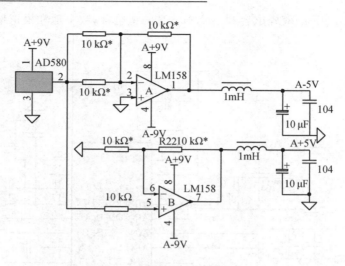

图 4.63　低噪声正负电源电路

分输入电路即可。在测量双极性信号时需在抗混叠滤波器后加入 THS4131 构成的单端转差分电路。图 4.65 是单端转差分的电路图。电路中 RF、RG 选用 0.1％的精密电阻，增益 $G=RF/RG=1$，VCOM 接图 4.62 中 AD580 提供的精密 2.5 V 电压基准。由于运算放大器限幅的原因，本设计中 ADC 的单端输入时电压范围为 0～+2.5 V，差分输入时电压范围为—2.5～+2.5 V。

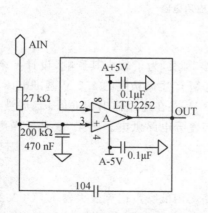

图 4.64　抗混叠滤波器电路

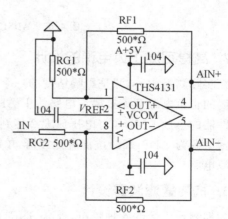

图 4.65　单端转差分电路

4.20.3　软件设计

在 ADS1255 使用前需先通过写独立控制寄存器进行初始化，这些寄存器包括数据速度寄存器 DRATE、状态寄存器 STATUS、模拟多路开关寄存器 MUXAD 和控制寄存器 ADCON。要提高 A/D 转换精度，ADC 的采样速率必须尽可能地低，设置

DRATE 仅为 2.5 SPS,同时要使能自动校准、输入缓冲器。默认情况下,ADS1255 被配置为差分输入(AIN0 为正差分输入通道,通道 AIN1 为负差分输入端),可编程增益放大器的放大倍数 PGA＝1,因此不再设置 MUXAD 和 ADCON。C51 的初始化代码如下:

```
voidads1255_init()
{
write_spi_1byte(0x53);        //设置采样速率 DRATE
write_spi_1byte(0x00);        //设置数据为 1 个字节
write_spi_1byte(0x03);        //设置 DRATE = 2.5 SPS
write_spi_1byte(0x50);        //设置状态寄存器 STATUSwrite_spi_1byte(0x00);
                              //设置数据为 1 个字节
write_spi_1byte(0x07);        //开自动校准、输入缓冲器
delay_us(500);               //延时,待自校准完成
}
```

ADS1255 初始化完成后,通过查询 DRDY 引脚由高电平变低电平来读取数据。为了提高数据采集精度,对数据采用了 4 次平均值滤波算法。数据读取的 C51 代码如下:

```
U32 read_adc_data()
{
volatileU32adc = 0,sum = 0;
volatileU8 i;
while(DRDY = = 0);
for(i = 0;i<4;i+ +)
{
while(DRDY = = 1);
write_spi_1byte(0x01);        //写读取数据命令
sum + = read_spi_3byte();     //读取 3 个字节的数据
}
adc = sum/i;                   //4 次平均值滤波
return(adc);                   //返回十六进制的转换数据
}
```

4.20.4　ENOB 测试

采用 IEEE 标准提供的方法对 ADC 进行测试,要求信号源的精度比被测 ADC 的精度高。对于高精度 ADC,需要更高精度的信号源。而利用电路内部噪声的测试方法对高精度的 ADC 进行测试,不需要高精度信号源,测试速度更快。本文将信号输入端进行单端接地、单端接基准、差分接地和差分接基准 4 种输入方式分别连续测量 10 个数据,依据公式(4.1)计算出噪声的均方根值(RMSnoise),依据公式(4.2)算

得 A/D 的 ENOB(有效位数)。测试条件是将测试电路置于密闭的铝制屏蔽盒中进行,以保持环境温度的稳定,避免外界干扰。ADC 测得的数据如表 4.10 所示。

$$RMS_{noise} = \sqrt{\frac{\sum (x_i - \overline{x})^2}{N-1}} \qquad (式 4.1)$$

式(4.1)中:x_i 为每次测得的数据,$\overline{x}$ 所有数据的平均值,N 为测量次数。

$$ENOB = \log_2 \frac{FS}{RMS_{noise}} \qquad (式 4.2)$$

式(4.2)中:FS 为满量程幅度,RMS_{noise} 为噪声的均方根值。

表 4.10　ENOB 测试结果

序　号	单端接地/μV	单端接基准/μV	差分接地/μV	差分接基准/μV
1	382.6	2 506 556.2	417.8	2 506 713.0
2	382.6	2 506 556.2	417.8	2 506 713.6
3	383.2	2 506 555.6	418.4	2 506 714.2
4	382.6	2 506 555.6	419.0	2 506 713.6
5	382.6	2 506 555.6	418.4	2 506 713.6
6	382.6	2 506 556.2	417.8	2 506 714.2
7	382.6	2 506 556.2	417.8	2 506 713.0
8	383.2	2 506 556.2	419.0	2 506 713.6
9	382.6	2 506 555.6	418.4	2 506 714.2
10	383.2	2 506 555.6	418.4	2 506 713.6
RMS_{noise}(uV)	0.33	0.42	0.65	0.78
ENOB(Bits)	22.87	22.51	22.85	22.61

根据测试结果,单端接地、差分接地时的 ENOB 分别达到了 22.87、22.85 位。单端接基准、差分接基准 ENOB 分别为 22.51、22.61。

4.21　机械按键开关的抖动与去抖

按键开关广泛应用于各类电子系统的人机界面。目前除了"电容感应式"和"导电橡胶式"按键之外,机械式按键还有广泛的应用。由于其内部采用了弹性很好的导电簧片,因此当如图 4.66(a)所示电路按下开关时,电压 v 的波形常如图 4.66(b)或图 4.66(c)所示。这种抖动会造成系统的误动作。其中图 4.66(b)为 OMRAN 公司 B3F 型开关的波形,抖动主要出现在前沿。该型开关的规定抖动时间 $t_w < 10$ ms。图 4.66(c)为前后沿均存在抖动的情况。

1. 单刀双位按键开关去抖

图 4.67 为两种单刀双位按键开关的去抖电路。这种开关有两个触点。图(a)为

同相门去抖电路,它利用同相门的反馈消除了抖动。图(b)为 RS 触发器去抖,它利用 CD4043 的 R 和 S 端为 0 时,输出状态保持的特点消除抖动。

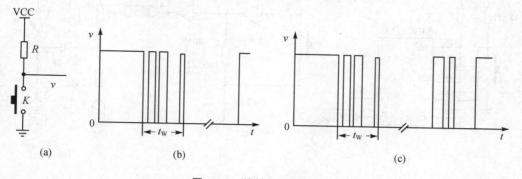

图 4.66　按键开关的抖动

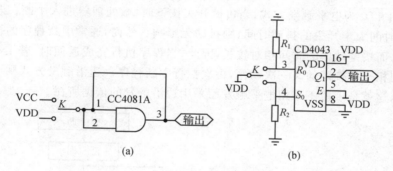

图 4.67　单刀双位按键开关的去抖电路

2. 普通按键开关的去抖

图 4.68 为广泛使用的普通按键开关的几种去抖电路。图(a)利用不可重复触发单稳触发器 74HC221 在按键按下被触发后,开关的抖动不会重复触发的特点来去抖。显然单稳的持续时间(输出脉宽)$\approx RC$ 必需大于开关抖动时间。图(b)为用反相器组成的翻转式去抖电路。由于门 A 的输入是引自反相器 B 的正反馈,开关每闭合一次,电容 C_1 上的电压都会使反相器 A 改变状态。电阻 R_1 的作用是使电容 C_1 上充放电过程放慢,这样可使电路免受开关触点抖动的影响。图(c)由同相器组成的积分去抖电路。电阻 R 和电容 C 组成一个积分电路,输出跃变发生在积分器积分到门的转折电压时刻,只要积分电路时间常数足够大,就可以克服开关抖动引入的抖动脉冲。

3. 软件去抖

嵌入式应用系统采用软件延时去抖是一种普遍而成熟的方法。如图 4.69(a)所示的 89C51 微处理器与按键接口电路就应用得十分普遍。

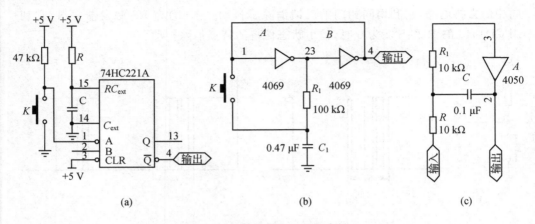

图 4.68　普通按键开关的去抖

设置 $\overline{\text{INT0}}$ 为电平触发方式，当机械开关按下时，微处理器进入中断。若中断程序的执行时间大于开关的抖动时间，则抖动无影响。然而，通常中断程序的执行时间相对较短，而按键动作的时间相对较长，因此，当程序执行完成返回时，若 $\overline{\text{INT0}}$ 仍是低电平，则相当于按键的又一次动作，再次执行中断程序。边沿触发方式则可以解决上述问题，这就是一般不采用电平触发而采用边沿触发的依据所在。

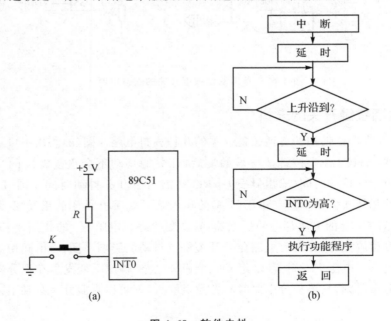

图 4.69　软件去抖

设置 $\overline{\text{INT0}}$ 为边沿触发方式，当机械开关按下时，微处理进入 $\overline{\text{INT0}}$ 中断。首先将其延时 20 ms 以上，再执行中断服务程序。这种方法可消除前沿抖动。另一种方法如图（b）流程所示，等按键松开后，再延迟一段时间，可以消除后沿抖动。但是后者反应相对迟钝。

4. 专用键盘芯片去抖

8279、ZLG7290 等专用显示/键盘处理芯片本身已消除了键盘抖动，再加上键盘处理的其他功能，如直接键值输出、双键互锁等，使用十分方便。更有甚者，智能型 LCM，如 HB240128 等，可以直接带 4×4 键盘，而且去抖也已处理。

4.22　ADC 的 BUSY 端可以不检测吗？

许多 ADC 芯片都有一个 BUSY 端，如 ADS8405 就有。从它的时序图 4.70 可以看出：ADC 在 /CONVST 负脉冲启动后，BUSY 由低变高。在整个 A/D 变换期

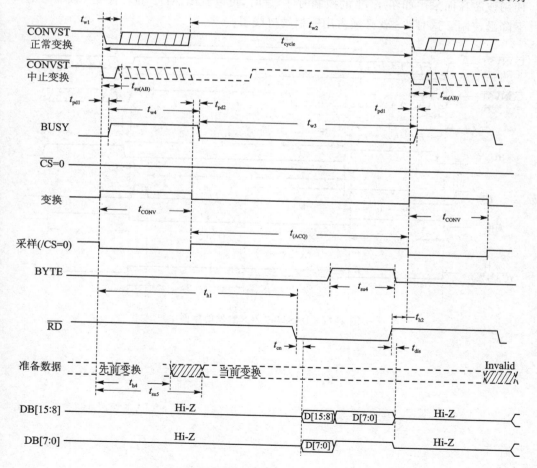

图 4.70　ADC BUSY 波形

间，一直维持高电平，直到 A/D 转换结束，它由高变低。其持续时间就是 A/D 变换所需时间 t_{CONV}。通常 MCU 将 BUSY 配置为"浮空输入"，A/D 启动后，检测 BUSY 何时变低，一旦变低，代表 ADC 已经完成，可以读 ADC 输出的数据了。

　　由于变换时间 t_{CONV} 为常数（并口 ADC），ADS8405 的 $t_{CONV} < 650$ ns，因此，在启动 ADC 后，只要等待 700 ns，然后就可以直接读 A/D 转换结果了。这样做的好处是可以节约一根口线。

4.23　外扩芯片的片选端 $\overline{CS}$ 必须占用一根口线吗？

　　外扩芯片的片选端 $\overline{CS}$ 是否必须占用一根口线，要根据具体情况来决定。例如当使用 ADS8405 做 ADC，且采用图 4.70 的控制时序，则 $\overline{CS}$ 可以固定接地。但如果使用该芯片而采用如图 4.71 的控制时序，这时，可以看出 ADC 的转换受 $\overline{CS}$ 信号的下降沿控制。这时 $\overline{CS}$ 就必须占用一根端口线了。

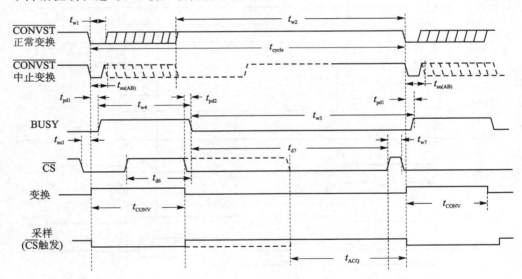

图 4.71　DAS8405 /CS 触发时序图

第 **5** 章
电子技术的精灵——MCU

5.1　初识 MCU

1968 年春,复旦大学派了一位教师在四川大学举办了一期《单片机原理》的学习班,为期一周,参加的有高校及成都几个电子技术研究所的老师和技术人员,共约 20 人。使用的教材是《单片微型计算机原理与应用》(涂时亮、张友德编),科学技术出版社出版。实验仿真器是复旦大学计算机系研制,南翔电子仪器厂生产的 SIC - Ⅳ 型仿真器,开发平台是 286 的 PC - AT。这是我第一次认识 MCU。学习班只介绍了 MCS - 51,没谈及 48 和 96。

单片微型计算机(Single-Chip Microcomputer,One-Chip-Microcomputer),简称单片机。当时的单片机主要瞄准的是控制领域,故后来大家普遍把其缩写为 MCU (Microcontroller Unit),现在已成了最通用的单词。

MCU 的诞生,算来应该是 1971 年 Inter 宣布的 4004 的 4 位微处理器。1978 年 Zilog 公司推出 Z8 系列单片机,同年 Inter 推出了 MCS - 51(8051/8751/8031)系列 MCU。当时 Z8 系列主要在我国北方推广,MCS - 51 则主要由复旦大学在南方推广。由于种种原因,最终 MCS - 51 成了我国 MCU 应用的主流品种。

MCS - 51 内部采用哈佛(Harvard)结构,集成了系统时钟、RAM、定时器/计数器、串口、若干并口和核心的 CPU。

作为从事过模拟电路、数字电路、电子仪器等课程教学,也已经做过一些电子产品的我来说,为什么使一直搞硬件,只会用苹果 Apple - Ⅱ 计算机的我被 MCU 深深地吸引了?

当时我除了电子技术课程的教学之外,主要从事铀矿普查勘探仪器的开发,也写了几本相关仪器的专著。这些仪器如 FD - 71(γ 普查仪器)、FD - 41(定向辐射仪)、FD - 61(能谱测井仪)以及进口能谱仪等等。有的里面的逻辑电路、运算电路十分复杂。

而 MCU 所具有的逻辑、算术运算功能;定时器/计数器(这是铀矿普查勘探仪器的必备的固件);多条可灵活设置为输入或输出的特点,尤其是它的 CMOS 版本的低功耗(这一点对野外使用的便携式仪器特别有意义),通过软件可灵活的应用这些特性成了最吸引我的地方。

时至今日,在我所开发的很多电子产品中,除了对速度要求很高的场合,我还得用硬件(包括FPGA),几乎全都由MCU为核心构成,也就是所谓的"嵌入式系统"。

那时MCS-51系列中的8031是最便宜的(8751比8031贵好几倍)、也是使用最普遍的芯片。由于它内部没有程序可固化的非易失性存储器(Non-volatile memory),所以最基本的小系统为MCU(8031)+地址/数据锁存器(典型的是74LS373)+可擦除的非易失性存储器(典型的是4kB容量的EPROM2732)。EPROM2732必须由专用"编程器"将仿真器创建的十六进制的hex文件固化。编程之前必须用紫外线照射芯片上的紫外线光学窗,十分的不方便。

5.2　第一套 IDE

1986年的成都理工大学(成都地质学院)的电子教研室连IBM-PC都没有,只有苹果Apple-Ⅱ计算机,不知道如何将DB-9电缆和SIC-Ⅳ仿真器连接起来,这成了我碰到了的第一个拦路虎。后来才知道要通过RS-232C接口才行。RS-232C为何物?翻了几本书,请教了我校计算站从事计算机软件的人也没搞明白。只好买一块Apple-Ⅱ的串口板插上试试。计算机好几天都指挥不动仿真器。请教复旦大学,人家根本不用苹果机。皇天不负有心人,瞎碰了无数次,总算通了! 成都几所高校闻声而至,照猫画虎大家都连上了。

就靠这套IDE(Integrated Development Environment,集成开发环境)当年就为老师办了学习班,随着也给电子专业的学生开设了《单片机原理及应用》课程。时髦的单片机,使学生受益不少。

我也用这套IDE开发了不少应用产品。

5.3　MCU 芯片、编程语言和 IDE 的变迁

随着电子技术的飞跃发展,我所使用的MCU芯片及编程语言也随之变化。

1986~1975年间,使用的主要是MCS-51系列的MCU芯片。编程语言是51汇编(Assembly language)和BASIC语言(SIC-Ⅳ)。编程语言相对于机器语言已经有很大的进步了。但是当编写和调试一些复杂程序时,还是显得十分繁复。例如,1970年在研发一款《256道γ能谱仪》时,需要比较复杂的数学计算,虽然我的挚友周航慈为我提供了一套51的程序库,使一些多字节的或者浮点运算省却自己编程,但和字符显示器的数据交汇,仍然很费功夫,几千行的汇编程序,花了3个月的时间。

1975年,我们出版了《电子设计技术》一书,其中第5章单片机部分已经将重点放在Atmel公司以Inter51为核的AT89C51系列芯片上了。89C51系列芯片和MCS-51芯片相比,最大的优点是内含可多达8KB的Flash程序存储器,它已经是

一种 EEPROM(电可擦除可改写的只读存储器),这简化了小系统。时钟也提高到 33 MHz,减少了指令执行时间,并且由 NMOS 进化到 CMOS,降低了功耗。

此后一段时间基本上使用的是 AT89C51 系列芯片。

这时汇编语言很普及。它和机器码很接近,因此速度快,代码利用率高,但编程很繁复。

20 世纪 80 年代,Silicon Laboratories 的国内代理新华龙公司推出了 C8051F 系列单片机,其特点是以国内已普及的 Inter51 为核,故许多 MCU 应用者,容易上手。更重要的是它号称"混合信号 ISP FLASH 微控制器",ISP 的意思是在系统可编程。以 C8051F410 芯片为例,其特点如下:

(1) 模拟外设

- 12 位 ADC±1LSB INL,无失码;
- 可编程转换速率,最高 200 ksps;
- 可多达 24 个外部输入;
- 数据窗口中断发生器;
- 内建温度传感器;
- 两个 12 位电流输出 DAC;
- 两个比较器;
- 可编程回差电压和响应时间;
- 可配置为唤醒或复位源;
- 上电复位/欠压检测器;
- 电压基准为 1.5 V、2.2 V(可编程)。

(2) 在片调试

- 片内调试电路提供全速、非侵入式的在系统调试(不需仿真器);
- 支持断点、单步、观察/修改存储器和寄存器;
- 完全的开发套件供电电压为 2.0~5.25 V;
- 内建 LDO 稳压器:2.1 V 或 2.5 V。

(3) 高速 8051 微控制器内核

- 流水线指令结构;
- 70% 的指令的执行时间为一或两个系统时钟周期;
- 速度可达 50 MIPS(时钟频率为 50 MHz 时);
- 扩展的中断系统。

(4) 存储器

- 2304 字节内部数据 RAM(256＋2048);
- 32/16 KB FLASH;可在系统编程,扇区大小为 512 字节;
- 64 字节电池后备 RAM(smaRTClock)。

(5) 数字外设

- 24 个端口 I/O；
- 推挽或漏极开路,耐 5.25 V 电压；
- 可同时使用的硬件 SMBus(I2C 兼容)、SPI 和 UART 串口；
- 4 个通用 16 位计数器/定时器；
- 16 位可编程计数器/定时器阵列(PCA),有 6 个捕捉/比较模块和 WDT；
- 硬件实时时钟(smaRTClock),工作电压可低至 1 V,64 字节电池后备 RAM 和后备稳压器。

(6) 时钟源

- 内部振荡器：24.5 MHz,±2%精度,可支持 UART 操作；
- 时钟乘法器可达 50 MHz；
- 外部振荡器：晶体、RC、C 或外部时钟；
- smaRTClock 振荡器；
- 32 KHz 晶体或谐振器；
- 可在运行中切换时钟源。

(7) 32 脚 LQFP 或 28 脚 5×5 QFN 封装

- 温度范围：-40 ℃-+85 ℃。

让我欣赏的是：内含 200 ksps 的 12 位 ADC 和 DAC,比较器也简化了外围电路；16kB 的内部程序存储器也够用；24 个与 5 V 兼容的端口 I/O；50 MIPS 的高速度以及比较容易焊接的 32 脚 LQFP 表贴封装。此款芯片号称"混合信号"倒也符实,也成为我前些年使用得比较多的芯片。

另外,IDE 为 Silicon Laboratories+C8051F MCU 调试适配器。

此时,我已由汇编转向 C51 编程。除了速度,汇编要比 C51 快之外(必要时可混合编程),C51 的许多优点是汇编拍马难及的：

(1) 数据类型丰富；

(2) 运算程序很容易编写；

(3) 运算符 12 种,丰富；

(4) 易读；

(5) 易移植；

(6) 符合结构化程序要求。

以至于一经使用再难以割舍！现在学了单片机的学生一般会 C51,很少有人不会。

前些年,异军突起的德州仪器公司推出了 MSP430 系列的"混合信号微处理器",其主要特点是：内设"工作(Active)""待机(Standby)""断电(Off)"三种工作模式,使其功耗大大降低到几个 μA,这可以视为该 MCU 最大的优点。16 位 RISC(精简指令集)架构；125 ns 的指令执行时间；60KB+256B 的 Flash 存储器；12 位内部参考源,带采样—保持和自动扫描的 ADC,都是很有特色的。

其 IDE 为 Keil＋LSD－FET430UIF 仿真器。

十几年前 ARM 的横空出世,振奋了电子界。没过几年意法半导体就推出了以 ARM Cortex－M3 为内核的 STM32 系列 MCU,这使得苦寻单片机升级换代的电子技术工作者如获至宝。就以应用最广泛的 STM32F103RCT6 为例,来看看它的本事。

(1) 芯体位数:32 位。这意味着更快的速度。最早的 51 单片机,执行一个 4 字节的乘、除操作,需要编写一段几十句的汇编程序,执行时间几十个机器周期,而 32 位的 STM32 只需要一条指令,14 ns。

(2) 时钟频率:72 MHz,1.25 DMIPS/MHz (Dhrystone 2.1),8 MHz 晶振＋内部 9 倍频。Dhrystone 是测量处理器运算能力的最常见基准程序之一。单周期的乘、除指令。

(3) 混合信号功能:内含 3 个 12 位 ADC,转换时间为 1 μs。2 个 12 位的 DAC。

(4) 存储器:高达 256 KB(STM32F103RET6)的 FLASH,4 KB 的 SRAM。

(5) 端口数:多达 112 个高速 I/O 口,几乎与所有 5 V 器件兼容,方便和许多 HCMOS 等 5 V 器件接口。

(6) 连通性:13 种通信接口:CAN,I2C,IrDA,LIN,SPI,UART/USART,USB, SDIO 等。

(7) 外围设备:DMA,电机控制 PWM,PDR,POR,PVD,PWM,温度传感器, WDT,晶振。

(8) 定时器:多达 11 个 16 位定时器,包括 2 个 16 位的 PWM 定时器和 2 个监视定时器。

(9) 串口:5 个。

(10) 电压-电源(V_{cc}/V_{dd}):2 V～3.6 V,具有"工作""待机"与"断电"三种工作模式。

(11) 工作温度:－40～85 ℃。

(12) 封装:64－LQFP。

(13) IDE:Keil-V5.0＋J-link 仿真器。

我最看重的是高速度与丰富的资源。故近年来,STM32 系列 MCU 是我使用得最多的 MCU。本章有关节也以它为例进行介绍。

5.4　3.3V MCU 如何与 5V 外设接口？

5.4.1　I/O 口的外部特性

如果你使用的是 MSP430x13x 系列的 MCU,它的外部特性如表 5.1 所列。

表 5.1 外部特性

输入特性 $\overline{RST}$/NMI;JTAG:TCK,TMS,TDI/TCLK,TDOTDI

参 数		测试条件	MIN TYP MAX	单 位
V_{IL}	低电平输入电压	$V_{CC}=2.2\text{ V}/3\text{ V}$	V_{SS} $\qquad$ $V_{SS}+0.6$	V
V_{IH}	高电平输入电压		$0.8\times V_{CC}$ $\qquad$ V_{CC}	V

端口特性:P1,P2,P3,P4,P5,P6

参 数		测试条件	MIN TYP MAX	单位
V_{OH}	高电平输出电压	$I_{OH(max)}=-1\text{ mA},V_{CC}=2.2\text{ V}$	$V_{CC}-0.25$ $\qquad$ V_{CC}	V
		$I_{OH(max)}=-6\text{ mA},V_{CC}=2.2\text{ V}$	$V_{CC}-0.6$ $\qquad$ V_{CC}	
		$I_{OH(max)}=-1\text{ mA},V_{CC}=3\text{ V}$	$V_{CC}-0.25$ $\qquad$ V_{CC}	
		$I_{OH(max)}=-6\text{ mA},V_{CC}=3\text{ V}$	$V_{CC}-0.6$ $\qquad$ V_{CC}	
V_{OL}	低电平输入电压	$I_{OL(max)}=1.5\text{ mA},V_{CC}=2.2\text{ V}$	V_{SS} $\qquad$ $V_{SS}+0.25$	V
		$I_{OL(max)}=6\text{ mA},V_{CC}=2.2\text{ V}$	V_{SS} $\qquad$ $V_{SS}+0.6$	
		$I_{OL(max)}=1.5\text{ mA},V_{CC}=3\text{ V}$	V_{SS} $\qquad$ $V_{SS}+0.25$	
		$I_{OL(max)}=6\text{ mA},V_{CC}=3\text{ V}$	V_{SS} $\qquad$ $V_{SS}+0.6$	

图 5.1 为其输出特性。此 MCU 的输入电流和频率有关,当工作频率＝1 MHz 时,大概在 280～560 μA 之间。

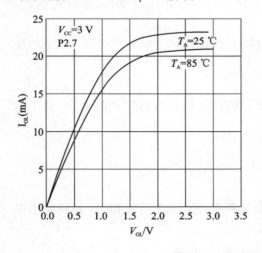
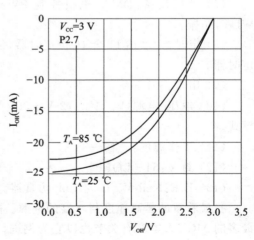

图 5.1 MSP430x‑13x 的输出特性

而 STM32F103RCT6 的外部特性如表 5.2～表 5.3 所列。

表 5.2　输出电压特性

符 号	参 数	条 件		最小值	最大值	单 位
V_{OL}	输出低电平,当 8 个引脚同时吸收电流	TTL 端口,$I_{IO}=+8$ mA			0.4	V
V_{OH}	输出高电平,当 8 个引脚同时输出电流	2.7 V$<V_{DD}<3.6$ V	$V_{DD}-0.4$		
V_{OL}	输出低电平,当 8 个引脚同时吸收电流	CMOS 端口,$I_{IO}=+8$ mA			0.4	V
V_{OH}	输出高电平,当 8 个引脚同时输出电流	2.7 V$<V_{DD}<3.6$ V		2.4	
V_{OL}	输出低电平,当 8 个引脚同时吸收电流	$I_{IO}=+20$ mA			1.3	V
V_{OH}	输出高电平,当 8 个引脚同时输出电流	2.7 V$<V_{DD}<3.6$ V	$V_{DD}-1.3$		
V_{OL}	输出低电平,当 8 个引脚同时吸收电流	$I_{IO}=+6$ mA			0.4	V
V_{OH}	输出高电平,当 8 个引脚同时输出电流	2 V$<V_{DD}<2.7$ V	$V_{DD}-2.4$		

表 5.3　电流特性

符 号	参 数	条 件	最小值	典型值	最大值	单 位
V_{IL}	输入低电平电压	TTL 端口	-5		0.8	V
V_{IH}	标准 I/O 脚,输入高电平电压		2		$V_{DD}+0.5$	
	FT I/O 脚[1],输入高电平电压		2		5.5	
V_{IL}	输入低电平电压	CMOS 端口	-0.5		$0.35V_{DD}$	V
V_{IH}	输入高电平电压		$0.65V_{DD}$		$V_{DD}+0.5$	
V_{hys}	标准 I/O 脚施密特触发器电压迟滞[2]			200		mV
	5 V 容忍 I/O 脚施密特触发器电压迟滞			$5\%V_{DD}$[3]		mV
I_{lkg}	输入漏电流[4]	$V_{SS}\leqslant V_{IN}\leqslant V_{DD}$ 标准 I/O 端口			±1	μA
		$V_{IN}=5$ V,5 V 容忍端口			3	
R_{PU}	弱上拉等效电阻[5]	$V_{IN}=V_{SS}$	30	40	50	kΩ
R_{PD}	弱下拉等效电阻[5]	$V_{IN}=V_{DD}$	30	40	50	kΩ
C_{IO}	I/O 引脚的电容			5		pF

注：1. FT=5 V 容忍。

2. 施密特触发器开关电平的迟滞电压。由综合评估得出,不在生产中测试。

3. 至少 100 mV。

4. 如果在相邻引脚有反向电流倒灌,则漏电流可能高于最大值。

5. 上拉和下拉电阻是设计为一个真正的电阻串联一个可开关的 PMOS/NMOS 实现。这个 PMON/NMOS 开关的电阻很小(约占 10%)。

(1) 输出驱动电流

GPIO（通用输入/输出端口）可以吸收或输出多达 ± 8 mA 电流，并且吸收 $+20$ mA 电流（不严格的 V_{OL}）。

在用户应用中，I/O 引脚的数目必须保证驱动电流不能超过绝对最大额定值：

● 所有 I/O 端口从 V_{DD} 上获取的电流总和，加上 MCU 在 V_{DD} 上获取的最大运行电流，不能超过绝对最大额定值 I_{VDD}。

● 所有 I/O 端口吸收并从 V_{SS} 上流出的电流总和，加上 MCU 在 V_{SS} 上流出的最大运行电流，不能超过绝对最大额定值 I_{VSS}。

(2) 输入特性

由于 STM32F103RCT6 为 CMOS 器件，其输入的转折电平约为 $V_{DD}/2 = 1.65$ V，而所需输入电流很小，约 μA 级。

生产厂家明确说明："所有 I/O 端口都是 CMOS 和 TTL 兼容（不需软件配置），它们的特性考虑了多数严格的 CMOS 工艺或 TTL 参数"。

5.4.2　外部芯片的特性

我们以常用的 HCMOS 逻辑器件 74HC02（四重双输入或非门）为例。表 5.4 为其直流特性。

表 5.4　74HC02 的直流特性

参　数	符　号	测试条件		V_{CC} /V	25 ℃			$-40 \sim 85$ ℃		$-55 \sim 125$ ℃		单位
		V_I/V	I_O/mA		MIN	TYP	MAX	MIN	MAX	MIN	MAX	
高电平输入电压	V_{IH}	—	—	2	1.5	—	—	1.5	—	1.5	—	V
				4.5	3.15	—	—	3.15	—	3.15	—	V
				6	4.2	—	—	4.2	—	4.2	—	V
低电平输入电压	V_{IL}	—	—	2			0.5	—	0.5	—	0.5	V
				4.5			1.35	—	1.35	—	1.35	V
				6			1.8	—	1.8	—	1.8	V
高电平输出电压 CMOS 负载	V_{OH}	V_{IH} 或 V_{IL}	-0.02	2	1.9		—	1.9	—	1.9	—	V
			-0.02	4.5	4.4		—	4.4	—	4.4	—	V
			-0.02	6	5.9		—	5.9	—	5.9	—	V
高电平输出电压 TTL 负载					—		—	—	—	—	—	V
			-4	4.5	3.98		—	3.84	—	3.7	—	V
			-5.2	6	5.48		—	5.34	—	5.2	—	V

续表 5.4

参　数	符　号	测试条件		V_{CC} /V	25 ℃			$-40\sim85$ ℃		$-55\sim125$ ℃		单位
		V_I/V	I_O/mA		MIN	TYP	MAX	MIN	MAX	MIN	MAX	
低电平输出电压 CMOS 负载	V_{OL}	V_{IH} 或 V_{IL}	0.02	2	—	—	0.1	—	0.1	—	0.2	V
			0.02	4.5	—	—	0.1	—	0.1	—	0.2	V
			0.02	6	—	—	0.1	—	0.1	—	0.2	V
低电平输出电压 TTL 负载			—	—	—	—	—	—	—	—	—	
			4	4.5	—	—	0.26	—	0.33	—	0.4	V
			5.2	6	—	—	0.26	—	0.33	—	0.4	V
输入漏电流	I_I	V_{CC} 或 GND		6	—	—	±0.1	—	±1	—	±1	μA
静态器件电流	I_{CC}	V_{CC} 或 GND	0	6	—	—	2	—	20	—	40	μA

5.4.3　MCU 与外部器件匹配

MCU 与外部器件的 V_{OH}/V_{IH}、V_{OL}/V_{IL}、I_{OH}/I_{IH}、I_{OL}/I_{IL} 必须互相兼容。具体来说，就是：$V_{OH}>V_{IH}$；$V_{OL}<V_{IL}$；$I_{OH}>I_{IH}$；$I_{OL}>I_{IL}$。

假定用 STM32F103RCT6 驱动 74HC02 行吗？根据厂家的说明可以不考虑上述匹配条件，直接使用。

对于一些特殊器件，如 3.3 V 的 MCU 与某些高电源电压的器件连接，如和 12 V 供电的 CMOS 器件，还是需要做上述考虑。有时还必须采用电平转换芯片接口。

5.5　如何根据时序图编写程序

如果根据时序图编写 C51 程序，那么会经常碰到问题。现在以 STM32F103RCT6 和 ADS8405dBCFP 的接口 ADC 读数据为例加以说明。

ADS8405 是一款 16 位、采样速率 1.5 MSPS、并行接口的 ADC。它比 STM32F103RCT6 内部的 ADC 分辨率更高，速度也快得多。有时必须采用它，才能满足系统要求。要编写接口程序，可以分如下几步进行。

第一步，仔细地阅读用户手册，搞清楚有关引脚的功能。

$\overline{\text{RESET}}$：复位端，当此引脚为 =0 时，中止当前变换，清零数据。可以将此引脚与 MCU 复位端直接连接，反正，ADC 只有在 MCU 工作后才动作，此端口由硬件处理，软件程序可不理会。

$\overline{\text{CS}}$：片选。可以固定接地，也可以由程序指挥。该芯片时序图有好几种，我们选了图 5.2 所示时序图。故将 $\overline{\text{CS}}$ 固定接地，程序亦可不涉及。

$\overline{\text{CONVST}}$：启动信号，此输入的下降沿，启动 AD 转换并转入采样/保持状态。

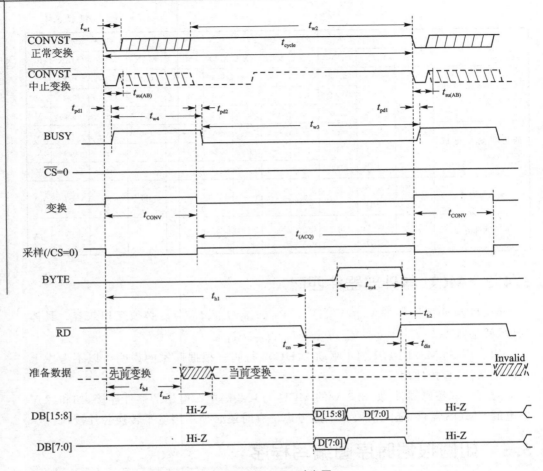

图 5.2　ADC 时序图

这应该是程序的第一句,让它产生一个至少 50 ns 的负脉冲启动 ADC。

BUSY:状态输出,当变换进行时为高,变换完成为低。ADC 启动后,检测到它为低时,说明 ADC 已变换完成。

$\overline{RD}$:并行输出的读同步脉冲,当 $\overline{CS}=0$ 时,输出使能,并将先前的转换结果输出在总线上。编程时,ADC 变换完成后,读数据之前必须使其置低。

BYTE:数据输出选择端。BYTE=0,输出数据的高 8 位(D15～8);BYTE=1,输出数据的低 8 位(D7～0)。

第二步,几个重要的时间要查到。

转换时间: t_{conv} =500～650 ns,启动时间: t_{w1} =20 ns,从启动到 BUSY 的反应时间: t_{pd1} =50 ns。

第三步,画出与 MCU 的硬件图。

由图 5.3 可知,ADS8405 的 $\overline{RESET}$ 端与 MCU 共用。$\overline{CS}$ 固定接地,BUSY 接

PA1,$\overline{\text{CONVST}}$ 接 PB5,$\overline{\text{RD}}$ 接 PA0,ADC 数据输出 DB8～DB15 接 MCU 的 PB8～15。

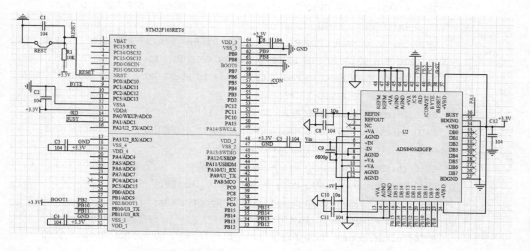

图 5.3　STM32F103RCT6 与 ADS8405D 的连线图

第四步,编写程序:

(1) 编写头文件(略);

(2) 编写 GPIO 端口配置文件;

(3) 编写时钟配置文件(略);

(4) 编写 ADS8405 函数。

定义数据时,使用了"volatile",避免在编译时优化了变量,便于正确的查看变量值。程序加了 500 次平滑滤波,使 ADC 结果更稳定。首先按时序图要求,先给 ADS8405 一个启动负脉冲。然后等待变换结束标志 BUSY。一旦 BUSY＝0,代表转换结束。时序图明确显示,必须使/RD＝0,才能读取转换结果。使 BYTE＝0,此时 ADC DB15～8 输出的是数据的高 8 位:D15～8。将其存于 16 位整形变量 adc_val 的高 8 位。BYTE＝1,读出数据的低 8 位,并将其拼接到 adc_val。500 次循环结束,返回平均值。

编写程序并不复杂。

STM32 的程序有"库函数"和"寄存器"两种写法,用库函数更加简洁、方便。

```
void Gpio_Configuration(void)        //GPIO(通用端口)配置
    {
        GPIO_InitTypeDef GPIO_InitStructure;
        GPIO_InitStructure. GPIO_Pin = GPIO_Pin_5;
        GPIO_InitStructure. GPIO_Mode = GPIO_Mode_Out_PP;        //PB5 ADS8405 /CON;
        GPIO_InitStructure. GPIO_Speed = GPIO_Speed_50MHz;        // /CON 为推挽输出
        GPIO_Init(GPIOB,&GPIO_InitStructure);
```

```
        GPIO_InitStructure.GPIO_Pin = GPIO_Pin_1;
        GPIO_InitStructure.GPIO_Mode = GPIO_Mode_Out_PP;
        GPIO_InitStructure.GPIO_Speed = GPIO_Speed_50MHz;      //PC1ADS8405 BYTE
        GPIO_Init(GPIOC,&GPIO_InitStructure);
        GPIO_InitStructure.GPIO_Pin = GPIO_Pin_8|GPIO_Pin_9|GPIO_Pin_10|GPIO_Pin_
        11|GPIO_Pin_12|GPIO_Pin_13|GPIO_Pin_14|GPIO_Pin_15;
        GPIO_InitStructure.GPIO_Mode = GPIO_Mode_IN_FLOATING    //ADS8405 DB8~DB15
        GPIO_Init(GPIOB,&GPIO_InitStructure);                   //DB8~DB15 为浮空输入
        GPIO_InitStructure.GPIO_Pin = GPIO_Pin_1;
        GPIO_InitStructure.GPIO_Mode = GPIO_Mode_IN_FLOATING ;  //ADS4505 BUSY
        GPIO_Init(GPIOA,&GPIO_InitStructure);
        GPIO_InitStructure.GPIO_Pin = GPIO_Pin_0;               //PA0 ADS8405 /RD
        GPIO_InitStructure.GPIO_Mode = GPIO_Mode_Out_PP;
        GPIO_InitStructure.GPIO_Speed = GPIO_Speed_50MHz;
        GPIO_Init(GPIOA,&GPIO_InitStructure);                   //GPIOA.8
        GPIO_InitStructure.GPIO_Pin = GPIO_Pin_1;               //PC1 ADS8405 BYTE
        GPIO_InitStructure.GPIO_Mode = GPIO_Mode_Out_PP;
        GPIO_InitStructure.GPIO_Speed = GPIO_Speed_50MHz;
        GPIO_Init(GPIOC, &GPIO_InitStructure);
        }
    void RCC_Configuration(void)                                //时钟配置略
u16 ADC8405()
{
    volatile u32 adc_sum = 0;
    volatile u16 adc_val,return_value;
    u16 i;
  for (i = 0; i < 500; i++)
    {
        GPIO_ResetBits(GPIOB,GPIO_Pin_5);                       // /CON 1 - 0
        GPIO_SetBits(GPIOB,GPIO_Pin_5);
        while(GPIO_ReadInputDataBit(GPIOA,GPIO_Pin_1) == 1);    //BUSY = 1?
        GPIO_ResetBits(GPIOA,GPIO_Pin_0);                       // /RD = 0
        GPIO_ResetBits(GPIOC,GPIO_Pin_1);                       // BYTE = 0,D15 - D8 接收高 8 位
        adc_val = GPIO_ReadInputData(GPIOB)&0xff00;
        GPIO_SetBits(GPIOC,GPIO_Pin_1);                         //BYTE = 1,D15 - D8 接收低 8 位
        adc_val = adc_val + ((GPIO_ReadInputData(GPIOB)&0xff00)>>8);
        adc_sum = adc_sum + adc_val;
    }
    return_value = adc_sum/500;
    return (return_value);
}
```

5.6　STM32F103RCT6 的 ADC 程序设计

5.6.1　STM32F103RCT6 的 ADC

我们面对的大千世界,各种需要处理的非电量多如牛毛,经过传感器处理的电量绝大多数是模拟量。而数字技术又是当今时代的绝对主流,所以 ADC 成了模拟-数字转换的必经桥梁。有人说:"有了 ADC,才有了今天的数字时代",所言非虚。

对于"混合信号"的 STM32F103,我们自然十分关心它内部的 ADC。

(1) 12 位的分辨率。

(2) 采样时间:在时钟频率=72 MHz 时,若 ADC 时钟为 14 MHz,使用若干个 ADC_CLK 周期对输入电压采样,采样周期数目可以通过 ADC_SMPR1 和 ADC_SMPR2 寄存器中的 SMP[2:0] 位而更改。每个通道可以以不同的时间采样。

总转换时间 t_{CONV}=采样时间+12.5 个转换周期,ADC 采样时间可选范围:1.5~239.5 个周期。若选 1.5 周期,则 t_{CONV}=1.5+12.5=14 个周期。因为最高 ADC 频率=14 MHz,故最短采样时间为 1 μs。

(3) 支持单次和连续转换模式。

(4) STM32F103ZET6 内部集成了 12 位的逐次逼近型模拟数字转换器,它有多达 18 个通道,可测量 16 个外部和 2 个内部信号源,如表 5.5 所列。

表 5.5　12 位逐次逼近型模拟数字转换器

通道号	ADC1	ADC2	ADC3
通道 0	PA0	PA0	PA0
通道 1	PA1	PA1	PA1
通道 2	PA2	PA2	PA2
通道 3	PA3	PA3	PA3
通道 4	PA4	PA4	PF_6
通道 5	PA5	PA5	PF_7
通道 6	PA6	PA6	PF_8
通道 7	PA7	PA7	PF_9
通道 8	PB0	PB0	PF_{10}
通道 9	PB1	PB1	
通道 10	PC0	PC0	PC0
通道 11	PC1	PC1	PC1
通道 12	PC2	PC2	PC2
通道 13	PC3	PC3	PC3

电
子
技
术
随
笔
(
第
2
版
)

续表 5.5

通道号	ADC1	ADC2	ADC3
通道 14	PC4	PC4	
通道 15	PC5	PC5	
通道 16	温度传感器		
通道 17	内部参照电压		

（5）具有自校准功能，可大幅度减小因内部电容器组的变化而造成的精度误差。校准期间，自动修正上述误差，校准结束，被硬件复位，即可开始正常转换。

（6）支持常规转换期间进行 DMA 请求。

（7）可以使用外部基准电压源 V_{ref}，但只有 LQFP - 144 和 LQFP - 100 封装才有这两个引脚。在大多数情况下，使用 3.3 V 的电源做基准电压源，这样数据的稳定性与准确性要收到一定影响。

5.6.2　STM32F103RCT6 的 ADC 程序

下面是 STM32F103RCT6 ADC 程序。注意：ADC1 的输入口为 PA0，其配置在 ADC 初始化中。

```
void RCC_Configuration(void)//时钟配置
{
    /*定义枚举类型变量 HSEStartUpStatus */
    ErrorStatus HSEStartUpStatus;
    /* 复位系统时钟设置 */
    RCC_DeInit();
    /* 开启 HSE */
    RCC_HSEConfig(RCC_HSE_ON);
    /* 等待 HSE 起振并稳定 */
    HSEStartUpStatus = RCC_WaitForHSEStartUp();
    /* 判断 HSE 是否起振成功,是则进入 if()内部 */
    if(HSEStartUpStatus == SUCCESS)
    {
    /* 选择 HCLK(AHB)时钟源为 SYSCLK 1 分频 */
    RCC_HCLKConfig(RCC_SYSCLK_Div1);
    /* 选择 PCLK2 时钟源为 HCLK 1(AHB) 1 分频 */
    RCC_PCLK2Config(RCC_HCLK_Div1);
    /* 选择 PCLK1 时钟源为 HCLK 1(AHB) 2 分频 */
    RCC_PCLK1Config(RCC_HCLK_Div2);
    /* 设置 FLASH 延时周期数为 2 */
    FLASH_SetLatency(FLASH_Latency_2);
    /* 使能 FLASH 预取缓存 */
```

228

```
FLASH_PrefetchBufferCmd(FLASH_PrefetchBuffer_Enable);
    /* 选择锁相环(PLL)时钟源为 HSE 1 分频,倍频数为 9,则 PLL 输出频率为 8MHz * 9 =
72MHz */
RCC_PLLConfig(RCC_PLLSource_HSE_Div1, RCC_PLLMul_9);
    /* 使能 PLL */
RCC_PLLCmd(ENABLE);
    /* 等待 PLL 输出稳定 */
while(RCC_GetFlagStatus(RCC_FLAG_PLLRDY) = = RESET);
    /* 选择 SYSCLK 时钟源为 PLL */
RCC_SYSCLKConfig(RCC_SYSCLKSource_PLLCLK);
    /* 等待 PLL 成为 SYSCLK 时钟源 */
while(RCC_GetSYSCLKSource() ! = 0x08);
    }
    /* 打开 APB2 总线上的的 GPIOA 时钟 */
RCC_APB2PeriphClockCmd(RCC_APB2Periph_GPIOA|RCC_APB2Periph_GPIOB|RCC_APB2Periph_
GPIOD , ENABLE);
void  ADC1_Configuration(void)                              //ADC1 配置
{
ADC_InitTypeDef ADC_InitStructure;
GPIO_InitTypeDef GPIO_InitStructure;
RCC_APB2PeriphClockCmd(RCC_APB2Periph_GPIOA|RCC_APB2Periph_ADC1,ENABLE);
//使能 ADC1 通道时钟
RCC_ADCCLKConfig(RCC_PCLK2_Div6);
//设置 ADC 分频因子 6,72MHz/6 = 12MHz,故 TCONV = 1.17μs
//PA0 设置为模拟通道输入引脚
GPIO_InitStructure.GPIO_Pin = GPIO_Pin_0;
GPIO_InitStructure.GPIO_Mode = GPIO_Mode_AIN;               //模拟输入引脚
    GPIO_Init(GPIOA, &GPIO_InitStructure);
    ADC_DeInit(ADC1);                                      //复位 ADC1
ADC_InitStructure.ADC_Mode = ADC_Mode_Independent;
//ADC 为独立工作模式
ADC_InitStructure.ADC_ScanConvMode = DISABLE;              //单通道
ADC_InitStructure.ADC_ContinuousConvMode = DISABLE;        //单次转换
ADC_InitStructure.ADC_ExternalTrigConv = ADC_ExternalTrigConv_None;
//软件启动
    ADC_InitStructure.ADC_DataAlign = ADC_DataAlign_Right;
//ADC 数据右对齐
ADC_InitStructure.ADC_NbrOfChannel = 1;
//顺序进行规制转换的 ADC 通道的数目
ADC_Init(ADC1,&ADC_InitStructure);
//根据 ADC_InitStruct 中指定的参数初始化外设 ADCx 的寄存器
    ADC_Cmd(ADC1, ENABLE);                                 //使能 ADC1
```

```
    ADC_ResetCalibration(ADC1);                              //使能复位校准
    while(ADC_GetResetCalibrationStatus(ADC1));              //等待复位校准结束
    ADC_StartCalibration(ADC1);                              //开启 ADC 校准
    while(ADC_GetCalibrationStatus(ADC1));                   //等待校准结束
}
//获取 ADC 转换结果
//ch:通道值 0~3
u16 Get_Adc1(void)
{
    //设置指定 ADC 的规制组通道,一个序列,采样时间
ADC_RegularChannelConfig(ADC1, 0, 0, ADC_SampleTime_239Cycles5 );
                                    //ADC1,ADCi 通道,采样时间 239.5Ö 周期
ADC_SoftwareStartConvCmd(ADC1, ENABLE);
    //使能 ADC1 的软件启动功能
while(! ADC_GetFlagStatus(ADC1, ADC_FLAG_EOC ));            //等待转换结束
    return ADC_GetConversionValue(ADC1);
    //返回最近一次 ADC1 规制组的转换结果
}
```

5.7 STM32F103RCT6 的 DAC 程序设计

5.7.1 STM32F103RCT6 的 DAC 特性

(1) 2 个 DAC 转换器:每个转换器对应 1 个输出通道(DAC1:PA4;DAC2:PA5)。

(2) 8 位或者 12 位单极性输出。

(3) 12 位模式下数据左对齐或者右对齐。

(4) 可以使两个 DAC 同步更新.

(5) 双 DAC 通道同时或者分别转换。

(6) 每个通道都有 DMA 功能。

(7) 可以使用外部基准电压源 V_{ref},但只有 LQFP-144 和 LQFP-100 封装才有这两个引脚。大多数情况下,使用 3.3 V 的电源做基准电压源,这样数据的稳定性与准确性要收到一定影响。

(8) 当 DAC 的参考电压为 V_{ref+} 的时候(对 STM32F103RC 来说就是 3.3 V),DAC 的输出电压是线性的从 $0\sim V_{ref+}$,12 位模式下 DAC 输出电压与 V_{ref+} 以及 DORx 的计算公式如下:

$$DACx\ 输出电压 = V_{ref} * (Dnx/4095)$$

(9) DAC 的建立时间,与电源电压、负载有关。尚未获得相应数据。

5.7.2　STM32F103RCT6 的 DAC 程序

```
/******************************************************
* 函数名        ：Gpio_Configuration
* 函数描述   ：设置通用 GPIO 端口功能
******************************************************/
void Gpio_Configuration(void)
    {
    GPIO_InitTypeDef GPIO_InitStructure;
    RCC_ APB2PeriphClockCmd ( RCC _ APB2Periph _ GPIOA | RCC _ APB2Periph _ GPIOB | RCC _
APB2Periph_GPIOC|RCC_APB2Periph_GPIOD , ENABLE);
            //使能 GPIOA,GPIOB,GPIOC,GPIOD 时钟
    GPIO_InitStructure.GPIO_Pin = GPIO_Pin_4|GPIO_Pin_5;
        / * 初始化 GPIOA 的引脚为模拟状态 * /
    GPIO_InitStructure.GPIO_Mode = GPIO_Mode_AIN;
        / * PA4 - DAC1,PA5 - DAC2：模拟电压输出通道 * /
    GPIO_InitStructure.GPIO_Speed = GPIO_Speed_50MHz;
    GPIO_Init(GPIOA,&GPIO_InitStructure);
    }
/******************************************************
* 函数名：DAC1_Init
* 函数描述：初始化 DAC1
* 功能描述：
******************************************************/
    void DAC1_Init(void)
    {
    RCC - >APB2ENR| = 1≪2;                 //使能 PORTA 时钟
    RCC - >APB1ENR| = 1≪29;                //使能 DAC 时钟
    GPIOA - >CRL& = 0XFFF0FFFF;
    GPIOA - >CRL| = 0X00000000;            //定义 PA.4 为模拟输入(出)口
    DAC - >CR| = 1≪0;                      //使能 DAC1
    DAC - >CR| = 1≪1;                      //DAC1 输出缓冲不使能(BOFF1 = 1)
    DAC - >CR| = 0≪2;                      //不使用定时器触发(TEN1 = 0)
    DAC - >CR| = 0≪3;                      //DAC TIM6 TRG0 关闭
    DAC - >CR| = 0≪6;                      //不使用波形发生
    DAC - >CR| = 0≪8;                      //屏蔽幅值设置
    DAC - >CR| = 0≪12;                     //DAC DMA 不使用
    }
/******************************************************
* 函数名：DAC2_Init
* 函数描述：初始化 DAC1
```

```
* 功能描述:电压设置
* * * * * * * * * * * * * * * * * * * * * * * * * * * * * * * * * * * * * * * * * * * * /
    void DAC2_Init(void)
  {
    RCC - >APB2ENR| = 1≪2;                    //使能 PORTA 时钟
    RCC - >APB1ENR| = 1≪29;                   //使能 DAC 时钟
    GPIOA - >CRL& = 0XFF0FFFFF;
    GPIOA - >CRL| = 0X00000000;               //定义 PA.5 为模拟输入(出)口
    DAC - >CR| = 1≪16;                        //使能 DAC2
    DAC - >CR| = 1≪17;                        //DAC2 输出缓冲使能(BOFF2 = 0)
    DAC - >CR| = 0≪18;                        //不使用定时器触发(TEN2 = 0)
    DAC - >CR| = 0≪19;                        //DAC TIM6 TRG0 关闭
    DAC - >CR| = 0≪22;                        //不使用波形发生
    DAC - >CR| = 0≪24;                        //屏蔽幅值设置
    DAC - >CR| = 0≪28;                        //DAC DMA 不使能
  }
    / * * * * * * * * * * * * * * * * * * * * * * * * * * * * * * * * * * * * *
* 函数名:main
* 函数描述:主函数
* 输入参数:无
* 输出结果:无
* 返回值:无
* * * * * * * * * * * * * * * * * * * * * * * * * * * * * * * * * * * * * * /
int main(void)
{   u16 DAC1,DAC2;
    RCC_Configuration();
    Gpio_Configuration();
    DAC1_Init();
    DAC2_Init();
    DAC - >DHR12R1 = DAC1;                     //DAC1 变量值输入 DAC1
    DAC - >DHR12R2 = DAC2;                     //DAC2 变量值输入 DAC2
}
```

此程序是用库函数和寄存器指令混合编写的。

5.8　STM32F103RCT6 的 IIC 程序设计

5.8.1　STM32 的 I^2C

I^2C 总线是由 Philips 公司开发的一种简单、双向二线制同步串行总线。它只需
要两根线即可在连接于总线上的器件之间传送信息。

主器件用于启动总线传送数据,并产生时钟以开放传送的器件,此时任何被寻址的器件均被认为是从器件。在总线上,主和从、发和收的关系不是恒定的,而取决于此时数据传送方向。如果主机要发送数据给从器件,则主机首先寻址从器件,然后主动发送数据至从器件,最后由主机终止数据传送;如果主机要接收从器件的数据,首先由主器件寻址从器件,然后主机接收从器件发送的数据,最后由主机终止接收过程。在这种情况下,主机负责产生定时时钟和终止数据传送。

I²C 虽是多主机总线,但任一时刻只能有一个主机,当两个或两个以上设备同时发送起始信号时,I²C 协议将启动"仲裁",只让其中的一个成为主机,其余保持空闲。

I²C 的"应答"机制:每当主机向从机发送完一个字节的数据,从机总会给出一个应答信息。主机据此判断信息是否发送成功。

I²C 标准模式的速度为 100 kHz,快速模式的速度为 400 kHz。

I²C 的串行数据线 SDA 和时钟线 SCL,均需要接几千欧的上拉电阻,如图 5.4所示。

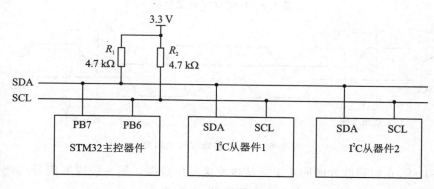

图 5.4　I²C 电路

5.8.2　ST32F103RET6 I²C 例程(外扩 DAC)

STM32F103RCT6 内部只有两个 12 位的 DAC,当需要增加 DAC 时,可以选择的芯片之一就是 DAC7571。它是一款 12 位、电压输出的 DAC。电源电压可以是 3.3 V,10 μs 的建立时间,内含轨对轨的缓存放大器,地址线 A0 使其成为双 DAC。图 5.5 为其内部框图。

图 5.6 是器件的 I²C 起始、停止时序,它完全符合 I2C 协议要求。图 5.7 为其传送数据的时序。首先在 SCL=1 时,由主机发送起始下跳信号。以后在时钟脉冲的配合下,由 MSB…LSB 向从机输出 8 位数据,在时钟脉冲的第 9 位,SDA 由发送转为接收从机的应答信号。在 I²C 编程时,必须注意 SDA 的功能转换。

I2C 总线的数据流如图 5.7 所示。编程时,第一个发生的应该是启动命令。然后发送 7 位从器件的地址,第 8 位是 R/S 数据方向指令 R/S=1,代表主机请求从机数据;R.S=0 代表主机将向从机发送数据。第 9 位是从机的应答信号。此后从

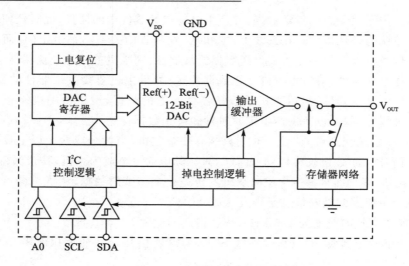

图 5.5　DAC7571 内部框图

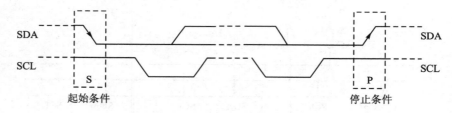

图 5.6　I²C 的起始和停止时序

MSB…LSB，在时钟脉冲的同步下向从机发送 8 位数据。第 9 位应答信号后，SCL＝1，如 SDA 产生一个下降沿，则 I²C 重复启动，否则停止。

在编写程序，特别是编写模拟 I²C 程序时，特别要注意 SCL 的上升、下降沿与其对应关系，SCL 上升沿数据锁存，下降沿数据刷新。

图 5.8 为 DAC7571 的从地址。硬件连接时已将 A0 接地，故 DAC7571 的从地址为：0x98。图 5.9 为 DAC7571 高速模式的信息安排。

下面的程序以高速模式运行：

```
void RCC_Configuration(void)时钟配置略。
void SDA_OUT()                                    //DSA(PB7)设置为输出端口
{   GPIO_InitTypeDef GPIO_InitStructure;
    GPIO_InitStructure.GPIO_Pin = GPIO_Pin_7;     //SDA
    GPIO_InitStructure.GPIO_Mode = GPIO_Mode_Out_PP; //推挽输出
    GPIO_InitStructure.GPIO_Speed = GPIO_Speed_50MHz;
    GPIO_Init(GPIOB,&GPIO_InitStructure);
}
void SDA_IN()
```

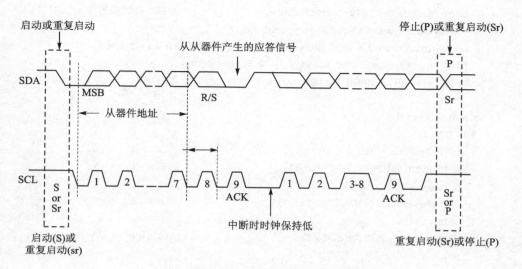

图 5.7　I2C 总线数据流

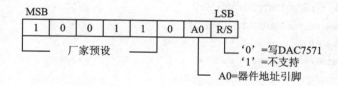

图 5.8　DAC7571 从地址

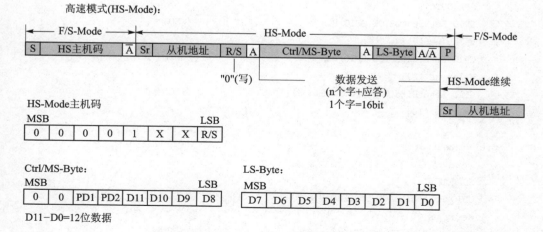

图 5.9　DAC7571 高速模式的信息安排

```
{ GPIO_InitTypeDef GPIO_InitStructure;                    //DSA(PB7)设置为输入端口
  GPIO_InitStructure.GPIO_Pin = GPIO_Pin_7;               //SDA
  GPIO_InitStructure.GPIO_Mode = GPIO_Mode_IN_FLOATING;   //浮空输入
  GPIO_InitStructure.GPIO_Speed = GPIO_Speed_50MHz;
  GPIO_Init(GPIOB,&GPIO_InitStructure);
}
void Start(void)                                          //启动
{ SDA_OUT();
  GPIO_SetBits(GPIOB,GPIO_Pin_6);                         //SCL = 1
  GPIO_SetBits(GPIOB,GPIO_Pin_7);                         //SDA = 1
  delay_us(10);
  GPIO_ResetBits(GPIOB,GPIO_Pin_7);                       //SDA = 0
  delay_us(10);
  GPIO_ResetBits(GPIOB,GPIO_Pin_6);                       //SCL = 0
  delay_us(10);
}
void Stop(void)                                           //停止
{ SDA_OUT();
  GPIO_SetBits(GPIOB,GPIO_Pin_6);                         //SCL = 1
  GPIO_ResetBits(GPIOB,GPIO_Pin_7);                       //SDA = 0
  delay_us(10);
  GPIO_SetBits(GPIOB,GPIO_Pin_7);                         //SDA = 1
  delay_us(10);
}
void write1(void)                                         //写 1bit "1"
{
  SDA_OUT();
  GPIO_SetBits(GPIOB,GPIO_Pin_7);                         //SDA = 1
  delay_us(10);
  GPIO_SetBits(GPIOB,GPIO_Pin_6);                         //SCL = 1
  delay_us(10);
  GPIO_ResetBits(GPIOB,GPIO_Pin_6);                       //SCL = 0
  delay_us(10);
}
void write0(void)                                         //写 1bit "0"
{
  SDA_OUT();
  GPIO_ResetBits(GPIOB,GPIO_Pin_7);                       //SDA = 0
  delay_us(10);
  GPIO_SetBits(GPIOB,GPIO_Pin_6);                         //SCL = 1
  delay_us(10);
  GPIO_ResetBits(GPIOB,GPIO_Pin_6);                       //SCL = 0
```

```
    delay_us(10);
}
/ * * * * * * * * * * * * * * * * * * * * * * * * * * * * * * * * * * * * *
函数名称:write1byte
功     能:向 IIC 总线发送一个字节的数据
参     数: wdata
返回值:无
* * * * * * * * * * * * * * * * * * * * * * * * * * * * * * * * * * * * * */
void write1byte(u8 wdata)
{ u8 i;
    for(i = 8;i>0;i- - )
    {
    if(wdata&0X80)
    write1();
    else
    write0();
    wdata≪ = 1;
    }
}
/ * * * * * * * * * * * * * * * * * * * * * * * * * * * * * * * * * * * * *
函数名称:check
功     能:检查从机应答
参     数:无
返回值:应答:1 - - 有;0 - - 无
* * * * * * * * * * * * * * * * * * * * * * * * * * * * * * * * * * * * * */
u8 check(void)
{
    u8 slaveack;
    SDA_IN();
    GPIO_SetBits(GPIOB,GPIO_Pin_6);                    //SCL = 1
    delay_us(10);
    slaveack = GPIO_ReadInputDataBit(GPIOB,GPIO_Pin_7);
    GPIO_ResetBits(GPIOB,GPIO_Pin_6);                  //SCL = 0
    delay_us(10);
    SDA_OUT();
    if(slaveack)
    return 1;
    else
    return 0;
}
/ * * * * * * * * * * * * * * * * * * * * * * * * * * * * * * * * * * * * *
函数名称:DAC
```

功　　能：向 DAC 写入一个 12 位的整形数据 data

$$Vo = 3.3V * data/4096$$

参　　数：无

返回值：写入结果：1－－成功；0－－失败

**/

```
void DAC(u16 data)
{   u16 Temp;
    u8 DACH,DACL;
    Start();
    write1byte(0x98);
    if(check() = = 0)
    Stop();
    Start();
    write1byte(0x98);
    if(check() = = 0)
    Temp = data;
    Temp = Temp≪3;
    DACH = Temp≫8;
    write1byte(DACH);
    if(check() = = 0)
    DACL = Temp&0x00FF;
    write1byte(DACL);
    if(check() = = 0)
    Stop();
}
```

5.9　一种可以和 STM32F103RCT6 人机交互的智能 LCM

　　近年液晶显示器已出现不少以 ARM 为核心的智能型液晶显示器，其中 HB9188 系列就是比较典型的代表。它以 HB9188 控制模块为核心，使其具有 T6963 图形液晶显示器难以匹敌的许多优点，突出的有：电源和现有许多 MCU 匹配；可以直接接口至多 16 只按键 MCU 可以直接读取键值，无须去抖；9600 bps 的串口使连线减至 4 根；内置的字库可以直接在程序中以字符形式书写，大大简化了程序；字体多样，方便挑选；背光、复位、对比度可软件控制；内置环境温度测量等。表 5.6 为此系列 HB240128 的特性。

表 5.6　HB9188 系列液晶显示器特性

特　性	特　性
电源操作范围:2.4～3.6 V	自带 16 个键盘接口
点阵显示范围:12832～320×320	同时内置 16×16 和 12×12 点阵 GB 2312 一、二级简体汉字
提供 8 位并行及标准 UART 接口	8×8,5×7,以及 8×16,6×12 半角标准 ASCII 字符点阵
自动复位和指令复位功能	3×5 点阵,用于显示大量数据的场合
图片显示及动画功能	9×16 和 6×12 粗体点阵,用于电话号码显示
绘图及文字画面混合显示功能	可直接受控于 RS232 口,用于远端显示
软件控制背光开启及闭合	自动温控功能保证在极低温度下正常工作
低功耗省电设计(微安级)	强大的任意区域移位,闪烁,清除,反显功能
模组自带自检功能便于生产	集成度高,降低生产成本,性价比优越
提供 WATCH DOG 功能	任一款产品均提供 12×12,16×16,24×24,32×32,48×48,48×64 一直到 64×64 的粗体中文字库(均可同屏显示)

图 5.10 为 HB240128 和 MCU(STM32F103)最常用的串口接口电路。

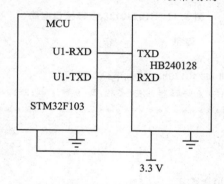

图 5.10　HB9188A 与 MCU 接口电路

图 5.11 为 HB240128 的按键接口电路。图中各 10 kΩ 电阻可选用±1％误差的。如果你使用了 0～9 共 10 个数字键,经模块芯片 ADC,来区分不同的键值。如果你使用了 0～9 共 10 个数字键,外加一个小数点,一个"确认"键,你的功能键就只剩下 4 个了。不够用,可以用"标志位"使一键多用。

下面给出了一段 HB240128M1A 液晶显示器的程序,它可以在指定位置显示 16×16 和 8×16 的 ASCII 字符串,并显示 10 个按键(SW0～SW9)的键值。MCU 使用的是 STM32F103RCT6 芯片。

整个程序分为四部分:一是初始化的几个配置程序,如时钟(RRC)、串口(US-ART)、通用端口(GPIO)、中断(NVIC);二是显示器键盘的响应中断服务程序(US-ART2_IRQHandler());三是键盘的几个简单的容错设计;四是键输入数字量的排序及显示程序。

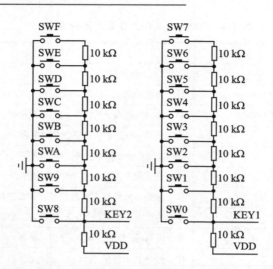

按键	SW0	SW1	SW2	SW3	SW4	SW5	SW6	SW7	SW8	SW9	SWA	SWB	SWC	SWD	SWE	SWF
返回值	0	1	2	3	4	5	6	7	8	9	A	B	C	D	E	F

图 5.11　HB240128 按键接口电路

```
/ * * * * * * * * * * * * * * * * * 程序 * * * * * * * * * * * * * * * * * * * * * * * * * *
Name:STM32 + HB240128 测试
功能:STM32F103RCT6 和 HB240128M1A 通过串口 1 通信
电压设置(1～5000mV);PA.8 蜂鸣器;SW0～SW9:0～9 数字键;SW10:确认键;SW11:电压设置键
* * * * * * * * * * * * * * * * * * * * * * * * * * * * * * * * * * * * * * * * * * * * * */
# include "stm32f10x. h"
# include "HB240128. H"
# include"init. h"
# define Delay(n)   while((n) - - )
u16 Vo;
u8 k,enter_key,I0,I1,I2,I3,I4,I5,Number_Flag = 0,B3,B2,B1,B0;
//延时函数,微秒
void delay_us(u16 time)
{
    u16 i = 0;
    while(time - - )
    {
        i = 4;
        while(i - - );
    }
}
//毫秒级的延时
void delay_ms(u16 time)
```

```
{
    u16 i = 0;
    while(time - -)
    {
        i = 8000;
        while(i - -);
    }
}
void Display_OneChar_0toZ(u8 command ,u8 x,u8 y,u8 C_ASCII)
                        //当 command = 0xE3(显示 8 * 16 ACSII)时,xy 均以 8 个点为计算单位)
{
    u8 ch,i;
    USART_ITConfig(USART2, USART_IT_RXNE, DISABLE);        //关接收中断
    for(i = 0;i<3;i + +)
    {
        put_char(command);
        put_char(x);
        put_char(y);
        put_char(C_ASCII);
        ch = get_char();
        while (ch! = 0xCC);
        USART_ITConfig(USART2, USART_IT_RXNE, ENABLE);//开接收中断
    }
}
    void Gpio_Configuration(void)
    {
        GPIO_InitTypeDef GPIO_InitStructure;
        GPIO_InitStructure.GPIO_Pin = GPIO_Pin_8; //PA.8        //蜂鸣器
        GPIO_InitStructure.GPIO_Mode = GPIO_Mode_Out_PP;        //复用推挽输出
        GPIO_InitStructure.GPIO_Speed = GPIO_Speed_50MHz;
        GPIO_Init(GPIOA, &GPIO_InitStructure);                //初始化 GPIOA.8
        GPIO_SetBits(GPIOA,GPIO_Pin_8);                        //蜂鸣器不响
    }
    void RCC_Configuration(void)
{
    /* 定义枚举类型变量 HSEStartUpStatus */
    ErrorStatus HSEStartUpStatus;
    /* 复位系统时钟设置 */
    RCC_DeInit();
    /* 开启 HSE */
    RCC_HSEConfig(RCC_HSE_ON);
    /* 等待 HSE 起振并稳定 */
```

```
    HSEStartUpStatus = RCC_WaitForHSEStartUp();
    /* 判断 HSE 起是否振成功,是则进入 if() 内部 */
    if(HSEStartUpStatus == SUCCESS)
    {
    /* 选择 HCLK(AHB) 时钟源为 SYSCLK 1 分频 */
    RCC_HCLKConfig(RCC_SYSCLK_Div1);
    /* 选择 PCLK2 时钟源为 HCLK(AHB) 1 分频 */
    RCC_PCLK2Config(RCC_HCLK_Div1);
    /* 选择 PCLK1 时钟源为 HCLK(AHB) 2 分频 */
    RCC_PCLK1Config(RCC_HCLK_Div2);
    /* 设置 FLASH 延时周期数为 2 */
    FLASH_SetLatency(FLASH_Latency_2);
    /* 使能 FLASH 预取缓存 */
    FLASH_PrefetchBufferCmd(FLASH_PrefetchBuffer_Enable);
    /* 选择锁相环(PLL)时钟源为 HSE 1 分频,倍频数为 9,则 PLL 输出频率为 8MHz * 9 =
72MHz */
    RCC_PLLConfig(RCC_PLLSource_HSE_Div1, RCC_PLLMul_9);
    /* 使能 PLL */
    RCC_PLLCmd(ENABLE);
    /* 等待 PLL 输出稳定 */
    while(RCC_GetFlagStatus(RCC_FLAG_PLLRDY) == RESET);
    /* 选择 SYSCLK 时钟源为 PLL */
    RCC_SYSCLKConfig(RCC_SYSCLKSource_PLLCLK);
    /* 等待 PLL 成为 SYSCLK 时钟源 */
    while(RCC_GetSYSCLKSource() != 0x08);
    }
    /* 打开 APB2 总线上的 GPIOA 时钟 */
    RCC_APB2PeriphClockCmd(RCC_APB2Periph_GPIOA | RCC_APB2Periph_GPIOB | RCC_
APB2Periph_GPIOC|RCC_APB2Periph_GPIOD, ENABLE);                //串口 1 - - PCLK2
    }
    void Usart_Configuration(void)
    {
    //GPIO 端口设置
    GPIO_InitTypeDef GPIO_InitStructure;
    USART_InitTypeDef USART_InitStructure;
    NVIC_InitTypeDef NVIC_InitStructure;
    RCC_APB2PeriphClockCmd(RCC_APB2Periph_GPIOA, ENABLE);   //使能 USART1,GPIOA 时钟
    RCC_APB1PeriphClockCmd(RCC_APB1Periph_USART2, ENABLE)
    //USART1_TX    GPIOA.2
    GPIO_InitStructure.GPIO_Pin = GPIO_Pin_2; //PA.2
    GPIO_InitStructure.GPIO_Speed = GPIO_Speed_50MHz;
    GPIO_InitStructure.GPIO_Mode = GPIO_Mode_AF_PP;            //复用推挽输出
```

```
    GPIO_Init(GPIOA，&GPIO_InitStructure);                //初始化 GPIOA.2
    //USART1_RX        GPIOA.3 初始化
    GPIO_InitStructure.GPIO_Pin = GPIO_Pin_3;               //PA3
    GPIO_InitStructure.GPIO_Mode = GPIO_Mode_IN_FLOATING;//浮空输入
    GPIO_Init(GPIOA，&GPIO_InitStructure);                //初始化 GPIOA.3
    //Usart1 NVIC 配置
    NVIC_InitStructure.NVIC_IRQChannel = USART2_IRQn;
    NVIC_InitStructure.NVIC_IRQChannelPreemptionPriority = 3 ;//抢占优先级 3
    NVIC_InitStructure.NVIC_IRQChannelSubPriority = 3;     //子优先级 3
    NVIC_InitStructure.NVIC_IRQChannelCmd = ENABLE;        //IRQ 通道使能
    NVIC_Init(&NVIC_InitStructure);       //根据指定的参数初始化 VIC 寄存器
    //USART 初始化设置
    USART_InitStructure.USART_BaudRate = 9600;//串口波特率
    USART_InitStructure.USART_WordLength = USART_WordLength_8b;
                                                //字长为 8 位数据格式
    USART_InitStructure.USART_StopBits = USART_StopBits_1；//一个停止位
    USART_InitStructure.USART_Parity = USART_Parity_No;   //无奇偶校验位
    USART_ InitStructure. USART_ HardwareFlowControl = USART_ HardwareFlowControl_
None;
                                                //无硬件数据流控制
    USART_InitStructure.USART_Mode = USART_Mode_Rx | USART_Mode_Tx;   //收发模式
    USART_Init(USART2，&USART_InitStructure);              //初始化串口 2
    USART_ITConfig(USART2，USART_IT_RXNE，ENABLE);          //开启串口接受中断
    USART_Cmd(USART2，ENABLE);                            //使能串口 2
    }
void Display_Vo( u16 Vo)
    {
    I0 = Vo/10000 + 0x30;
    I1 = Vo % 10000/1000 + 0x30;
    I2 = Vo % 10000 % 1000/100 + 0x30;
    I3 = Vo % 10000 % 1000 % 100/10 + 0x30;          //Vo 分解为 0～9 的 ASCII 字符
    I4 = Vo % 10000 % 1000 % 100 % 10 + 0x30;
    if(I0 = = 0x30)
      {    I0 = 0x00;
        if(I1 = = 0x30)
        {
        I1 = 0x00;
        if(I2 = = 0x30)
        {I2 = 0x00;
          if(I3 = = 0x30)
        {I3 = 0x00;}
        }
      }
    }
```

```
        }                              //前零消隐
    //Display_Byte(0xe3,5,12,I0);//8 * 16 ASCII 字符显示,+ 48 将 0～9 数字转换为 ASCII 码
    Display_Byte(0xe3,5,12,I1);
    Display_Byte(0xe3,5,13,I2);
    Display_Byte(0xe3,5,14,I3);      //显示设置的电压值,单位:
    Display_Byte(0xe3,5,15,I4);
    Display_StrChar(0xE9,5,20,"V");
}
void Display_Number()
{
    B0 = I0 + 0x30;
    Display_OneChar_0toZ(0xE3,5,11,B3);
    Display_OneChar_0toZ(0xE3,5,12,B2);
    Display_OneChar_0toZ(0xE3,5,13,B1);
    Display_OneChar_0toZ(0xE3,5,14,B0);
    B3 = B2;
    B2 = B1;
    B1 = B0;
    B0 = B3;
    I4 = I3;I3 = I2;I2 = I1;I1 = I0;I0 = 0;        //数字缓冲位上移 1 位
}
void Buzzer()
{
    GPIO_ResetBits(GPIOA,GPIO_Pin_8);              //蜂鸣器响
    delay_ms(100);
    GPIO_SetBits(GPIOA,GPIO_Pin_8);               //蜂鸣器响停
}
void NVIC_Configuration(void)
{
    NVIC_InitTypeDef NVIC_InitStructure;
    NVIC_InitStructure.NVIC_IRQChannel = USART2_IRQn;        /* 使能 USART2 中断 */
    NVIC_InitStructure.NVIC_IRQChannelSubPriority = 0;
    NVIC_InitStructure.NVIC_IRQChannelCmd = ENABLE;
    NVIC_Init(&NVIC_InitStructure);
}

    int main(void)
{
    RCC_Configuration();
    NVIC_PriorityGroupConfig(NVIC_PriorityGroup_2);
    Gpio_Configuration();
    Usart_Configuration();
    NVIC_Configuration();
```

```
   GPIO_ResetBits(GPIOA,GPIO_Pin_8);                    //蜂鸣器响
     delay_ms(1000);
     GPIO_SetBits(GPIOA,GPIO_Pin_8);                    //蜂鸣器不响
     Screen_Con(0xF4);                                  //清屏
   Display_StrChar(0xE9,1,6,"全国大学生电子设计竞赛");
     Display_StrChar(0xE9,4,8,"数控稳压电源");
   while(1)
   {
     }
 }
void USART2_IRQHandler()
{
     u8 key;

     if(USART_GetITStatus(USART2, USART_IT_RXNE) ! = RESET)
     {
         USART_ClearITPendingBit(USART2, USART_IT_RXNE);//清中断标志
         key = USART2 - >DR;
         switch (key)
         {
   case 0:                                              //0
     {
             if(k = = 1)          //只有在"设置"时,才执行数字值显示(键容错)
     { enter_key = 1;             //只有在输入数字后,"确认键"开放(键容错)
       Buzzer();
       I0 = 0;
       {Display_Number();}
         }
       }
           break;
   case 1:      //1
       {if(k = = 1)              //只有在"设置"时,才执行数字值显示
         { enter_key = 1;        //"确认键"开放
       Buzzer();
       I0 = 1;
       {Display_Number();}
         }
       }
       break;
   case 2:                                              //2
       {if(k = = 1)              //只有在"设置"时,才执行数字值显示
             { enter_key = 1;    //"确认键"开放
```

电子技术随笔（第2版）

```
                    Buzzer();
                    IO = 2;
                    {Display_Number();}
                      }
                   }
                       break;
        case 3:     //3
                {if(k = = 1)                        //只有在"设置"时,才执行数字值显示
                   { enter_key = 1;                 //"确认键"开放
                    Buzzer();
                    IO = 3;
                    {Display_Number();}
                      }
                   }
                    break;
        case 4:                                     //4
                  {if(k = = 1)                      //只有在"设置"时,才执行数字值显示
                        { enter_key = 1;            //"确认键"开放
                    Buzzer();
                    IO = 4;
                    {Display_Number();}
                      }
                   }
                       break;
        case 5:                                     //5
                  {if(k = = 1)                      //只有在"设置"时,才执行数字值显示
                     { enter_key = 1;               //"确认键"开放
                    Buzzer();
                    IO = 5;
                    {Display_Number();}
                      }
                   }
                    break;
        case 6:                                     //6
                  {if(k = = 1)                      //只有在"设置"时,才执行数字值显示
                        { enter_key = 1;            //"确认键"开放
                    Buzzer();;
                    IO = 6;
                    {Display_Number();}
                      }
                   }
                       break;
```

246

```
case 7:                              //7
    {if(k = = 1)                     //只有在"设置"时,才执行数字值显示
        { enter_key = 1;             //"确认键"开放
     Buzzer();
     I0 = 7;
     {Display_Number();}
        }
    }
      break;
case 8:                              //8
    {if(k = = 1)                     //只有在"设置"时,才执行数字值显示
            { enter_key = 1;         //"确认键"开放
     Buzzer();
     I0 = 8;
     {Display_Number();}
        }
    }
      break;
case 9:                              //9
    {if(k = = 1)                     //只有在"设置"时,才执行数字值显示
        { enter_key = 1;             //"确认键"开放
     Buzzer();
     I0 = 9;
     {Display_Number();}
        }
    }
      break;
case 10:                             //确认
    {
        Buzzer();k = 0;
        if(Number_Flag = = 1)

            {
        Display_StrChar(0xE9,2,8,"电压设置完成    ");
        I0 = I1;I1 = I2;I2 = I3;I3 = I4;            //数字缓冲向下退 1 位
        Vo = I3 * 1000 + I2 * 100 + I1 * 10 + I0;   //合成电压值,最大值 3299
            if(Vo>5000)
            { Display_StrChar(0xE9,2,4,"电压设置超值,请重设!");}
            else
                if(Vo = = 0)
                { Display_StrChar(0xE9,2,4,"电压设置错误,请重设!");}
        else
```

```
                        if(Vo! = 0)
                        Display_Vo;
                }
            break;
                }
    case 11:                                //电压设置
        {

                Buzzer();k = 1;
                Screen_Con(0xF4);           //清屏
                Display_StrChar(0xE9,2,10,"电压设置    ");
                Display_StrChar(0xE9,5,9,"Vo =        mV ");
                Number_Flag = 1;
                B3 = B2 = B1 = B0 = 0;
        }
            break;
        }
        }
    }
```

在 HB240128.C 的 KEY(on/off)语句后加几十毫秒的延时,可保证键盘中断及时响应。

5.10　你知道"容错设计"吗?

电子系统的正常工作总会受到各种内外因素的影响,系统出现故障是不可避免的,只是何时出现以及故障率的高低不同罢了。

导致系统故障的因素有如下三种:

(1) 内部因素

系统在设计时未考虑或未充分考虑容错问题,如没有设计自检功能等。

(2) 环境因素

对温度、湿度、振动、粉尘、烟雾、盐雾等耐环境设计以及电磁干扰等未做认真处理。

(3) 人为因素

电子系统一般离不开人的干预。20 世纪 50～70 年代,日本电气事业联合委员会对送电线路、火电厂、水电厂、变电所的事故分析表明人为失误约占 20%。1986 年世界十大新闻中有三项重大事故报道:美国"挑战者"号航天飞机失事;苏联切尔诺贝利核电站泄漏;瑞士桑多洛化工厂污染。这三起重大事故,均系人为决策失误所致。

从 20 世纪 20 年代开始,已有人为因素对可靠性影响的研究。人的可靠性是指在电子系统工作状态下,在任何要求的阶段中和最小时间内,人完成规定任务的概率。

容错设计则是研究在容忍系统出错的前提下,如何减小错误出现的可能性以及出错以后如何自行诊断的问题,这就和 MCU 脱不了关系。

5.10.1　系统自检

1. CPU 自检

可以编写一段程序,运行后将其结果与预定结果相比较,若相同说明 CPU 运行正常;否则提示出错信息。这段程序应该包含尽可能多的指令类型。

2. RAM 自检

在对 RAM 单元进行读/写时,有时相邻位相互影响,破坏了读/写的内容,这种故障称为相邻位"粘连"。另一种情况是,读/写 RAM 某单元时,会影响到相隔若干单元的另一些地址的单元,这种情况称为不同地址的"连桥"。

RAM 自检最基本的方法是对指定的某些地址单元按一定的规律写入一批数据,然后读出这些地址单元的数据,观察其是否符合写入的数据,若符合则 RAM 读/写正常,否则出错。所检测的单元地址起码要覆盖系统所使用的范围,所读/写的数据应包含所有可能出现的数据,例如 00H～FFH 256 种数值。

地址单元和数据最简单的编写方法是每次地址加 1,数据加 1。这种方法称为"固定模式测试"。"游动模式自检"则首先将 RAM 每个单元先写入全"0"或全"1"。然后对某一单元写入一特定数据,读出该单元及其他单元地址,若正常,则该单元恢复初始值,再换另一个单元测试,直到覆盖所有单元。在 RAM 区中全"0"或全"1"的背景下,让"1"或"0"在数据中游动,并顺序写入各 RAM 单元,然后读出校验。前者称为"峰值测试法",后者称为"谷值测试法"。

可以在写入以后有意延迟一段时间再读出,以测试 RAM 的数据保持能力。

3. 显示器自检

对于 LED 和笔段式 LCD 显示器常常编写一段使其从"0.0.…0""1.1.…1""2.2.…2"…"9.9.…9",每隔 1 s 加 1 的显示自检程序以检查 LED 数码管、驱动及显示子程序的正常与否。

对于图形 LCD 和 CRT 显示器,则可以通过显示主页窗口的办法,判断其是否正常。

4. 发声器件自检

在自检程序中使发声器件(如蜂鸣器)响几次来确认其正常。

5. 传感器自检

根据不同的传感器检查其在自检状态下的取值是正常。如温控装置,自检时若为室温,则温度传感器此时的取值应在室温范围之内。

6. 键盘的自检

利用按不同的键显示不同的字符可以检查按键的工作。

以上几种自检不增加系统的硬件开销,即不需要对硬件电路做任何改动,并且可以把这些自检安排在系统启动之前进行。

以下几种自检则必须在系统中加入自检的相关电路才能完成。

1. A/D 转换器自检

在 A/D 的输入端利用模拟开关增加二路自检信号,一路取自 ADC 的基准电压 V_{ref},另一路为模拟地,如图 5.12 所示。对于单端输入的 ADC 而言,正常的自检结果是输出为数字量的最大值(FF…FH)和最小值(00…0H)。

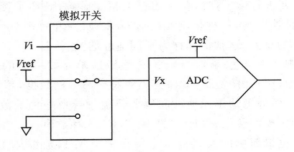

图 5.12　ADC 自检电路

2. D/A 转换器自检

如果系统既有 D/A,又有 A/D。检查 D/A 最简单的办法是将 D/A 的输出送往 A/D 做输入,这样自检时送往 D/A 的数字量和 A/D 得到数字量应当相等。

3. 数字 I/O 端口的自检

如果系统既有数字输入,又有数字输出,那么就可将输出与输入相连进行自检。

4. 系统功能自检

根据系统的功能不同,有时可以直接进行系统功能的检查。如数字频率计,可利用直接测试频标信号进行自检。

5. 外设的自检

设置特定的信息以检查外设的工作。如打印特定字符来检查打印机的工作情况。

以上自检通常需要系统添加专门的自检功能来实现。

5.10.2 人机界面的容错设计

很多电子系统都需要人参与操作、管理，很难离开人的干预。人机界面可以是键盘、开关、按钮、鼠标、光笔、显示器和打印机等。人在操作电子系统时的可靠性由若干主观因素，如心理、生理因素；技术水平和若干客观因素，如人机界面的设计水平以及环境条件来决定。

1. 人机界面容错

人机界面的设计首先应使得即使出现人为错误操作，也绝不应该导致系统失效、甚至毁损。其次，当操作失误时，系统应该不予理睬，必要时给出错误信息提示。

图 5.13 为某电子仪器的键盘。"时设"键设置仪器的测量时间，设置范围 1～999 s。"校设"键设置测量结果的校正系数，设置范围 0.1～9.999。"测量"为仪器测量开始键，到设置的时间测量自动停止，并给出经校正后的测量结果。"清除"键清除设置时当前的设置数。"确认"键，将设置的时间或校正系数存储。

图 5.13 某仪器的键盘

在该仪器的监控程序中设有"设置""清除"和"测量"三个标志。上电后的初始化程序中"测量标志"允许，而"设置"和"清除"标志封锁。这时允许按下"测量"键，以上次测量设置的测量时间和校正系数进行测量。但当按下数字键和"清除"键、"确认"键时，程序不予响应。当按下"时设"或"校设"后，首先解除"设置"标志，封锁"测量"标志，显示相应的设置界面，并允许数字输入，允许"确认"键动作，但不允许"测量"键动作。当按下任何数字键，解除"清除"标志，允许"清除"键动作。按下"确认"键，解除"测量"标志，封锁"设置"、"清除"标志，只允许进行测量或重新设置，这时数字键和"清除"键被封锁。

进行时间设置时，只允许 1～3 位数字输入，若输入为 0 s 或超过 3 位或输入"."，则显示"设置错误，请重设！"提示。进行校正系数设置时，若设置数＜0.1 或小数点位置不正确（即＞9.999）亦显示上述设置错误的提示。

2. 加强人机界面的友好性

人机界面应当使操作者感到使用起来很容易、很方便。通常的做法是使用窗口技术和菜单选项。操作者只需按提示一步步做下去即可。

3. 杜绝非法操作者

硬件上可以采取锁开关等措施。

软件上可以采取设置"密码"（口令）来识别操作者。

软件的容错设计请参阅 5.3.3 小节。

5.11　耐环境设计与热设计

表 5.7 列出了影响电子系统可靠性的各种工作环境因素。20 世纪 70 年代,美国对其机载电子设备一年里发生故障的原因进行统计的结果:由环境因素引起的故障占总故障 52.7%,其中温度引起的故障占 22.2%;湿度引起的故障占 10%;振动引起的故障占 11.38%。这三项就占了总故障数的 43.58%。

电子元器件,特别是有源器件对温度的影响十分敏感,且可靠性与环境工作温度密切相关。故耐环境设计最主要的是热设计。

表 5.7　影响电子元器件可靠性的工作环境因素

应力因素		出现的地点、时间	失效模式
温度	高温	热带,沙漠,太空,小汽车,其他特殊的环境	特性失效,工作不稳定
	低温	较冷地区,海拔较高的地方,太空,航空器,其他特殊的环境	特性失效,工作不稳定
温度变化		当间歇地工作	管芯裂缝,减弱了管芯的接合,特性失效,工作不稳定
湿气	高湿度	热带,隧道,汽车,其他特殊的环境	生锈,不当接触,腐蚀,特性失效
	低湿度	沙漠,低温度的地区	静电损坏
大气压	低大气压	高海拔,山区,航空器	电晕放电,散热慢,特性失效
	真空	太空	电晕放电,散热慢,特性失效
盐分		沿海地区,海上,船上,航海设备	生锈,不当接触,损坏的导线
振动		产品的运输过程,交通工具上装配的设备,机器的工具,航空设备	接合导线开路(气体密封),包装损坏
碰撞,跌落		产品的运输过程,交通工具上装配的设备,机器的工具,航空设备	包装裂缝,变形导线
加速		航天设备,火箭,其他有特殊用途的设备	
加热		装配过程中(例如,焊接)	特性失效,变形的封装形状
和电相关的过应力,电涌		在开关和继电器的开关过程中,电容负载,电动机	特性失效,短路
噪声		接触不当时,使用电动机	特性失效,短路
静电放电		在低湿度或可产生强场的设备附近工作,在运输过程中	特性失效,短路

应力因素		出现的地点、时间	失效模式
强电磁场		在发射机或信号产生器附近	特性失效
超声波		在焊接完电路板后,对其清洁时	打开了接合的引线(气体密封),擦去了标记
放射(核辐射)		核动力设备,太空(人造卫星)	特性失效,破坏,软错误
错误操作	超电压	当使用一个失效的工作源电压时	破坏,短路
	超载	在无效驱动容量状态下使用	破坏,短路

经验表明,工作环境温度每提高 10 ℃,电子元器件的寿命缩短 1/2～1/1.5。此即所谓温度与寿命的"10 ℃法则"。

1. 充分的热应力减额

由于电子元器件的实际工作温度除取决于散热条件外,主要取决于实际耗散功率。故热应力减额实际上就是功率减额。图 5.14 的电子元器件典型减额图清楚地说明了,功率减额对实际工作温度的影响。

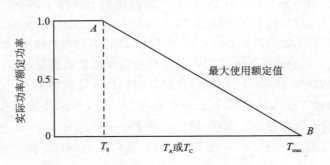

图 5.14　典型减额图

图 5.14 是电子元器件典型的(例如 78××系列三端稳压器)减额图。图中 T_S 为温度减减点,它通常为 25 ℃,也可以是其他温度;T_{max} 为器件的最高结温;T_A 和 T_C 分别为环境温度和管壳温度。可以从电子元器件规范所给出的该曲线,确定 S、T_A 和 T_C。许多元器件实际的减额曲线在 A、B 两点外张,即考虑到温度的影响,必须减额,并进行热设计。

仅从热应力减额出发,功率减额因子应取得尽量的低一点。

表 5.8 为常用元器件工作时允许的表面最高温度。

253

表5.8　常用元器件的允许温度

元件名称	表面允许温度/℃	元件名称	表面允许温度/℃
碳膜电阻	120	陶瓷电容	80～85
金属膜电阻	100	玻璃陶瓷电容	200
压制线绕电阻	150	锗晶体管	70～100
涂釉线绕电阻	255	硅晶体管	150～200
纸介电容	75～85	硒整流器	75～85
电解电容	60～85	电子管	15～200
薄膜电容	60～130	变压器、扼流圈	95

2. 充分的考虑散热条件

在拙作《电子系统设计——基础篇》的 3.4.1 小节模拟线性稳压电源设计一节已对器件的散热问题做了简要介绍。

器件散热必须考虑两个问题：一是有无必要采取散热措施，二是采用何种散热方法及选择相应的散热材料。

现以三端正电压输出的稳压器件 7805 为例说明上述两个问题。经查手册得知 TO－220 封装的 7805 最高工作结温 T_{Jmax} 为＋150 ℃，其结对外壳的热阻为 $Q_{JC}=5$ ℃/W，外壳对空气的热阻为 $Q_{CA}=65$ ℃/W。即若不加散热措施，器件本身结对空气的热阻为 $\theta_{JA}=\theta_{JC}+\theta_{CA}=70$ ℃/W，即器件功耗每瓦将增高温度 70 ℃。不加散热片时的最大耗散功率 $P_{TM}=1.5$ W，加散热片时的最大耗散功率 $P_{tsm}=15$ W。

设 7805 的最大输入端电压 $V_{imax}=9$ V，$V_0=5$ V，最高环境工作温度 $T_{Amax}=50$ ℃，若器件输出电流为 0.1 A 时，器件功耗 $P_D=(V_{imax}-V_0)\times I_0=0.4$ W$<P_{tm}$。此时的实际结温为 $T_J=P_D\times\theta_{JA}+T_{Amax}=78$ ℃$\ll T_{Jmax}$，故此 7805 可不加散热片，自然空气冷却。

若输出电流为 0.5 A，则 $P_D=2$ W，此时计算出的 $T_J=190$ ℃，一方面 P_D 已超过器件不加散热片时的最大功耗 P_{tm}，另一方面实际结温 $T_J>T_{Jmax}$，故在这种情况下必要加散热片。

表 5.9 为采用不同冷却方式时的最大热耗散量。表 5.10 则为各种散热材料在 20 ℃时的导热系数 K。K 表示物体导热能力的物理量，它代表了单位时间内通过单位长度温度降低 1 ℃时所传递的热量。K 愈大，用其制作的散热片散热效果愈佳。这些材料中，以铝合金、铝、紫铜、金、银等应用较广。从表中可以看出空气的导热能力是很差的。

表 5.9　采用普通方法冷却时每单位面积的最大热耗散量

冷却法	每单位传热面积的最大耗散量/($W \cdot m^{-2}$)
周围空气的自由对流和向周围的辐射（自然冷却）	800
撞击（强迫空气冷却）	3 000
空气冷板式冷却	16 000
向液体的自由对流	500*
液压冷板式冷却	160 000
蒸发	5×10^3

* 表面与液体之间每摄氏度温差的最大耗散量。

表 5.10　各种散热材料在 20 ℃时的导热系数（W/cm・℃）

材料名称	导热系数	材料名称	导热系数	材料名称	导热系数
铝	2.04	低碳钢	0.43	玻璃板	0.006 4
铸铝合金	1.43	金	2.92	压制云母	0.005 0
1070 铝合金	2.26	铅	0.33	环境树脂	0.004 0
1050 铝合金	2.09	镁	1.71	聚四氟乙烯	0.002 4
锡黄铜	1.16	镍	0.96	丙烯树脂板	0.002 0
锡青铜	0.50	银	3.60	尼龙	0.003 0
灰铸铁	0.59	紫铜	3.30	空气	0.000 26
锡铅焊料	0.33	氧化铍陶瓷	2.25		
不锈钢	0.16				

热传导的基本公式为：

$$Q = KA\Delta T/\Delta L$$

式中：Q 为传导的热量，K 为散热材料的导热系数，A 为散热片面积，ΔL 为传输的距离。

要想取得好的散热效果，除了选用高导热系数的材料，加大散热片面积之外，还和散热片与热源（被散热的器件）的接触情况、散热方式（自然风冷、强制风冷、水冷等）以及散热片的具体形状有关。

散热片和发热器件的接触面应当尽量平整、光滑。即便如此当两者紧密接合时，仍不可避免地有凹凸不平处，即存在导热很差的空气隙，这时必须在接触面均匀涂抹薄薄一层导热硅胶，以填充这些空隙。导热硅胶的热阻 $\theta_{CS} \approx 1$ ℃/W。这时

$$\theta_{JA} = \theta_{JC} + \theta_{CA} = \theta_{JC} + \theta_{CS} + \theta_{SA}$$

式中：θ_{SA} 为散热片的热阻。

为提高散热片和周围空气的热交换效率，散热片的外形种类繁多，其目的都是为了增加其有效面积，改善散热效果。图 5.15 为一款 YA20 型散热片的外形。

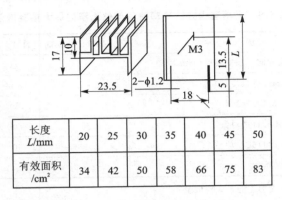

长度 L/mm	20	25	30	35	40	45	50
有效面积 /cm²	34	42	50	58	66	75	83

图 5.15　一种铝合金散热片外形

256

θ_{SA} 视散热片体积、形状、材质有较大差异，一般小型铝合金的为 30 ℃/W，大型的可小至 1 ℃/W。

就上例而言，若取 $\theta_{SA} = 10$ ℃/W，$\theta_{CS} = 1$ ℃/W，则 $\theta_{JC} = 16$ ℃/W。器件实际结温 $T_J = P_D \theta_{JC} + T_{Amax} = 82$ ℃$\ll T_{Jmax}$，7805 可安全工作。

3. 合理安排元器件布局

发热元件应尽量分散安排。对温度敏感的元件应尽可能远离发热元件，如铝电解电容、薄膜电容、锗晶体管都属此类器件。其次应把发热元件安排得高一点，温度敏感元件安装得低一些。

某小型交接机数次发生故障，经仔细检查发现有 2 只 1 000 μF/10 V 的电解电容靠功率元件散热片过近，该散热片设计裕量不足，发热明显，致使电容被烤热而损坏。后将这 2 只电容移开，故障再未重复。由此例可见合理分布元器件是不可忽视的。

4. 注意 PCB 的热设计

加大 PCB 上引线线宽或选用敷铜箔厚的板材，以减小引线电阻，降低在引线上引起的发热。改善元器件引脚与焊盘间的导热、导电性，尽量用可能大一点的焊盘。采用高铝陶瓷印刷板或氧化铍陶瓷印刷板以改善热传导性能。

5. 选择相应温度等级的电子元器件

根据电子系统工作环境温度的要求，选择商业级（0 ℃～+70 ℃）、工业级（−40 ℃～+85 ℃）、汽车级（−40 ℃～+125 ℃）或军用级（−55 ℃～+125 ℃）。这四个级别的电子元器件其后缀通常为 C、I、A 和 M 标志。

6. 机箱的热设计

机箱的热设计应使传导、辐射、对流三种热交换能顺畅进行，以利于机箱的电子系统的散热，即必须考虑自然通风或强制冷却。

潮湿、盐雾、霉变也是影响电子系统正常工作的另三个因素。20 世纪 70 年代美国对机载电子设备的统计结果：由温度、粉尘、盐雾引起的故障约占总故障率的16%。故上述三个因素对可靠性的影响应予以重视。

1. 防潮设计

对潮湿敏感的元器件应密封在一定的空间内，同时密封壳内应放置干燥剂。

对一般的电子元器件可采用憎水、浸渍、表面冷覆、灌封及裹覆等处理。憎水处理是指使用低亲水性和吸湿性的材料，如硅油、有机硅树脂直接涂敷于元器件上。浸渍处理是指使用具有绝缘、耐热、防潮性能的材料，如环氧绝缘清漆、有机硅浸渍漆、环氧无溶剂绝缘烘漆等浸渍元器件，借以填充结构空隙、材料微孔。

2. 防盐雾处理

盐雾对海上使用的电子设备影响很大，它会腐蚀金属材料，降低电路的绝缘性能。防盐雾的办法主要是使设备和盐雾隔离，并对关键元器件密封或灌封处理。

5.12　如何实现"掉电参数保存"?

许多电子设备，就以电视机来说，希望它开机后保持上次观看时设定的频道和音量，省得每次开机又要重设。这一功能称为"掉电参数保持"。对于嵌入式系统更是经常需要具备的功能。

本次使用时设置的参数，如何在关电后，下次开机仍能保持，当然就得使用"不挥发性存储器"，早在 51 MCU 时代，只能外扩一片 EEPOM（Electrically Erasable Programmable read only memory，电可擦除可编程的只读存储器），如 24C02 等。自从闪速存储器（Flash Memory）问世，并很快被集成到 MCU 芯片之中，它的快速擦除（4~5 ms），大容量（MB），就不再需要外部程序存储器和 EEPOM 了，C8051F、MSP430、STM32 尽皆如此。

利用 FLASH 存储数据，要注意几个问题：

（1）讨论 FLASH Memory 时，首先要注意几个单位：bit（位，二进制的最小单位）；Byte（字节）=8 bit；页（小容量<512Kb）=1 024 bit=1 Kb，（大容量或互联型）=2 048 bit=2Kb；字（Word：长度 32 bit）；半字（长 16 bit）。

（2）FLASH 的地址安排如表 5.11 所列：表中地址以页为单位，每页 1 024 位（bit），擦除必须以页为地址，例如页 124 页的首地址应该是 0x0801F000，末地址是0x0801F3FF。首地址到末地址的数据全部置 1。

表 5.11　STM32RCT6 的 FLASH 地址安排

块	名　称	地址范围	长度/b
主存储区	页 0	0x08000000～0x080003FF	4×1 K
	页 1	0x08000400～0x080007FF	
	页 2	0x0800800～0x08000BFF	
	页 3	0x0800C00～0x080000FFF	
	页 4～7	0x08001000～0x08001FFF	4×1 K
	页 8～11	0x08002000～0x08002FFF	4×1 K
	…	…	…
	页 124～127	0x0801F000～0x0801FFFF	4×1 K
信息区	启动程序代码	0x1FFFF000～0x1FFFF7FF	2 K
	用户配置区	0x1FFF800～0x1FFFF9FF	512

（3）写/读以半字宽度为单位。

（4）写/读的首地址最好还是选页地址。

（5）最好使用页 124～127，避免和 FLASH 存储的程序冲突。

（6）需要给它留下几毫秒的搽除时间，且重复搽除周期<10 万次。

现以 STM32F103RCT6 为例：

```
#define FLASH_ADR1 0x0801F000    //定义 0x0801F000 为 FLASH 为变量 X 的首地址
#define FLASH_ADR2 0x0801F800    //定义 0x0801F800 为 FLASH 为变量 Y 的首地址
void FLASH_WRITEWORD(u32 data,u32 FLASH_ADR)//写函数
{
FLASH_Unlock();          //解锁;以下指令的含义,见"stm32f10X_FLASH.C"
FLASH_ClearFlag(FLASH_FLAG_BSY|FLASH_FLAG_PGERR|FLASH_FLAG_WRPRTERR|FLASH_FLAG_
EOP);//清除 FLASH_SR 寄存器中的 BSY,WRPRTERR,EOP 标志位
FLASH_ErasePage(FLASH_ADR);     //擦除从 FLASH_ADR 为起始地址的一页(2kB)
FLASH_ProgramWord(FLASH_ADR,data); //写一个字(32 位)到从 FLASH_ADR 为起始地址的 4 个
                                 //字节
FLASH_Lock();                   //加锁
}
int main(void)
(
u16 X,Y;
X = ( * (__IO uint32_t * )(FLASH_ADR1)); //读以 FLASH_ADR 地址指针的一个字
Y = ( * (__IO uint32_t * )(FLASH_ADR1)); //读以 FLASH_ADR 地址指针的一个字
FLASH_WRITEWORD(X,FLASH_ADR1);          //存 X 变量至 FLASH
FLASH_WRITEWORD(Y,FLASH_ADR1);          //存 X 变量至 FLASH
}
```

5.13 volatile 的作用

volatile 是 C 语言编程时的一种修饰词。在某个变量前加上 volatile,编译器在优化程序处理该变量时,必须每次都小心地重新读取这个变量的值(From Memory),而不是使用保存在寄存器里的备份。也就是说,编译器的优化不会改变该变量的值。笔者就遇到过被优化而改变了变量值的情况,加上 volatile,就正常了。

下面是 volatile 变量的几个例子:

(1) 并行设备的硬件寄存器(如:状态寄存器);

(2) 一个中断服务子程序中会访问到的非自动变量(Non-automatic variables);

(3) 多线程应用中被几个任务共享的变量。

volatile 多用在嵌入式开发中,一般场合不需要使用。

5.14 聊聊软件的可靠性问题

5.14.1 软件可靠性的一些基本概念

现代电子系统功能强大、结构复杂,往往以嵌入式芯片(MCU、DSP、ASIC 等)为核心,整个系统的运行管理、控制、信息处理以及通信等完全靠软件来完成。许多电子系统软件设计的工作量都远远超过硬件设计的工作量。软件可靠性的影响有时十分严重。例如,美国的一次宇宙飞行失败是由于用 Fortran 语言编写的程序少一个逗号造成的。Bell 实验室曾对一个 AT&T 运行支持系统作统计,发现 80% 的失效与软件有关。

为了保证软件的质量与可靠性,美国在世界上率先制定了软件工程标准,到目前已发布了蕴含军用软件在内的软件工程标准约 30 项。所谓软件工程标准是对软件开发、运行、维护和引退的方法和过程的统一规定。其中过程标准和产品标准为其最重要的组成部分。

表 5.12 为我国一些军用软件工程标准。

表 5.12 我国军用软件工程标准

标准号	标准名称	参考标准
GJB 437 - 88	军用软件开发规范	DOD - STD - 1679A:1983
GJB 438A - 97	武器系统软件开发文档	DI - MCCR - 8002 8:1986 等
GJB 439 - 88	军用软件质量保证规范	MIL - STD - 5277A:1979
GJB 1091 - 91	军用软件需求分析	IEEE - STD - 830:1984 IEEE - STD - 829:1983 等

标准号	标准名称	参考标准
GJB 1267 – 91	军用软件维护	FIPS – PUB – 106:1984 等
GJB 1268 – 91	军用软件验收	DOD – STD – 1703:1987 等
GJKB 1419 – 92	军用计算机软件摘要	FIPS – PUB – 30:1974
GJB 1566 – 92	军用计算机软件文档编制格式和内容	
GJB 2115 – 94	军用软件项目管理规范	FIPS – PUB – 105:1983
GJB 2255 – 94	军用软件产品	DOD – STD – 1703:1987
GJB 2434 – 95	军用软件测试与评估通用要求	ISO 9126:1991 等
GJB 2694 – 96	军用软件支持环境	DOD – STD – 1467A:1987
GJB 2786 – 96	武器系统软件开发	DOD – STD – 2167A:1988
GJB/Z 102 – 97	软件可靠性和安全性设计规则	SWC – TR – 89 – 33;MIL – HDBK – 764:1990 等
GJB 3181 – 98	军用软件支持环境选用要求	MIL – HDBK – 764:1990
	GJB 2786(武器系统软件开发)剪裁指南	MIL – HDBK – 287:1989
	军用软件验证和确认指南	F IPS – PUB – 132:1987

其中 GJB 2786《武器系统软件开发》规定了武器系统软件开发和保障的基本要求,它也适用其他民用产品。该标准还规定软件开发的 8 项主要活动:

(1) 系统需求分析和设计;

(2) 软件需求分析;

(3) 概要设计;

(4) 详细设计;

(5) 编码与计算机单元测试;

(6) 计算机软件部分集成与测试;

(7) 计算机软件配置项测试;

(8) 系统集成与测试。

我们把由于软件内部的缺陷或错误,致使其未达到规定功能的现象,称为"软件故障"。软件故障有如下特点:

(1) 与硬件失效率类似,软件故障与软件的长度基本上也是指数规律。美国"穿梭号"飞船的软件约有 4 000 万行代码,相当于 4 000 人年编程工作量。可以想象,要保证由若干人合作完成的这一大型软件的高质量,是一项何等艰巨的任务。

(2) 软件故障的出现可由外部原因和内部原因引起。外部原因主要是电磁干扰,而内部原因则来自于设计。软件的缺陷与错误不会源自语法,语法错误在调试过程中早已清除,而是来自于逻辑或算法上的错误。

(3) 软件不存在硬件的物理退化现象。一个正确的软件任何时刻都是可靠的。

(4) 软件的开发成果占系统成本的比例越来越高,已大大超过硬件成本。

(5) 软件错误出现的概率不尽相同。通过多次的测试可以排除那些容易出错的故障,而且一旦改正,则该种错误不会重复出现。对于中等复杂程度(>4 000 行代码)以上的软件,要保证无一错误,往往比较困难。

和硬件电路类似,软件的主要可靠性指标有如下指标。

1. 可靠度

软件可靠度是指在规定运行环境中,规定时间内,软件完成规定受功能的概率。这里的运行环境包括硬件环境(且设硬件无故障)、软件支持环境和软件的输入域。用 R(t)表示[0,t]时间内不发生失效的概率。

2. 软件失效强度

软件失败强度是指单位时间内软件发生失效的概率,用 $\lambda(t)$ 表示:

$$\lambda(t) = \frac{\dfrac{dR(t)}{dt}}{R(t)}$$

或 $R(t) = e^{-\int_0^t \lambda(t)dt}$。

3. 软件平均失效时间

软件平均失效时间(MTTF)是指软件投入运行到出现一个新失效的平均时间:

$$MTTF = \int_0^\infty R(t)dt$$

软件的失效原因通常有:

(1) 软件错误(Software Error)

软件错误是指在软件生存期内的人为错误,相对于软件本身,属外部行为,其后果是导致软件缺陷的产生。

例如,在某控制系统中,编写了一段将变量 X 减去某一数值,然后根据减的结果执行不同的操作。若用 ASM51 汇编语言写为

```
⋮
MOV A,X
SUBB A,#data
⋮
```

由于 SUBB A,#data 执行的是(ACC)-(data)-(C)的操作,程序执行此指令前,未赋予 C 以确定值,而出现程序漏洞。

(2) 软件缺陷(Software Defect)

软件缺陷是指存在于软件(文档、数据、程序)之中那些不希望或不可接受的偏差。其特点是软件运行于某一特定条件下被激活,而出现软件故障。

上述的程序中,在该控制系统大多数运行时间里,C=0,软件未出现错结果。但在个别情况下,C=1,以致出软件错误被激活。

(3) 软件故障(Software fault)

软件故障是指软件运行过程中出现的一种不希望或不可接受的内部状态。例如上述软件在被错误激活后,产生了错误的 ACC 值。

(4) 软件失效(Software Failure)

软件失效是指软件运行时产生的不希望或不可接受的外部行为结果。

上例中由 ACC 值的错误,导致执行错误操作,控制系统正常运行被破坏,软件失效。

5.14.2 软件可靠性设计

软件可靠性设计的目的是从设计的角度如何减少甚至消除软件的疏漏、软件隐藏的故障等,以减小软件的失效率。

1. 认真仔细地了解对软件的需求

必须与软件用户进行仔细地的沟通,明确对软件无一遗漏的所有要求,有时还需要与用户协商,以确定最终的软件设计规范。

2. 选择合适的程序设计方法

常用的可供选择的程序设计方法有如下三种:

(1) 模块程序设计法

把整个程序划分为若干个小的程序模块(通常为功能模块),先编写调试好这些模块,再将这些模块用主程序连接起来。这种方法的优点是,各模块可分工独立调试,模块本身一般也比较简单,可多次调用,许多时候可选用成熟的模块。缺点是,各模块连接时,需进行参数传递,占有更多的内存。

(2) 自顶向下的程序设计法

先从主程序开始设计,从属的程序用代号表示。主程序设计完成后,再设计各从属程序,直至每条指令。这种设计方法的优点是:设计、测试和连接按一条线索进行,便于较早发现、解决出现的问题。缺点是这种树形结构,一旦上层出现错误,对整个程序有严重影响。

(3) 结构化程序设计法

按图 5.16 三种标准结构进行编程。这种设计方法条理清晰、编写容易,也容易找错误。问题是并非每一种要求都能简单地表示为这三种结构,需要进行非标准结构到标准结构的转换

选择自己熟悉的设计方法可缩短设计周期,减少出错的可能。

3. 选择合适的编程语言

对于常用的嵌入式系统而言,C 是最常用的语言。但对于实时性要求高,而计算

262

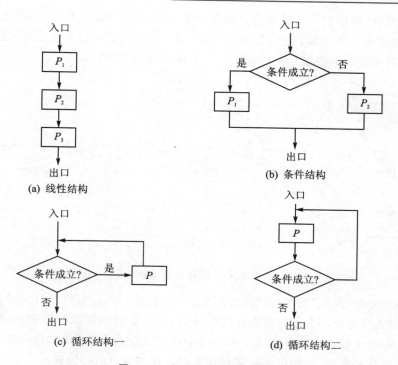

图 5.16　程序的三种基本结构

又很简单的地方，也可以采用汇编语言。采用混合编程能发挥各自的长处，也是一种好方法，只是参数传递要特别小心。

4. 软件容错

软件容错首先要对故障进行检测，检测的方法有：重执测试、逆推测试、编码测试、接口检测等。从故障显露到故障检测需要一定的时间。此期间内故障可能被传播，引起系统一个或多个变量被改变，所以需对损害进行估计。软件容错设计可以将软件从故障状态转移到非故障状态，软件抗干扰设计中的冗余、陷阱就具有这种功能。

5. 软件测试

软件测试贯穿于软件定义与开发的整个期间，图 5.17 表示了软件测试的过程。其目的在于发现错误。其中单元测试是为了检查模块或子程序的功能是否符合要求，一般均在这些程序编写完成后立即进行。测试内容包括模块接口、局部数据结构、重要路径、边界条件及出错处理能力测试。组装测试在单元测试后进行，此时需将各单元模块按设计要求组装成系统。此项测试的目的在于发现程序结构的错误。确认测试的任务是验证软件的功能和性能及其他特征是否与用户的要求一致。系统测试是将通过确认测试的软件，作为整个嵌入式系统的一个元素，与系统硬件、外设、某些支持软件、数据和人员等其他元素组合在一起,在实际运行环境下进行的一系列测试,其目的在于通过与系统的需求定义作比较,找出与之不相符合之处。这种测试的主要内容包括功能测试、吞吐量测试、可用性测试、容错测试等。

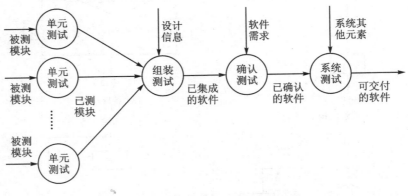

图 5.17　软件测试过程

　　软件常采用"黑盒"和"白盒"两种测试方法,黑盒测试是把测试对象看作一个黑盒子,测试人员完全不考虑软件内部的特性,只依据软件的需求规格说明书,检查程序功能是否符合要求。白盒测试又称为结构测试或逻辑驱动测试,它把被测试软件看作一个打开的盒子,使测试人员能对软件的过程与细节进行检查。

5.14.3　软件抗干扰

　　而对电子系统所承受的各种干扰,采用 5.3.2 小节所介绍的各种硬件抗干扰措施加以抑制,可谓是第一道防线;也可以利用软件构筑第二道防线,事实证明这种软硬兼施的办法是抗干扰的有力手段,往往能获得满意的效果。

　　外部干扰对数字系统的影响常常表现在三个方面:即对数字系统输入数字信号,包括 ADC 所取得的数字信号的影响;对系统输出信号,包括 DAC 输入数字信号的影响以及直接对 CPU 程序的影响。以下将从这三个大方面简要介绍一些软件抗干扰措施。

1. 对数字输入量的抗干扰措施

　　对电子系统的数字输入信号连续 m 次采集,若有 n 次结果相同,则认可。若 m 次采集完,未达到 n 次相同,则给出失败标志。最高采集次数 m 和相同次数 n 可根据实际情况决定,当然也可以取 $n=m$。有时每次采集后有意延迟一段时间,则对较宽的干扰信号的抑制作用会更好一些。

2. 对 ADC 获取的数字量的抗干扰措施

　　对 A/D 输入模拟信号所含噪声等干扰以及 A/D 本身的噪声,采用如下一些数字滤波技术,可有效地提高抗干扰性能。

算术平均值滤波：求取 n 次采样的算术平均值，对抑制随机干扰效果显著。n 值愈大，滤波效果愈好，当然耗时也愈长。n 取值一般为 2 的整数幂，以便编程时用移位指令代替除法，加快程序执行的速度。

去极值平均滤波：连续采样 n 次，去掉其中的一个最大值和一个最小值，然后求 $n-2$ 次的算术平均值。这种方法对偶而出现的脉冲干扰有较好的抑制效果。当然 $n-2$ 最好取为 2 的整数幂。

程序判断滤波：如果系统模拟量变化较慢，且已经知道相邻两次采样值之差的最大值。据此可为程序设置一个最大变化范围。每次采样后都与上次采样值进行比较，超出此范围者，认为是干扰而放弃。只有在此范围内的数据才认可。

滑动平均值滤波：它只采样一次，将此次采样值和过去的若干次采集值一起求平均值。由于省去了 $n-1$ 次采样，使此算法的速度大大加快，这样既保证了采样的灵敏度，又保证了平滑效果。

低通滤波：软件低通滤波的算法是：

$$Y_n = \alpha X_n + (1-\alpha)Y_{n-1}$$

式中 X_n 为本次采集值，Y_{n-1} 为上次滤波输出值，α 为滤波系数，通常 $\alpha \ll 1$。由此可见，本次采样值的贡献甚小。这种算法模拟了具有较大惯性的低通滤波器的功能。其截止频率

$$f_L = \frac{\alpha}{2\pi t}$$

式中 t 为采样间隔时间。

3. 50 Hz 工频干扰的抑制

50 Hz 工频干扰是工业现场的主要干扰源。为抑制它，除了采用双积分 ADC，且通过时钟选择，使其定时积分的时间为 20 ms 的整倍数之外，采用 $\sum - \Delta$ 型 ADC，且软件编程使其刷新率为 50 Hz，也可以取得明显的效果。

5.14.4　数字输出信号的抗干扰措施

电子系统特别是控制系统的数字输出当受到干扰时，有时会产生相当严重的后果。

不论是电平式或同步锁存式数字输出，还是直接数字输出或经 DAC 输出，最有效的抗干扰方法就是重复输出同一信息。重复时间可根据具体情况，尽量的短一点，使接受了干扰信息的外部设备来不及动作。

5.14.5　CPU 的抗干扰措施

电磁干扰对 CPU 的影响主要有二条路径，一条是干扰 CPU 的三总线，一条是干扰 CPU 内部的程序计数器（PC）。

1. 休眠抗总线干扰

使 CPU 没有任务时进入休眠（Sleep）工作状态，不仅可大大节省功耗，而且此时总线休眠，干扰对它不起作用。据统计多数 CPU 可以有 $50\%\sim95\%$ 的时间可以休眠，这就有效地降低了干扰的影响。

2. 指令冗余

这是一种以软件资源（指令、内存空间）、运行速度换取可靠性的措施，它适用于干扰破坏指令计数的情况。

3. 软件陷阱

也是一种以软件资源、运行速度换取可靠性的措施。也是用以对于干扰到程序计数器指针的情况。

软件陷阱实际上是使用两条或两条以上的 NOP 指令，将错误指向这二条指令的 PC，指向一条错误处理程序或指向初始化程序：

```
NOP
NOP
JMP    ERR
```

软件可以安排在未使用的大片程序存储器区；未使用的中断向量区。

4. 监视定时器

监视定时器（Watchdog Timer）又称"看门狗"是一种当程序受干扰而陷入死循环时，使 CPU 脱离死循环的抗干扰方法。它弥补了指令冗余和软件陷阱的不足。

软件定时器是利用 CPU 中的定时器，使其在规定的时间产生溢出中断，转向出错处理或复位。正常的程序应不断地在上述规定时间内使监视定时器"复位"（一般为装填计时初始值），同时必须设置监视定时器的中断为高级中断。这样只要程序正常运行，不陷入死循环，监视定时器永远不会溢出。

早期的 MCS-51 类 MCU，要使用监视定时器，必须由 SSI 或 MSI 与 MCU 配合，才能实现。现在，C8051F、MSP430 或 STM32 芯片内部均内含监视定时器，使用十分方便。

实践表明，在工业应用场合使用监视定时器确能起到要当好的抗干扰作用。但是，也应该看到它只能在程序受到干扰陷入死循环的情况下，发挥作用。然而有的干扰能使程序执行错误，但不进入死循环，这时它将无能为力，甚至掩盖了这些错误。

5.15　一种提高测量精度的方法－曲线拟合

在许多场合，测量的数据不尽如人意。例如 ADC 输模拟量与数字量之间；DAC

数字量与模拟输出量之间并非严格的线性关系,使用多段折线法,并不是个好主意。而利用曲线拟合的方法,可以比较好的改善它们之间的关系,提高测量精度。

以 0.3 MPa 的这条曲线来说,其流量和供电电压之间的关系如表 5.13 所列。

表 5.13　Model 3020 比例电磁阀流量与供电电压的关系

流量/sccm	1000	900	800	700	600	500	400	300
电压/mV	8827	8468	8174	7830	7494	7180	6850	6510

利用 Excel 等软件,进行拟合操作。打开 Excel 2013 界面,在 A 和 B 栏按上表输入各 8 个参数。"插入→图表→圆滑曲线",将得到图 5.18 的图形。选"＋"、选"趋势线",进而选一般常用的"多项式"。选"顺序"(阶数)为 2,并"显示公式"和"显示 R 平方值",就得到了拟合公式

$$y = 8E - 08x^2 + 3.2896x + 9527$$

相关系数 $R^2 = 0.9999$。说明拟合后的线性已相当好。

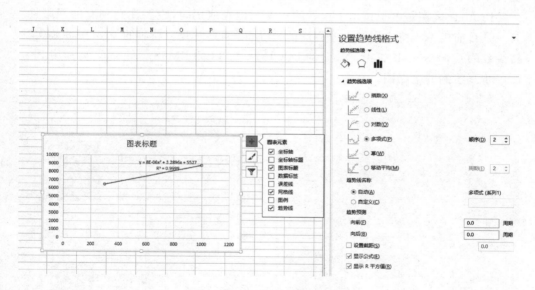

图 5.18　Excel 图形

需要指出的是:这种拟合方法特别适用于那些单个的样机,如电子设计竞赛的作品。对于批量生产的产品,由于被拟合器件参数的离散性,精度难以保证,除非器件参数的一致性很好。

对于非线性严重器件的拟合,可以使用高阶的多项式或其他曲线。相关系数也不可能这么高。

5.16　注意 proteus 的局限

Proteus 软件是英国 Lab Center Electronics 公司出版的 EDA 工具软件。和其他 EDA 工具软件比较，其最大的特点是能仿真单片机及外围器件。这就为广大电子技术工作者带来极大的方便，可以在不焊接硬件电路的情况下，运行编制的程序，观察设计是否可行。

Proteus 从原理图布图、代码调试到单片机与外围电路协同仿真，一键切换到 PCB 设计，真正实现了从概念到产品的完整设计。它是将电路仿真软件、PCB 设计软件和虚拟模型仿真软件三合一的设计平台，其处理器模型支持 8051、HC11、PIC10/12/16/18/24/30/DsPIC33、AVR、ARM、8086 和 MSP430 等，2010 年又增加了 Cortex 和 DSP 系列处理器，并持续增加其他系列处理器模型。在编译方面，它也支持 IAR、Keil 和 MPLAB 等多种编译器。

Proteus 确实是电子技术工作者的福音。但在应用时，也要注意到它的局限性：其一是目前尚不支持应用已十分广泛的 STM32 系列芯片。新版的 Proteus8 确实支持少数的 Cortex - M3 芯片，NXP 的 LPC13xx 和 TI 的 LM3S。图 5.19 为利用 Proteus 仿真绘制的电路图。

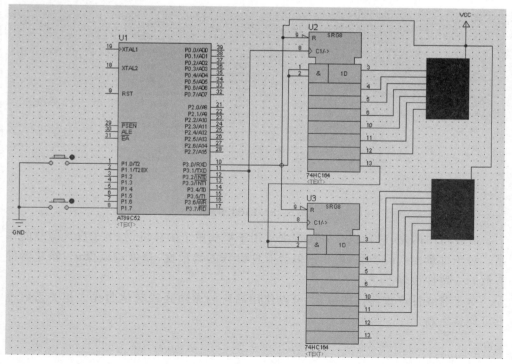

图 5.19　Proteus 静态 LED 显示电路

此电路由 AT89C52 通过串口、移位寄存器 74HC164,驱动共阳极的两位 LED 数码管。在程序的支持下可以正确地带动 LED 仿真显示。但是这仅仅说明逻辑设计正确。如果真的按图焊接一个电路出来,正确显示不久,数码管就可能会烧毁。原因很简单:LED 竟然没有限流电阻!

Proteus 的这个局限性值得注意,并在确定硬件电路时,予以纠正。

5.17　STM32F103RCT6 应用实例:气体流量闭环控制

某化学分析仪器需要为化学反应系统提供流量稳定、可数控的氩气(气体 A、气体 B)。流量设置范围 300～1200 sccm(毫升/分钟,ml/min)。环境温度 20～30 ℃。氩气由钢瓶、一次减压稳压阀(0.4 MPa)、二次减压稳压阀(0.3 MPa)提供。

早期的流量由阀体和可调整的锥状减压针控制。为了能数控,每个出气口由开关型的微型电磁阀控制。例如由 200、400、800 sccm 的电磁阀可组合控制 200～1400 sccm 的流量。这种流量控制有三个问题:一是流量设置值有限,二是温度影响难以补偿,三是前端稳压阀难以准确稳定气体压力,导致流量变化。

首先我们需要一款能进行流量控制,而非简单通断控制的电磁阀,这种电磁阀称为"比例电磁阀"。MODEL 3000 系列的小型微流量比例电磁阀可以满足流量范围、电源电压、功耗、体积等要求。其外形如图 5.20(a)所示。

由图 5.20(a)图左可知,阀体为圆柱状,内装弹簧和电磁线圈。通电后,气体使两个 Φ3 的孔互通,两个通气孔的左右为安装孔。(a)图右是电磁阀安装在阀体上的示意图。

图 5.20(b)为其结构示意图,关键是弹簧和电磁线圈。未通电时弹簧伸展,将通气孔封闭;通电时,线圈压缩,使通气孔张开,通过的流量受电磁阀张开角,即加诸与电磁线圈的直流电压或电流控制。

(a) 外形图

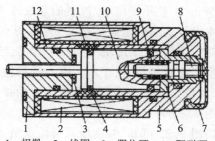

1—极靴；2—线圈；3—限位环；4—隔磁环；
5—壳体；6—内盖；7—盖；8—调节螺丝；
9—弹簧；10—衔铁；11—支撑环；12—导向环

(b) 结构示意图

图 5.20　Model 3020 型比例电磁阀

Model 3000 系列比例电磁阀的电特性如表 5.14 所列。

表 5.14　Model 3000 系列比例电池阀的电特性

型　号		3000 系列				
		3010	3020	3030	3040	3050
孔口直径/mm		0.08	0.28	0.5	0.75	1.3
压力	耐压	980 kPa				
	操作差压	～0.98 MPa		～0.6 MPa		～0.4 MPa
控制	电源	24 VDC＋－10％（PWM 控制可用）				
	控制电压范围	7VDC－20VDC（24VDC）				
	耗电量	最高 2W				
	磁滞	15％以下（满刻度电流）				
过滤器		20 μm（IN,OUT）			无过滤器	
内部泄漏		适用气体 0.1 ml 分钟或更低				
工作温度范围		0 ℃～50 ℃				
保存温度范围		－5 ℃～70 ℃				
需暴露于气体部分的材料		BsBM(C3604)、SUS430F、氯化橡胶、SUS316、SUS304				
尺寸/mm		□13×17.5＋Φ19×31				
连接口		Φ3.0（标准）				
重量		约 60 g（附 Rc1/8 时,约为 180 g）				

本闭环系统采用 Model 3020,供电电压 12 V。功耗为 2 W。实测 12 V 时,电流约 50 mA。

图 5.21 为电磁阀供电电压与流量的关系。横轴为供电电压,1.5 V/div。纵轴为流量,每格 600 nl/min。

图 5.21 显示了电压/流量的非线性关系,更清楚地显示出气压对流量的巨大影响。本设计选用的是氩气（Ar）,气压为 0.3 MPa。此图为气体为空气的情况。氩气的相对密度约为 1.38,故在 12 V 时,流量约为 1.96＊1.4 ml/min＝2 700 ml/min。

值得注意的是,由于利用磁力进行控制,故存在"磁滞"现象,所以在同一气压下,电压/流量是两条。这种电磁阀磁滞的指标为＜15％（满刻度电流）。

图 5.22 为此种电磁阀的温度特性。

由图 5.22 可知,温度增高会使流量下降。这一点得靠闭环反馈来解决。

表 5.15 为某个 F3020 比例电磁阀实测的电压/流量关系。

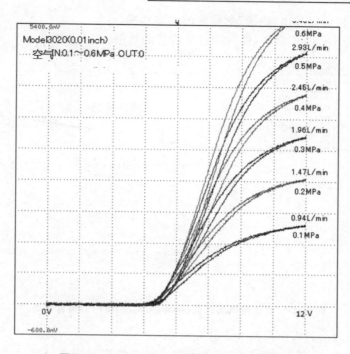

图 5.21　**Model 3020 电磁阀电压与流量关系**

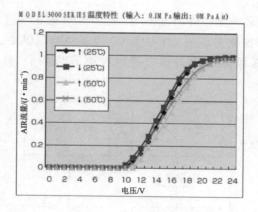

图 5.22　电池阀的温度特性

表 5.15　电压/流量关系

供电电压/mV	800	850	900	950	1000	1050	1100
由小到大流量/sccm	273	441	629	832	1018	1205	1397
流量平均值/sccm	300	471	658.5	854	1051	1225	1397
由大到小流量/sccm	327	501	688	876	1084	1245	1397

由上述数据可以看出"磁滞"对特性的明显影响。

图 5.23 为 Excel 拟合图，输入的是平均值的数据。

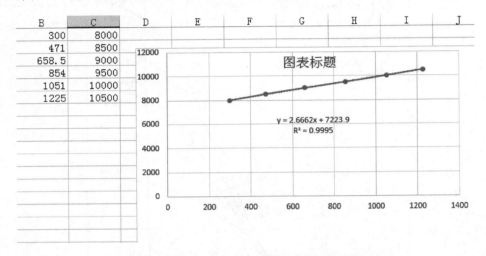

B	C
300	8000
471	8500
658.5	9000
854	9500
1051	10000
1225	10500

图表标题

$y = 2.6662x + 7223.9$
$R^2 = 0.9995$

图 5.23　比例电磁阀流量（sccm）与电压（mV）的拟合曲线

拟合结果为：$y = 2.666\,2x + 7\,223.9$。

此线性关系，也有 0.999 5 的相关系数。软件程序即按此公式计算比例电磁阀的供电电压。

图 5.24 为流量闭环控制硬件的方框图。0.3 MPa 的氩气进入 Model 3020 比例电磁阀，比例电磁阀的控制电压由 MCU DAC 经驱动电路供给。MCU 内含 ADC、DAC，由主机串口传送设定的流量值。通过控制算法将软、硬件闭环，达到流量稳定。

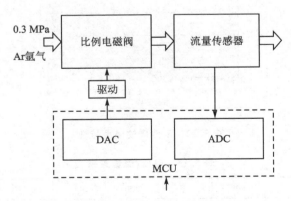

图 5.24　流量闭环方框图

流量传感器采用 F1012 微流量传感器，它是利用热力学原理对流道中的气体介质进行流量监测，具有很好的精度与重复性。F1012 微流量传感器内置有温度传感器,每只都进行专有的温度补偿校准;同时具有线性模拟电压输出,使用方便。

传感器使用了最新一代 MEMS 传感器芯片技术,无漂移,无滞后,经过完全校准和温度补偿,线性或开方特性输出;模拟或数字输出。其外形如图 5.25 所示。

图 5.25　F1012 微流量传感器外形

表 5.16 为 F1012 的技术指标。

表 5.16　F1012 的技术指标

产品型号	F1012 微流量传感器		
量程	20、30、50、100、200、500、1 000、1 200、2 000 sccm		
	最小	典型值	最大	单位
满量程输出	4.90	5.00	5.10	V
零流量输出	0.96	1.00	1.04	V
工作电压	7.0	10.0	14.0	V
工作电流	15	25	30	MA
精度	—	±1.5	±2.5	%F.S
重复性	—	±0.3	±0.5	%F.S
年漂移	—	±0.1	±0.5	%F.S

本闭环电路选择的是量程为 1 200 sccm 氩气标定的产品,采用模拟电压输出。

图 5.26 为控制电路拓扑。

MCU 采用 STM32F103RCT6。主要着眼点在于它有 2 个 12 位的 ADC 和 2 个 12 位的 DAC,其分辨率可以满足电路精度的要求。它有多达 5 个串口,这里只用了 U1－USART 从连接器 P4 接收主机以 9600 波特率发来的 A 气体与 B 气体流量。流量传感器 F1012 接在 P2 和 P1 插座,1～5 V 的模拟电压经衰减约为 0.66～3.3 V 送往 MCU 的 ADC0 和 ADC1,以测量流量。由 DAC1 和 DAC2 送往数控稳压电源误差放大器的参考电压输入端。此数控稳压电路保证了电磁阀供电的稳定。电压由中功率调整功率管 2SD1164 提供给比例电磁阀。比例电磁阀的开角由 DAC 输入数字量决定。

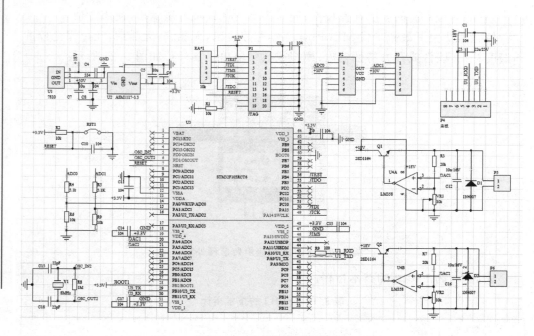

图 5.26　流量闭环控制电路

　　MCU 一个最大的特点，就是软硬件紧密结合。硬件的动作完全由程序指挥。

　　流量闭环控制的主程序流程如图 5.27(a)所示。MCU 上电后，首先执行时钟配置、端口（ADC、DAC、串口等）配置、串口初始化、ADC0 及 ADC1 初始化、DAC0 及 DAC1 初始化。将最常用的 A 气体流量值、B 气体流量值，经图 5.17.2 Model 3020 电磁阀电压与流量的拟合关系：

$$y = 2.666\,2x + 7\,223.9$$

（y 为电压值（mV），x 为流量值（sccm））

　　计算出电磁阀供电电压，并经 DAC、驱动电路输出，获取一定的电磁阀开启角。

　　图 5.27(b)为串口中断服务程序流程图。一旦主板设置了新的流量值，主板立即产生串口中断。通过串口中断服务程序，以 9 600 的波特率，先将仪器主窗口设置的 A 气体流量（整形变量）拆成 2 个字节传送过来，再传送过来 B 气体流量。

　　将设定的流量值分别经图 5.28 的拟合曲线：

$$y = 0.003\,3x + 1.001\,7$$

求出相应的电压作为设定流量的标准设定值。把电磁阀控制电压与设定值经过控制算法进行比较处理，如经典的比例积分微分（PID）算法或模糊算法，甚至简单的"二位式控制算法"，使电磁阀的流量能紧密跟踪设定的流量。

　　本控制板主程序在得到串口传送来的新 A 气体与 B 气体的流量以后，立即产生串口中断，串口服务程序将接收到的流量值，经图 5.28 的拟合线，求出相应的电压作

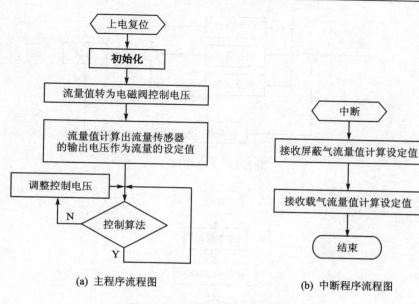

(a) 主程序流程图　　　　　　　　(b) 中断程序流程图

图 5.27　流量闭环的程序流程图

为新设定流量的标准设定值,即将设定值更新。

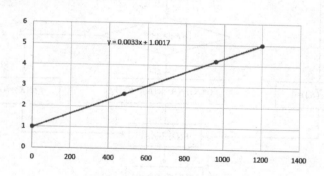

$y = 0.0033x + 1.0017$

图 5.28　流量传感器流量与输出电压

主程序继续通过控制算法使系统在新值下稳定运行。

本控制系统不论输入气体的压强变化,还是环境温度变化,都能平稳运行,使流量相对稳定。

系统的稳定性取决于流量传感器的性能。它按设定流量作为标准设定值,实际流量值不管用什么控制算法,都是和它比较,所以它是关键部件。

PID 控制是控制中最常见的控制器,其由比例、积分、微分等部分组成,常见的结构框图如图 5.29 所示。

本次 PID 控制采用增量型算法,具有变积分、梯形积分和抗积分饱和功能,具体的软件流程如图 5.30 所示。

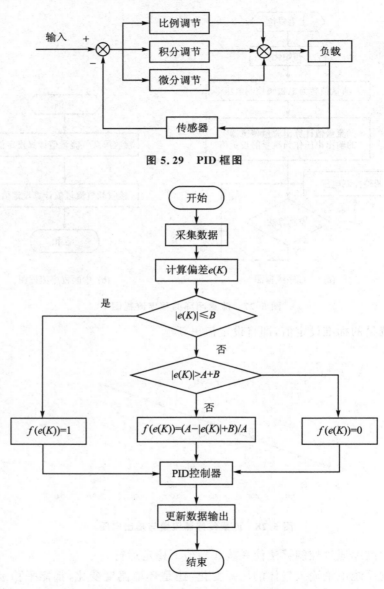

图 5.29　PID 框图

图 5.30　PID 流程图

　　PID 控制的核心内容为参数的整定。PID 控制的参数是根据被控过程的特性确定 PID 控制器的比例系数、积分时间和微分时间的大小。

　　PID 控制器参数整定的方法很多，概括起来有两大类。一是理论计算整定法。它主要是依据系统的数学模型，经过理论计算确定控制器参数。这种方法所得到的计算数据未必可以直接用，还必须通过工程实际进行调整和修改。二是工程整定方法，它主要依赖工程经验，直接在控制系统的试验中进行，且方法简单、易于掌握，在工程实际中被广泛采用。

　　PID 控制器参数的工程整定方法，主要有临界比例法、反应曲线法和衰减法。三种方法各有其特点，其共同点都是通过试验，然后按照工程经验公式对控制器参数进行整定。但无论采用哪一种方法所得到的控制器参数，都需要在实际运行中进行最后调整与完善。一般采用的是临界比例法。

　　利用该方法进行 PID 控制器参数的整定步骤如下：

　　（1）首先预选择一个足够短的采样周期让系统处于工作状态；

　　（2）令积分系数和微分为零，仅加入比例控制环节，直到整个系统对输入的阶跃响应出现临界振荡，记下这时的比例放大系数和临界振荡周期；

　　（3）在一定的控制度下通过公式计算得到 PID 控制器的参数。

　　在本设计中微分项采用不完全微分，一阶滤波。不完全微分系数越大滤波作用越强。

　　以下为程序清单：

```
/ * * * * * * * * * * * * * * * * * * * * * * * * * * * * * * * * * * * * * * * * * * * * * * * * * /
//文件描述:闭环流量控制
//版本：V4.1
//创始时间:2018 - 01 - 01
//作者:奚大顺,刘静
/ * * * * * * * * * * * * * * * * * * * * * * * * * * * * * * * * * * * * * * * * * * * * * * * * * /
# include "stm32f10x.h"
# include "string.h"
# include "stdio.h"
# include "math.h"
# include <stdlib.h>
# include "stm32f10x_adc.h"
# define   Ddac_A DAC->DHR12R1
# define   Ddac_B DAC->DHR12R2
# define FLASH_ADR1 0x0801E000   //定义 0x0801E000(FLA)为 FLASH 代替 EEPROM 的起始地址
# define FLASH_ADR2 0x0801F000   //定义 0x0801F000(FLB)为 FLASH 代替 EEPROM 的起始地址
# define KP_INC     0.6          //P 参数
# define KI_INC     0.03         //I 参数
# define KD_INC     0.01         //D 参数
/ * * * * * * * * * * * * * * * * * * * * * * * * *
自定义全局变量、
* * * * * * * * * * * * * * * * * * * * * * * * * * /
u8 i = 0;
static u16 ADCA,ADCA_SET,DACA;        //ADCA:A 气体 ADC0 读值
static u16 ADCB,ADCB_SET,DACB;        //ADCB:B 气体 ADC1 读值;:B 气体 ADC 读值
u16 FLA,FLB;                          //FLA 从主控板串口发来的 A 气体流量值;
```

```
                                        //FLB :B 气体从主控板串口发来的流量值
    u16 FL_Temp,FLH,FLL;
    u8 SC_Flag;                          // = 0:,A 气体; = 1:,B 气体
    static uint16_t DACA_SET, DACB_SET;
    void FLASH_WRITEWORD(u32 data,u32 FLASH_ADR)
    {
      FLASH_Unlock();                    //解锁;以下指令的含义,见"stm32f10X_FLASH.C"
    FLASH_ClearFlag(FLASH_FLAG_BSY|FLASH_FLAG_PGERR|FLASH_FLAG_WRPRTERR|FLASH_FLAG_
    EOP);
          //清除 FLASH_SR 寄存器中的 BSY,WRPRTERR,EOP 标志位
      FLASH_ErasePage(FLASH_ADR);        //擦除从 FLASH_ADR 为起始地址的一页(2KB)
      FLASH_ProgramWord(FLASH_ADR,data);
    //写一个字(32 位)到从 FLASH_ADR 为起始地址的 4 个字节
      FLASH_Lock();                      //加锁
    }
    void RCC_Configuration(void)
    {
      / * 定义枚举类型变量 HSEStartUpStatus * /
      ErrorStatus HSEStartUpStatus;
      / * 复位系统时钟设置 * /
      RCC_DeInit();
      / * 开启 HSE * /
      RCC_HSEConfig(RCC_HSE_ON);
      / * 等待 HSE 起振并稳定 * /
      HSEStartUpStatus = RCC_WaitForHSEStartUp();
      / * 判断 HSE 起是否振成功,是则进入 if()内部 * /
      if(HSEStartUpStatus = = SUCCESS)
      {
      / * 选择 HCLK(AHB)时钟源为 SYSCLK 1 分频 * /
      RCC_HCLKConfig(RCC_SYSCLK_Div1);
      / * 选择 PCLK2 时钟源为 HCLK(AHB) 1 分频 * /
      RCC_PCLK2Config(RCC_HCLK_Div1);
      / * 选择 PCLK1 时钟源为 HCLK(AHB) 2 分频 * /
      RCC_PCLK1Config(RCC_HCLK_Div2);
      / * 设置 FLASH 延时周期数为 2 * /
      FLASH_SetLatency(FLASH_Latency_2);
      / * 使能 FLASH 预取缓存 * /
      FLASH_PrefetchBufferCmd(FLASH_PrefetchBuffer_Enable);
      / * 选择锁相环(PLL)时钟源为 HSE 1 分频,倍频数为 9,则 PLL 输出频率为 8MHz * 9 =
      72MHz * /
      RCC_PLLConfig(RCC_PLLSource_HSE_Div1, RCC_PLLMul_9);
      / * 使能 PLL * /
```

```
    RCC_PLLCmd(ENABLE);
    /*等待 PLL 输出稳定 */
    while(RCC_GetFlagStatus(RCC_FLAG_PLLRDY) = = RESET);
    /*选择 SYSCLK 时钟源为 PLL */
    RCC_SYSCLKConfig(RCC_SYSCLKSource_PLLCLK);
    /*等待 PLL 成为 SYSCLK 时钟源 */
    while(RCC_GetSYSCLKSource() ! = 0x08);
    }
    /*打开 APB2 总线上的 GPIOA 时钟*/
    RCC_APB2PeriphClockCmd ( RCC_APB2Periph_GPIOA | RCC_APB2Periph_GPIOB | RCC_
APB2Periph_GPIOD , ENABLE);        //串口 1 - - PCLK2
  }
  void Usart_Configuration(void)
  {
    //GPIO 端口设置
    GPIO_InitTypeDef GPIO_InitStructure;
    USART_InitTypeDef USART_InitStructure;
    NVIC_InitTypeDef NVIC_InitStructure;
   RCC_APB2PeriphClockCmd(RCC_APB2Periph_GPIOA, ENABLE);        //使能 USART1,GPIOA 时钟
   RCC_APB2PeriphClockCmd(RCC_APB2Periph_USART1, ENABLE);
    //USART1_TX    GPIOA.2
  GPIO_InitStructure.GPIO_Pin = GPIO_Pin_9;            //PA.9  U1_TX
  GPIO_InitStructure.GPIO_Speed = GPIO_Speed_50MHz;
  GPIO_InitStructure.GPIO_Mode = GPIO_Mode_AF_PP;      //复用推挽输出
  GPIO_Init(GPIOA, &GPIO_InitStructure);               //初始化 GPIOA.2
  //USART1_RX      GPIOA.3 初始化
  GPIO_InitStructure.GPIO_Pin = GPIO_Pin_10;           //PA.10  U1_RX
  GPIO_InitStructure.GPIO_Mode = GPIO_Mode_IN_FLOATING;//浮空输入
  GPIO_Init(GPIOA, &GPIO_InitStructure);
  //USART1 NVIC 配置
  NVIC_InitStructure.NVIC_IRQChannel = USART1_IRQn;          //中断号
  NVIC_InitStructure.NVIC_IRQChannelPreemptionPriority = 3 ; //抢占优先级 3
  NVIC_InitStructure.NVIC_IRQChannelSubPriority = 3；        //子优先级 3
  NVIC_InitStructure.NVIC_IRQChannelCmd = ENABLE;            //IRQ 通道使能
  NVIC_Init(&NVIC_InitStructure);                    //根据指定的参数初始化 VIC 寄存器
   //USART 初始化设置
   USART_InitStructure.USART_BaudRate = 9600;                //串口波特率
   USART_InitStructure.USART_WordLength = USART_WordLength_8b;
//字长为 8 位数据格式
   USART_InitStructure.USART_StopBits = USART_StopBits_1；//一个停止位
   USART_InitStructure.USART_Parity = USART_Parity_No;       //无奇偶校验位
   USART_InitStructure.USART_HardwareFlowControl = USART_HardwareFlowControl_None;
```

//无硬件数据流控制

```
USART_InitStructure.USART_Mode = USART_Mode_Rx | USART_Mode_Tx;   //收发模式
  USART_Init(USART1, &USART_InitStructure);                        //初始化串口 1
  USART_ITConfig(USART1, USART_IT_RXNE, ENABLE);                   //开启串口接受中断
  USART_Cmd(USART1, ENABLE);                                       //使能串口 1

}
/* ************************************************************
 * 函数名      : Gpio_Configuration
 * 函数描述    :设置通用 GPIO 端口功能
 ************************************************************/
void Gpio_Configuration(void)
    {
GPIO_InitTypeDef GPIO_InitStructure;
RCC_APB2PeriphClockCmd(RCC_APB2Periph_GPIOA|RCC_APB2Periph_GPIOB|RCC_APB2Periph_
GPIOC|RCC_APB2Periph_GPIOD , ENABLE);
    //使能 GPIOA,GPIOB,GPIOC,GPIOD 时钟
GPIO_InitStructure.GPIO_Pin = GPIO_Pin_4|GPIO_Pin_5;
/* 初始化 GPIOA 的引脚为模拟状态 */
GPIO_InitStructure.GPIO_Mode = GPIO_Mode_AIN;/* PA4 - DAC1,PA5 - DAC2:电流输出通
道 */
GPIO_InitStructure.GPIO_Speed = GPIO_Speed_50MHz;
GPIO_Init(GPIOA,&GPIO_InitStructure);
    }
/* ************************************************************
 * 函数名：DAC1_Init
 * 函数描述:初始化 DAC1
 * 功能描述:灯电流设置,初始为 30/4096mA,直流
 ************************************************************/
    void DAC1_Init(void)
    {
    RCC - >APB2ENR| = 1≪2;           //使能 PORTA 时钟
    RCC - >APB1ENR| = 1≪29;          //使能 DAC 时钟
    GPIOA - >CRL& = 0XFFF0FFFF;
    GPIOA - >CRL| = 0X00000000;       //定义 PA.4 为模拟输入(出)口
    DAC - >CR| = 1≪0;                //使能 DAC1
    DAC - >CR| = 1≪1;                //DAC1 输出缓冲不使能(BOFF1 = 1)
    DAC - >CR| = 0≪2;                //不使用定时器触发(TEN1 = 0)
    DAC - >CR| = 0≪3;                //DAC TIM6 TRG0 关闭
    DAC - >CR| = 0≪6;                //不使用波形发生
    DAC - >CR| = 0≪8;                //屏蔽幅值设置
    DAC - >CR| = 0≪12;               //DAC DMA 不使能
```

```
    }
/* * * * * * * * * * * * * * * * * * * * * * * * * * * * * * * * * * * * * * * *
* 函数名：DAC2_Init
* 函数描述：初始化 DAC2
* * * * * * * * * * * * * * * * * * * * * * * * * * * * * * * * * * * * * * * */
   void DAC2_Init(void)
   {
   RCC - >APB2ENR| = 1≪2;            //使能 PORTA 时钟
   RCC - >APB1ENR| = 1≪29;           //使能 DAC 时钟
   GPIOA - >CRL& = 0XFF0FFFFF;
   GPIOA - >CRL| = 0X00000000;        //定义 PA.5 为模拟输入(出)口
   DAC - >CR| = 1≪16;                //使能 DAC2
   DAC - >CR| = 1≪17;                //DAC2 输出缓冲使能(BOFF2 = 0)
   DAC - >CR| = 0≪18;                //不使用定时器触发(TEN2 = 0)
   DAC - >CR| = 0≪19;                //DAC TIM6 TRG0 关闭
   DAC - >CR| = 0≪22;                //不使用波形发生
   DAC - >CR| = 0≪24;                //屏蔽幅值设置
   DAC - >CR| = 0≪28;                //DAC DMA 不使能
      }
/* * * * * * * * * * * * * * * * * * * * * * * * * * * * * * * * * * * * * * * *
* 函数名：delay_us,delay_ms
* 函数描述：延时函数,微秒,毫秒
* * * * * * * * * * * * * * * * * * * * * * * * * * * * * * * * * * * * * * * */
void delay_us(u16 time)
{
   u16 i = 0;
   while(time - - )
   {
      i = 4;
      while(i - - );
   }
}
void delay_ms(u16 time)
{
   u16 i = 0;
   while(time - - )
   {
      i = 10000;
      while(i - - );
   }
}
void  ADC1_Configuration(void)
```

```
{
    ADC_InitTypeDef ADC_InitStructure;
    GPIO_InitTypeDef GPIO_InitStructure;

    RCC_APB2PeriphClockCmd(RCC_APB2Periph_GPIOA |RCC_APB2Periph_ADC1    , ENABLE );
    //使能 ADC1 通道时钟
    RCC_ADCCLKConfig(RCC_PCLK2_Div6);
//设置 ADC 分频因子 6 72M/6 = 12,ADC 最大时间不能超过 14M
    //PA0 作为模拟通道输入引脚
    GPIO_InitStructure.GPIO_Pin = GPIO_Pin_0;
    GPIO_InitStructure.GPIO_Mode = GPIO_Mode_AIN;    //模拟输入引脚
    GPIO_Init(GPIOA, &GPIO_InitStructure);
    ADC_DeInit(ADC1);    //复位 ADC1
ADC_InitStructure.ADC_Mode = ADC_Mode_Independent;    //ADC 工作模式:ADC1 和 ADC2
                                                      //工作在独立模式
    ADC_InitStructure.ADC_ScanConvMode = DISABLE;    //模数转换工作在单通道模式
    ADC_InitStructure.ADC_ContinuousConvMode = DISABLE;
//模数转换工作在单次转换模式
    ADC_InitStructure.ADC_ExternalTrigConv = ADC_ExternalTrigConv_None;
//转换由软件而不是外部触发启动
    ADC_InitStructure.ADC_DataAlign = ADC_DataAlign_Right;    //ADC 数据右对齐
    ADC_InitStructure.ADC_NbrOfChannel = 1;//顺序进行规则转换的 ADC 通道的数目
    ADC_Init(ADC1, &ADC_InitStructure);
//根据 ADC_InitStruct 中指定的参数初始化外设 ADCx 的寄存器
    ADC_Cmd(ADC1, ENABLE);                          //使能指定的 ADC1
    ADC_ResetCalibration(ADC1);                     //使能复位校准
    while(ADC_GetResetCalibrationStatus(ADC1));     //等待复位校准结束
    ADC_StartCalibration(ADC1);                     //开启 AD 校准
    while(ADC_GetCalibrationStatus(ADC1));          //等待校准结束
}
void   ADC2_Configuration(void)
{
    ADC_InitTypeDef ADC_InitStructure;
    GPIO_InitTypeDef GPIO_InitStructure;
    RCC_APB2PeriphClockCmd(RCC_APB2Periph_GPIOA |RCC_APB2Periph_ADC2, ENABLE);
//使能 ADC1 通道时钟
    RCC_ADCCLKConfig(RCC_PCLK2_Div6);
//设置 ADC 分频因子 6 72M/6 = 12,ADC 最大时间不能超过 14M
//PA1 作为模拟通道输入引脚
    GPIO_InitStructure.GPIO_Pin = GPIO_Pin_1;
    GPIO_InitStructure.GPIO_Mode = GPIO_Mode_AIN;            //模拟输入引脚
    GPIO_Init(GPIOA, &GPIO_InitStructure);
```

```
        ADC_DeInit(ADC2);    //复位 ADC2
        ADC_InitStructure.ADC_Mode = ADC_Mode_Independent;
    //ADC 工作模式:ADC1 和 ADC2 工作在独立模式
        ADC_InitStructure.ADC_ScanConvMode = DISABLE;    //模数转换工作在单通道模式
        ADC_InitStructure.ADC_ContinuousConvMode = DISABLE;
    //模数转换工作在单次转换模式
        ADC_InitStructure.ADC_ExternalTrigConv = ADC_ExternalTrigConv_None;
    //转换由软件而不是外部触发启动
        ADC_InitStructure.ADC_DataAlign = ADC_DataAlign_Right;    //ADC 数据右对齐
        ADC_InitStructure.ADC_NbrOfChannel = 1;  //顺序进行规则转换的 ADC 通道的数目
        ADC_Init(ADC2, &ADC_InitStructure);
    //根据 ADC_InitStruct 中指定的参数初始化外设 ADCx 的寄存器
        ADC_Cmd(ADC2, ENABLE);                          //使能指定的 ADC1
        ADC_ResetCalibration(ADC2);                     //使能复位校准
        while(ADC_GetResetCalibrationStatus(ADC2));     //等待复位校准结束
        ADC_StartCalibration(ADC2);                     //开启 AD 校准
        while(ADC_GetCalibrationStatus(ADC2));          //等待校准结束
}
//获得 ADC 值
//ch:通道值 0~3
u16 Get_Adc1(void)
{
//设置指定 ADC 的规则组通道,一个序列,采样时间
ADC_RegularChannelConfig(ADC1, 0, 0, ADC_SampleTime_239Cycles5 );
                                        //ADC1,ADC 通道,采样时间为 239.5 周期
ADC_SoftwareStartConvCmd(ADC1, ENABLE);
//使能指定的 ADC1 的软件转换启动功能
while(! ADC_GetFlagStatus(ADC1, ADC_FLAG_EOC ));//等待转换结束
    return ADC_GetConversionValue(ADC1);        //返回最近一次 ADC1 规则组的转换结果
}
//获得 ADC 值
//ch:通道值 0~3
u16 Get_Adc2(void)
{
//设置指定 ADC 的规则组通道,一个序列,采样时间
ADC_RegularChannelConfig(ADC2, 1, 1, ADC_SampleTime_239Cycles5 );
                                        //ADC1,ADC 通道,采样时间为 239.5 周期

ADC_SoftwareStartConvCmd(ADC2,ENABLE);          //使能指定的 ADC1 的软件转换启动功能

    while(! ADC_GetFlagStatus(ADC2, ADC_FLAG_EOC ));//等待转换结束
    return ADC_GetConversionValue(ADC2);        //返回最近一次 ADC1 规则组的转换结果
```

```
}
u16 Get_Adc1_Average(u16 times)
{
    u32 temp_val = 0;
    u16 t;
    for(t = 0;t<times;t + + )
    {
        temp_val + = Get_Adc1();
        delay_us(100);
    }
  //ADCA = temp_val/times;
    return (u16)(temp_val/times);
}
u16 Get_Adc2_Average(u16 times)
{
    u32 temp_val = 0;
    u16 t;
    for(t = 0;t<times;t + + )
    {
        temp_val + = Get_Adc2();
        delay_us(100);
    }
    return (u16)(temp_val/times);
}
typedef struct
{
    float Kp;                              //比例常数
    float Ki;                              //积分常数
    float Kd;                              //微分常数
    float alpha;                           //不完全微分系数
    float deltadiffA;
    float deltadiffB;
    int16_t result;                        //PID 控制结果
    int16_t output;                        //输出结果
    uint16_t TargetA;                      //设定目标
    int16_t LastErrA;                      //Error[ - 1]
    int16_t PrevErrA;                      //Error[ - 2]
    uint16_t MaximumA;                     //输出值上限
    uint16_t MinimumA;                     //输出值下限
    int16_t ErrorabsmaxA;                  //误差调节的最大值
    int16_t ErrorabsminA;                  //误差调节的最小值
    int16_t DeadhandA;                     //误差调节的死区
```

```
    uint16_t TargetB;                    //设定目标
    int16_t LastErrB;                    //Error[-1]
    int16_t PrevErrB;                    //Error[-2]
    uint16_t MaximumB;                   //输出值上限
    uint16_t MinimumB;                   //输出值下限
    int16_t ErrorabsmaxB;                //误差调节的最大值
    int16_t ErrorabsminB;                //误差调节的最小值
    int16_t DeadhandB;                   //误差调节的死区
}INCPID_t;
INCPID_t ispdPID;
void ConIncPID_InitA(uint16_t SetValue)
{
    ispdPID.TargetA = SetValue;          //设定目标
    ispdPID.Kp = KP_INC;                 //比例常数
    ispdPID.Ki = KI_INC;                 //积分常数
    ispdPID.Kd = KD_INC;                 //微分常数
    ispdPID.MaximumA = SetValue * 1.1;   //输出值的上限
    ispdPID.MinimumA = SetValue * 0.9;   //输出值的下限
    ispdPID.LastErrA = 0;                //Error[-1]
    ispdPID.PrevErrA = 0;                //Error[-2]
    ispdPID.result = ispdPID.MinimumA;   //PID 控制器结果
    ispdPID.output = SetValue;           //控制值
    ispdPID.ErrorabsmaxA = (ispdPID.MaximumA - ispdPID.MinimumA) * 0.8;
//误差调节的最大值
    ispdPID.ErrorabsminA = (ispdPID.MaximumA - ispdPID.MinimumA) * 0.1;
//误差调节的最小值
    ispdPID.DeadhandA = (ispdPID.MaximumA - ispdPID.MaximumA) * 0.005;  //死区
    ispdPID.alpha = 0.2;                           //不完全微分系数
    ispdPID.deltadiffA = 0.0;
}
void ConIncPID_InitB(uint16_t SetValue)
{
    ispdPID.TargetB = SetValue;          //设定目标
    ispdPID.Kp = KP_INC;                 //比例常数
    ispdPID.Ki = KI_INC;                 //积分常数
    ispdPID.Kd = KD_INC;                 //微分常数
    ispdPID.MaximumB = SetValue * 1.1;   //输出值的上限
    ispdPID.MinimumB = SetValue * 0.9;   //输出值的下限
    ispdPID.LastErrB = 0;                //Error[-1]
    ispdPID.PrevErrB = 0;                //Error[-2]
    ispdPID.result = ispdPID.MinimumB;   //PID 控制器结果
    ispdPID.output = SetValue;           //控制值
```

```
        ispdPID.ErrorabsmaxB = (ispdPID.MaximumB - ispdPID.MinimumB) * 0.9;
    //误差调节的最大值
    ispdPID.ErrorabsminB = (ispdPID.MaximumB - ispdPID.MinimumB) * 0.1;
    //误差调节的最小值
        ispdPID.DeadhandB = (ispdPID.MaximumB - ispdPID.MinimumB) * 0.005;   //死区
        ispdPID.alpha = 0.2;                   //不完全微分系数
        ispdPID.deltadiffB = 0.0;
}
/* 变积分系数处理函数,实现一个输出 0 和 1 之间的分段线性函数 */
/* 当偏差的绝对值小于最小值时,输出为 1;当偏差的绝对值大于最大值时,输出 0 */
/* 当偏差的绝对值介于最大值和最小值之间时,输出在 0 和 1 之间现行变化 */
/* int16_t error,当前输入的偏差值 */
static float VariableIntegralCoefficient(int16_t error, int16_t absmax, int16_t ab-
smin)
{
    float factor = 0.0;
    if(abs(error) < = absmin)
    {
        factor = 1.0;
    }

    else if(abs(error) > absmax)
    {
        factor = 0.0;
    }
    else
    {
        factor = (absmax - abs(error))/(absmax - absmin);
    }
    return factor;
}
int16_t ConIncPID_CalcA(uint16_t Real)
{
    int16_t  ThisError = 0.0;
    //uint16_t  iIncpid = 0;
    int16_t factor;
    int16_t pError,dError,iError;
    int16_t result;
    int16_t increment = 0;
    ThisError = ispdPID.TargetA - Real;   //得到偏差
    result = ispdPID.MinimumA;
    if(abs(ThisError) > ispdPID.DeadhandA)
```

```
    {
        pError = ThisError - ispdPID. LastErrA;
        iError = (ThisError + ispdPID. LastErrA)/2.0;
        dError = ThisError - 2 * (ispdPID. LastErrA) + ispdPID. PrevErrA;
            //变积分系数获取
        factor = VariableIntegralCoefficient(ThisError, ispdPID. ErrorabsmaxA, ispdPID. Er-
    rorabsminA);
            //计算微分项增量带不完全微分
ispdPID. deltadiffA = ispdPID. Kd * (1 - ispdPID. alpha) * dError + ispdPID. alpha * ispd-
PID. deltadiffA;
increment = ispdPID. Kp * ThisError + ispdPID. Ki * factor * iError + ispdPID. deltadiffA;
//增量计算
    }
    else
    {
        if((abs(ispdPID. TargetA - ispdPID. MinimumA) < ispdPID. DeadhandA)&&(abs(Real
            - ispdPID. MinimumA)< ispdPID. DeadhandA))
        {
            result = ispdPID. MinimumA;
        }
        increment = 0.0;
    }
    result = ispdPID. MinimumA + increment;
    /* 对输出限值,避免超调和积分饱和问题 */
    if(result> = ispdPID. MaximumA)
    {
    result = ispdPID. MaximumA;
    }
    if(result< = ispdPID. MinimumA)
    {
    result = ispdPID. MinimumA;
    }
    ispdPID. PrevErrA = ispdPID. LastErrA; //存放偏差用于下次运算
    ispdPID. LastErrA = ThisError;
    ispdPID. result = result;
    return (increment);
}
int16_t ConIncPID_CalcB(uint16_t Real)
{
    int16_t  ThisError = 0.0;
    int16_t factor;
    int16_t pError,dError,iError;
```

电
子
技
术
随
笔
（第
2
版
）

288

```
    int16_t result;
    int16_t increment = 0;
    ThisError = ispdPID.TargetB - Real;  //得到偏差
    result = ispdPID.MinimumB;
    if(abs(ThisError) > ispdPID.DeadhandB)
    {
    pError = ThisError - ispdPID.LastErrB;
    iError = (ThisError + ispdPID.LastErrB)/2.0;
    dError = ThisError - 2 * (ispdPID.LastErrB) + ispdPID.PrevErrB;
        //变积分系数获取
factor = VariableIntegralCoefficient(ThisError,ispdPID.ErrorabsmaxB,ispdPID.Errorab-
sminB);
        //计算微分项增量带不完全微分
    ispdPID.deltadiffB = ispdPID.Kd * (1 - ispdPID.alpha) * dError + ispdPID.alpha *
    ispdPID.deltadiffB;
    increment = ispdPID.Kp * ThisError + ispdPID.Ki * factor * iError + ispdPID.delta-
    diffB;
//增量计算
    }
    else
    {
    if((abs(ispdPID.TargetB - ispdPID.MinimumB) < ispdPID.DeadhandB)&&(abs(Real -
    ispdPID.MinimumB)<ispdPID.DeadhandB))
        {
            result = ispdPID.MinimumB;
        }
        increment = 0.0;
    }
    result = ispdPID.MinimumB + increment;
    /* 对输出限值,避免超调和积分饱和问题 */
    if(result> = ispdPID.MaximumB)
    {
    result = ispdPID.MaximumB;
    }
    if(result< = ispdPID.MinimumB)
    {
    result = ispdPID.MinimumB;
    }
    ispdPID.PrevErrB = ispdPID.LastErrB;  //存放偏差用于下次运算
    ispdPID.LastErrB = ThisError;
    ispdPID.result = result;
//iIncpid = ispdPID.result;
```

```
    //ispdPID. output = ((iIncpidispdPID. Minimum)/(ispdPID. MaximumispdPID. Minimum))
    * 100.0;
//iIncpid = (uint16_t)((ispdPID. Kp * ThisError) - (ispdPID. Ki * ispdPID. LastErr) +
(ispdPID. Kd * ispdPID. PrevErr));
//     ispdPID. PrevErr = ispdPID. LastErr;
//     ispdPID. LastErr = ThisError;
    return (increment);
}
/ * * * * * * * * * * * * * * * * * * * * * * * * * * * * * * * * * *
 * 函数名: main
 * 函数描述:主函数
 * 输入参数:无
 * 输出结果:无
 * 返回值:无
 * * * * * * * * * * * * * * * * * * * * * * * * * * * * * * * * * */
int main(void)
{
    RCC_Configuration();
    Gpio_Configuration();
    Usart_Configuration();
    DAC1_Init();
    DAC2_Init();
    ADC1_Configuration();
    ADC2_Configuration();
    FLA = ( * ( __IO uint32_t * )(FLASH_ADR1)); //读以 FLASH_ADR 地址指针的一个字
    FLB = ( * ( __IO uint32_t * )(FLASH_ADR2)); //读以 FLASH_ADR 地址指针的一个字
    DACA = (u16)(2.6953 * FLA + 7206.5);
//比例电磁阀线性拟合,拟合公式调试时已修正。DACA 为所加电压(mV)
DACA = DACA * 3300/13200;           //DAC1 输出电压与比例电磁阀驱动电压换算:13.2V/3.3V
    DACA = DACA * 4096/3300;             //变换为输入的数字量
    DAC - >DHR12R1 = DACA;              //由 DAC1 产生比例电磁阀驱动电压
    DACA_SET = DACA;
    delay_ms(10);
    ADCA = (3.05 * FLA + 820)/2;
    ADCA = ADCA * 4096/3300;
    ADCA_SET = ADCA;
    ConIncPID_InitA(ADCA_SET);
    DACB = (u16)(2.6953 * FLB + 7206.5);
//比例电磁阀线性拟合,拟合公式,调试时已修正。DACB 为所加电压(mV)
    DACB = DACB * 3300/13200;
//DAC1 输出电压与比例电磁阀驱动电压换算:13.2V/3.3V
```

```
            DACB = DACB * 4096/3300;              //变换为输入的数字量
            DAC - >DHR12R2 = DACB;                //由 DAC1 产生比例电磁阀驱动电压
            DACB_SET = DACB;
            delay_ms(10);
        ADCB =(3.05 * FLB + 820)/2;//拟合公式调试时已修正
            ADCB = ADCB * 4096/3300;
            ADCB_SET = ADCB;
            ConIncPID_InitB(ADCB_SET);
            while(1)
            {
                ADCA = Get_Adc1_Average(1000);
                DACA = DACA + ConIncPID_CalcA(ADCA);
                if(DACA > 1.5 * DACA_SET || DACA < 0.5 * DACA_SET )
                {
                DACA = DACA_SET;
                }
                DAC - >DHR12R1 = DACA;
                ADCB = Get_Adc2_Average(1000);
                DACB = DACB + ConIncPID_CalcB(ADCB);
                if(DACB > 1.5 * DACB_SET || DACB < 0.5 * DACB_SET)
                {
                DACB = DACB_SET;
                }
                DAC - >DHR12R2 = DACB;
            }
        }
    void USART1_IRQHandler()
    {
        if(USART_GetITStatus(USART1, USART_IT_RXNE)! = RESET)
        {
            USART_ClearITPendingBit(USART1, USART_IT_RXNE);//清中断标志
            FLH = USART1 - >DR;
            FL_Temp = FLH<<8;
        delay_ms(2);                          //在接收到第一个字节以后,等第二个字节发送完毕
    //(1 个启动位 + 8 个位 + 1 个停止位 = 1/9600 * 9 = 104μs * 9 = 936μs)
            FLL = USART1 - >DR;
            FL_Temp = FL_Temp^FLL;                 //设定:A 气体值
            if(FL_Temp<0x8000)
        {
            FLA = FL_Temp;                         //更新 A 气体流量值
            FLASH_WRITEWORD(FLA,FLASH_ADR1);       //存屏蔽气流量至 FLASH 0X6000
    DACA =(u16)(2.6953 * FLA + 7206.5);            //比例电磁阀线性拟合。ADCA 为所加电压(mV)
```

```
                                    //拟合公式调试时已修正
DACA = DACA * 3300/13200;        //DAC1 输出电压与比例电磁阀驱动电压换算:13.2V/3.3V
     DACA = DACA * 4096/3300;         //变换为输入的数字量
     DAC ->DHR12R1 = DACA;            //由 DAC1 产生比例电磁阀驱动电压
     DACA_SET = DACA ;
ADCA = (3.05 * FLA + 820)/2;         //拟合公式调试时已修正
     ADCA = ADCA * 4096/3300;
     ADCA_SET = ADCA;
     ConIncPID_InitA(ADCA_SET);
     }
     else
     {
     FL_Temp = FL_Temp&0x0fff;
     FLB = FL_Temp;                   //清除标志位,取 B 气体流量值
     FLASH_WRITEWORD(FLB,FLASH_ADR2);   //存载气流量至 FLASH 0X6004
DACB = (u16)(2.6953 * FLB + 7206.5);      //比例电磁阀线性拟合。ADCB 为所加电压
                                          //(mV);拟合公式调试时已修正
DACB = DACB * 3300/13200;         //DAC1 输出电压与比例电磁阀驱动电压换算:13.2V/3.3V
     DACB = DACB * 4096/3300;          //变换为输入的数字量
     DAC ->DHR12R2 = DACB;            //由 DAC2 产生比例电磁阀驱动电压
     DACA_SET = DACB ;
               ADCB = (3.05 * FLB + 820)/2;
     ADCB = ADCB * 4096/3300;
     ADCB_SET = ADCB;
     ConIncPID_InitB(ADCB_SET);
       }
     }
}
```

　　作为 STM32F 系列芯片的应用,很多很有特色的性能还未涉及,如定时器/计数器的多种功能等。

第 **6** 章

仪表杂记

6.1 数字仪表的误差

6.1.1 从量化误差说起

自然界是模拟量的世界,和人们生活密切相关的重量、温度、长度、时间无一不是模拟量。就以电子技术而言,电压、电流、功率、频率、时间全是连续的模拟变量。所以早期电子技术处理的是模拟量和使用的是模拟电路。众所周知,由于数字技术无可比拟的优点,例如模拟技术拍马难追的精度,使其自然的成为电子技术的主流。将模拟量转换为数字量成为数字技术前端,是数字技术首先要解决的。以有限个离散值近似表示无限多个连续值,一定会产生误差,这种误差称为"量化误差"。这种误差已成为数字技术前端的瓶颈。也是数字仪表难以避免的误差,尽管有时采取了许多措施,力图减少这一误差,例如测频里的多周期同步测量、游标法测量,均将此误差限制在晶振误差的水平,虽大大减少了此误差,但并未彻底消除。

如果用 1 g 为单位的砝码,通过天平来称重,则测量结果的分辨率为 1 g。此时 1.0～1.9 g 的重量,称出的结果可能是 1～2 g。也就是说这时称重的量化误差为 1 g。显然分辨率越高,量化误差也越小。

时间测量可以更清楚地看出量化误差的情况。图 6.1(a) 为典型时间测量的电路。待测信号的频率为 f_X,待测的时间为 T_X。时标信号的频率为 f_s,周期为 T_s。经与门输出的信号频率为 f_n,后级计数器计数值为 N。

待测信号 f_X 与 f_s 时标信号在时间轴上是不相关的,即二者出现的时刻是随机的。图 6.1(b) 表示了它们之间的关系。由图可知

$$T_X = NT_s + \Delta t_1 - \Delta t_2$$

$$= \left[N - \frac{\Delta t_1 - \Delta t_2}{T_s} \right] T_s$$

$$= [N - \Delta N] T_s$$

$$\Delta N = \frac{\Delta t_1 - \Delta t_2}{T_s}$$

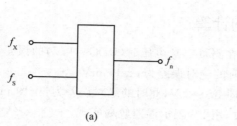

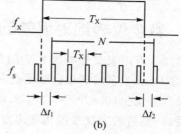

图 6.1 时间测量原理图

就图(b)而言，$N=6$。T_X 与 T_S 的随机性，使得：

(1) $\Delta t_1 = \Delta t_2$ 时，$\Delta n = 0$，$T_X = NT_S$；

(2) Δt_1 趋近于 T_S，Δt_2 趋近于 0 时，$\Delta N = +1$，$T_X = (N+1)T_S$；

(3) Δt_2 趋近于 T_S，Δt_1 趋近于 0 时，$\Delta N = -1$，$T_X = (N-1)T_S$；

由此可见，时间类模拟量在数字化的过程中，必然会产生 ±1 个字的"量化误差"。

ADC 本身完成的就是将模拟量数字化。图 6.2 表示了一款 12 位 $V_{REF} = 4.096$ V 的 ADC 输入电压与输出数字量间理想化的局部关系，图中 1 bit $= V_{REF}/2^n = 1$ mV。由图可知，输入电压在 3.5~4.5(mV/bit)区间，输出均为 100，可见亦存在 1 mV 的量化误差，且 ADC 位数越多，此误差越小。

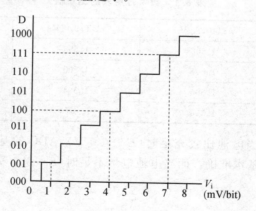

图 6.2 ADC 特性

考虑到 ADC 本身具有的误差，如积分非线性(INL)、微分非线性(DNL)、测量系统的其他误差等，其总误差可能达几个 LSB，也就是几个字。

6.1.2 数字仪表误差的定义

数字仪表的误差由两部分组成：第一部分为仪表的相对误差的百分比；第二部分为总的量化误差。相对误差以满量程(FS—Full Span)或者读数(RDG)值的百分比表示。其表示形式为：

293

$$\pm(XX.XX\%FS + X \text{ 字}) \text{ 或 } \pm(XX.XX\%RDG + X \text{ 字})$$

6.1.3　数字仪表绝对误差的计算

DT830A 万用表交流电压 2 V 挡在测量 1 V 电压时（RDG＝1 V）的误差规定为 $\pm(0.8\%RDG+3$ 字），不难计算出此时的绝对误差为：±11 mV。

如果误差为 $\pm(0.8\%FS+3$ 字），即 FS＝2 V，此时的绝对误差为：±19 mV。

从设计、制造数字仪表的角度出发，用 FS 表示误差较易实现。

6.2　数字万用表二个常见故障的分析

6.2.1　电压测量超差

数字万用表的一个常见故障是：测量出的直流或交流电压均比正常值明显偏高，例如 1.5 V 的电池测出的开路电压竟然大于 1.65 V。造成这一故障的原因究竟是什么呢？现以 UT39A 型 31/2 位数字万用表为例，分别列出在直流电压 2 V 挡测量某 1.5 V 电池时电池（6F22 型 9 V）电压值 E、6 1/2 位 34410A 型测得的电压值、UT39A 测得值以及该表内部 ADC 的基准电压 V_{REF} 值。

表 6.1　数字万用表的测量值

E/V	34401A/V	UT39A/V	V_{REF}/V
10.0	1.506	1.503	2.622
9.0	1.506	1.503	2.622
7.0	1.506	1.504	2.591
5.5	1.506	1..673	2.316

由表 6.1 可知：当电池比较充足时（$E>7.0$ V），ADC 的基准电压 V_{REF} 基本稳定，故万用表测量值基本准确。而当电池电量不足时（$E<6.0$ V）时，由于 ADC 所变换出的数字量 D_n

$$D_n = \frac{V_{\text{in}}}{V_{\text{ref}}} D_{n\text{max}}$$

式中，V_{in} 为输入电压、V_{REF} 为基准电压、$D_{n\text{max}}$ 为 ADC 能显示的最大数字量（1 999）。当 V_{in} 不变时，从上式可以看出 V_{ref} 的减小将导致测得的数据偏高。

好在一般的万用表在电池电压低于大约 7 V 时，会提示电池不足。如果没注意这个提示，上述故障就可能出现。

6.2.2　电流挡损坏

万用表电流测量挡无显示，是初学者常碰到的现象。常常认为此挡已坏，实际上不尽然。万用表交直流电流挡均在表内装有 2 A（DT830 220 μA～2 A 挡）的过流保险丝，用以防止电流挡误测电压。一旦误操作，烧坏保险丝，电流挡将不工作，此时只要更换保险丝即可恢复正常。

6.3　数字万用表交流测量的两个误区

6.3.1　数字万用表交流测量的基本原理

数字万用表的心脏是 ADC 芯片，然而 ADC 的基本功能只能用于测量直流电压。交流电压必须通过整流进行波形（时域）、频谱（频域）变换，将交流电压转换为直流电压来进行测量。经典二极管半波整流电路如图 6.3（a）所示。图（b）为工作波形图。在大信号的输入时，假定二极管的导通电压 $V_t = 0$，且二极管的正向特性为理想的线性，则鉴于 D 的单向导电特性，负载电阻 R 两端的电压为理想的半波脉动电压。其傅立叶展开式为

$$v(t) = V_m \left(\frac{1}{\pi} + \frac{1}{2}\sin\omega t - \frac{2}{3\pi}\cos2\omega t \right)$$

式中，V_m 为半波脉动电压的峰值，ω 为角频率。如图（a）加入滤波电容 C，滤除所有偶次谐波，则输出电压仅为直流分量，也就是说平均值为 $V_{avg} = 2V_m/\pi$。换算成输入电压的有效值：

$$V_{oavg} = 0.450 V_{irms}$$

即对于正弦交流信号而言，半波整流输出的直流电压与输入交流电压的有效值成正比。因此，通过后级的 ADC 就可以间接测出输入交流电压的有效值。

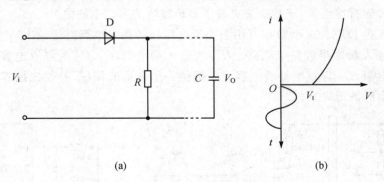

(a)　　　　　　　　　　　(b)

图 6.3　最基本的半波整流电路

然而从图（b）的工作波形可以清楚地看出这种简单半波整流电路存在两个问题：一是整流二极管存在开启电压 V_t，使小于 V_t 的信号根本无法测量；二是即使大信号，二极管伏安特性的非线性，也会破坏输出/输入间的线性关系。为克服这两个缺陷，必须利用运算放大器构成的负反馈电路加以克服，从而形成了"精密整流电

路"。精密整流有半波、全波、单运放、双运放、正输出、负输出等多种拓扑。图 6.4 是其中最经典的精密半波整流电路。

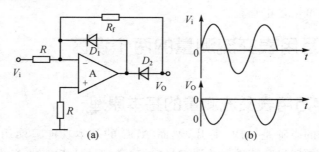

图 6.4　精密半波整流电路

在输入电压的负半周，运放输出为正，D_2 管截止，D_1 管导通，运放输出为 0，电路输出电压亦为 0。在输入电压的正半周，运放输出为负，D_1 管截止，D_2 管导通，此时运放、R、R_f 组成反相输入的负反馈电路。负半周输出电压为：

$$v_{oarg} = -\frac{R_f}{R} \times 0.450 V_{irms}$$

适当调整 R_f 与 R 的比例，使 $R_f/R = 1/0.45 = 2.22$，则 $V_{oarg} = -V_{irms}$。只要将 D_1、D_2 反接，即可获得正输出。

若运放为 TLO62，其大信号差分增益为 6 V/mV，若二极管的导通电压为 0.7 V，则运放输出 0.7 V 时的反相输入电压仅需 0.116 mV 即可使 D_2 导通。一旦 D_2 导通，V_{oavg} 就会随着 V_{irms} 按上述关系变化，这样就克服了简单整流的第一个缺陷。而一旦 D_2 导通，电压负反馈的作用使增益仅仅由无源电阻器 R、R_f 决定，与电路内部二极管的传输特性无关，于是这又克服了简单整流的第二个缺陷。

图 6.5 为 DT830A 型数字万用表交流电压挡的测量电路。运放 IC_{3b} 整流管 D_7 构成同相输入精密半波整流电路。R_{30} 为输入端电阻，C_2、C_5 为隔直电容，R_{21}、R_{22} 为负反馈电阻，C_3 为频率补偿电容，D_5 提供一个合适的偏压，补偿二极管对小信号整流时产生的波形失真。

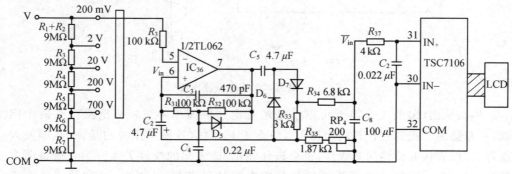

图 6.5　DT830 万用表交流测量电路

D_6 为保护二极管。R_{37}、C_7 为滤波，R_{33}、R_{35}、RP$_4$ 组成分压衰减器。电路后接 4 1/2 位 ADC TSC7106。该电路的增益为：

$$A_f = 1 + \frac{R_5 + R_6}{R_{10}} = 3 > 2.22$$

通过 RP4 可以校准交流档的灵敏度。

6.3.2　误区之一——未考虑被测信号的波形

ADC 的测量结果只适用于无失真的正弦信号。如果测量的是失真的正弦波或其他周期性的非正弦信号，如：三角波、交流方波、闸流管输出波等，其整流后的波形系数就不是 0.45 了，测量出的有效值将产生相当大的误差。

对于这些波形，使用具有真有效值（True RMS）测量功能的便携式万用表，如 UT71A 型 4 位半万用表，或者使用如 34410 型的台式万用表。要注意：如果内部采用了 RMS - DC 转换芯片的万用表，也只能在失真较小的波形测量时，保证一定的精度。

对于非正弦周期性信号的准确测量还得采用采样技术，才能根本解决。

6.3.3　误区之二——未考虑被测信号的频率

一般的数字万用表都规定了交流正弦信号的测量频率范围和在此范围内的测量精度。如 DT830 表在（40～400 Hz）范围内的测量精度为 ±（0.8％RDG＋3 字），即在 2 V 挡，测量 1 V 电压的误差小于 ±11 mV。

图 6.6 为 DT830 表测量 1 V 信号时的频率特性曲线。由图可见，在频率小于 1 kHz 时的误差还相当小，在 10 kHz 时的测量值为 0.9 V，其误差已达 10％不可容忍的地步。此频率特性在 20 V 挡，甚至有极大的过冲。

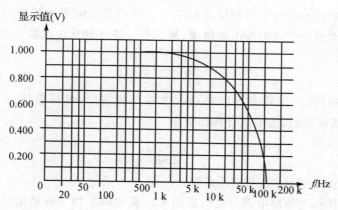

图 6.6　DT830 表 2 V 挡的频率特性

由此可见,使用万用表测量交流电压时,必须注意该表的频率范围。测量高频信号必须使用高频仪表。

6.4　数字万用表能测电感吗?

进行电子制作时不可避免的需要了解电感器的参数,如高频电路、开关电源等,其参数对电路设计至关重要。电感器参数的测量,首选自然是 LCR 数字电桥,如 YD2810B 型数字电桥,其电感量测量范围为:$0.01\mu H \sim 9\,999\ H$,Q 测量范围为: $0.01 \sim 999.9$。基本精度为 $\pm 1\%$。工作频率高的小电感,多用 Q 表。当手上一时没有这些仪表时,使用具有电容测量功能的数字万用表来测电感也不失为一种应急的办法。

早期低挡数字万用表,如 DT830 之类,是没有电容测量功能的。现在不少表,如已具有电容挡,但有的只有一个挡位,例如 UT73A 为 $2\ \mu F$。也有一些具有多个挡位,如 DT890、UT72A 等,最大量程为 $20\ \mu F$。少数数字万用表具有电感量测量的功能,如: MS8201 型 3 1/2 位万用表,电感量测量挡为 $2\ mH/20\ mH/200\ mH/2\ H/20\ H$,精度为:$\pm 3\%$。

DT890 等数字万用表的电容测量采用的是阻抗测量法。其内部由 400 Hz 文氏电桥振荡器、有源 400 Hz 带通滤波器、AC‐DC 转换器及 ADC 组成测量电路。如果利用其最大电容挡（如 $20\ \mu F$）来测量电感量,此时测量出的阻抗 $Z = 2\pi f L_X = 1/2\pi f C$,式中 C 为此时电容挡测出的等效电容值,那么

$$L_X = \frac{1}{4\pi^2 f^2 C} = \frac{0.0253}{f^2 C}$$

上式对损耗电阻很小的纯电感测量误差不大。对损耗电阻不可忽略的电感器,则应该再利用万用表测出它的直流电阻值 R,然后代入下式计算电感量 L_S:

$$L_S = \sqrt{L_X^2 - \left(\frac{R}{2\pi f}\right)^2}$$

提高测量精度,工作频率可以利用示波器直接测出,也可以接一只 50 Ω 左右 （$20\ \mu F$ 挡）的精确电阻,按下式计算出频率

$$f = \frac{1}{2\pi RC}$$

测出的是频率在 400 Hz 左右的正弦波。

表 6.2 为几种电感器电感量的测量结果。表中第 1 列为标准电感量,第 2 列为测频时测得的电容量,L_X 为测算出的电感量,R 为电感器的直流电阻值,L_S 为修正后的电感量。

表 6.2 几种电感器电感量的测量结果

电感量/mH *	$C/\mu F$ * *	L_X/mH	R/Ω	L_S/mH	相对误差/%
9.97	16.48	10.22	9.5	9.41	−0.56
12.27	14.10	12.16	0.023	12.16	−0.89
20.91	7.48	22.29	29	18.79	−10.13

* TH2811D 数字电桥测量值，频率：1 kHz，连接方式：串联；

* * DT890B 表 20 μF 档，频率：385 Hz。

从以上讨论可以得出以下结论：

（1）若 $f = 400$ Hz，则 20 μF 档，只能测量 7.9 mH 以上的电感，有的表如 UT39A，只有 2 μF 档，就只能测 79 mH 以上的电感器了，而在实际工程上，很多电感器的电感量比 7.9 mH 小得多，只好望洋兴叹了；

（2）不是所有能测电容的万用表都是阻抗法测电感，如 UT72A 表采用的是积分法，上述计算是不适用的；

（3）电感器直流电阻较小时，对测量结果影响甚微。大到 10 Ω 以上，其影响不能忽略，应该修正；

（4）测量误差的一个原因在于测试信号并非理想的正弦波；

（5）以上这几种方法都只能测出电感量而测不出电感器的另一个要参数，即品质因数 Q，这得靠数字电桥等仪器了。

6.5 二极管挡功能扩展

6.5.1 测量原理

DT890 等万用表二极管挡测量的等效电路如图 6.7 所示。图中 V_r 为万用表为该档提供的基准电源，$V_r = 2.8$ V。实际上该电路还串有一只保护二极管，因此加到被测元件的电压<2.8 V。2 kΩ 为限流电阻。V/Ω 和 COM（公共端）的电压被表内 2 V 量程的数字电压表测量并显示。若被测元件为普通硅二极管，则测出的正向压降约 0.7 V。若被测的是肖特基二极管，则正向压降为 0.1~0.2 V。二极管反接被测电压>2 V，故电表显示超量程。当然利用

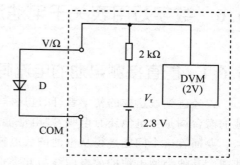

图 6.7 二极管档测量的等效电路

此挡可判断二极管的好坏。整流桥由 4 只二极管连接而成，也可以用此挡测量。

6.5.2　功能扩展

1. 双极性晶体管好坏判据

双极性晶体管不管是 MPN 或 PNP 型的，也可以用测量其发射结、集电结压降的办法判断其好坏。

2. LED 发光管和 LED 数码管的测量

高亮 LED 发光二极管的正向导通电压在 2 V 以下，当"V/Ω"接发光管＋端，"COM"接发光管－端，万用表将显示此时的正向压降，同时发光管发亮。反接则超量程，发光管也不亮。值得注意的是超高亮的发光二极管的正向导通电压超过 2.5 V，此挡提供的电压不足以点亮 LED，也就测不出结果。

笔段型 LED 数码管由若干个 LED 组成，完全可以仿照上述方法测量，只是要注意区分数码管的阳极、阴极。

3. 笔段型 LCD 液晶显示器好坏判据

将万用表接笔段型 LCD 液晶显示器的公共端与其他笔段之间，该笔段将显示。这可不代表笔段型 LCD 液晶显示器可以用直流电压驱动，它只能由占空比为 50％ 的交流方波驱动，否则长寿不保。

4. 锗、硅晶体管判别

早期晶体管刚出现时，锗双极性晶体管还是主流，以后就被温度特性更优越的硅晶体管所取代，现在已很少见到锗晶体管了。在两者并存的那段时期，利用万用表二极管挡测量其结压降，可以轻松判别是那种晶体管：结压降＝0.2～0.3 V 者为锗晶体管；结压降＝0.6～0.7 V 者为硅晶体管。

现在利用万用表还能区分普通二极管和肖特基二极管。

6.6　数字万用表关于电池测量的 2 个小问题

6.6.1　能直接测电池的电流吗？

曾经碰到过这样的初学者，问过这样的问题："能直接测量电池的电流吗？"其实他的潜台词是："电池还有电吗？""电池能输出多大电流？"

要回答这个问题还得从电池的放电特性说起。图 6.8 为某型锂电池的典型放电曲线。其他类型电池的放电曲线与此类似。从图中可以看到新电池的电压很高，即所谓的"电动势"E，通常可达 4.2 V。若以 0.2 CD 电流放电（C 为电池的容量，若 $C＝500$ mAh，0.2 C 相当于 100 mA），初始电池电压下降很快，但在相当长的使用期内,其电压基本稳定,此电压即为电池的"标称电压值"V,电池一般以此值标志,锂电池的V,常见的为 3.6 V 或 3.7 V。但电池电能即将耗尽时,电池电压急剧下降,5 小时后,电压已下降至 2.72 V。通常以 2.7 V 作为电池电能耗尽的标志。

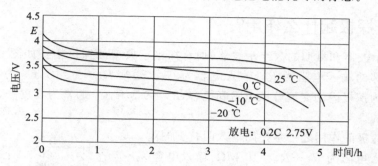

图 6.8　锂电池典型放电曲线

电池正常工作时的等效电路如图 6.9 所示。图中 E 为电动势,r 为电池的内阻(通常为毫欧级),R_L 为负载电阻,此时

$$I = \frac{E}{r + R_E}$$

$$V = E\,\frac{R_L}{r + R_L}$$

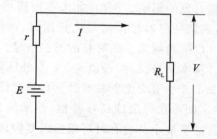

图 6.9　电池供电电路

通过负载的电流由电动势、内阻和负载电阻决定。电池的电流是多少,没有实际意义。如果硬要用万用表的电流挡量测电池的电流,由于万用表电流挡的内阻很小(DT830 表 2 A 挡约 0.1 Ω),使得电流会超过电流挡保险丝的额定值而烧断它。这也是不慎用万用表电流挡测电压的后果。

6.6.2　能用万用表测电池的内阻吗?

先用万用表测电池的电动势,可以直接用万用表的直流电压挡测得。由于万用表电压挡内阻一般为 10 MΩ≫r,故 $V \approx E$。

电池内阻的公式为

$$r = R_L\,\frac{E - V}{V}$$

6.7　数字示波器

6.7.1　探极起什么作用？

　　模拟示波器和早期的数字示波器，加有探极。典型的探极拓扑如图 6.10 所示。示波器内部的输入电阻为 R_2，输入电容为 C_2。通常 $R_2=1$ MΩ，C_1 为几十皮法。R_1 和 C_1 为探极内的交流分压电阻和电容，$R_1=9$ MΩ，C_1 通常为几皮法，探极的 C_1 是可微调的。

　　探极的作用之一是提高输入阻抗：加探极后的输入电阻为 $R_1+R_2=10$ MΩ，输入电容为 $C_1C_2/(C_1+C_2)<C_1$。高输入阻抗减弱了对被测对象的影响。例如，如果不用探极（或用 1∶1），测量处理器晶振信号比较困难，而使用探极则可以准确测出上兆赫兹的晶振信号。

　　从本质来说，探极就是"交流分压器"（请参阅 2.1.3 小节交流衰减器部分），只要使 $R_1C_1=R_2C_2$ 即可获得最佳高频补偿，使示波器的附加失真减至最小。故有时可根据需要微调 C_1。

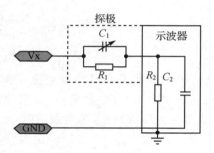

图 6.10　探极拓扑

6.7.2　"单次触发"有什么用？

1. 捕捉单次电信号

　　示波器最常见的用途是测量重复性的周期性信号。但是电路里有时会需要了解、测量某些单次瞬时电信号，如按键动作时的电信号、器件上电时的一些信号，这些信号如果用平常的连续扫描方式，它们将在屏幕上一闪而过，既看不清楚，也很难了解这种信号的细节，但"单次触发"就可以很好地完成。

　　图 6.11(a) 为一个机械按键电路，利用单次触发可以得到图 6.11(b) 所示结果。具体做法是：安装 Tektronix 的"OpenChice Desktop"PC 通信软件。在示波器背面与 PC 之间连接 USB 线。运行 OpenChice Desktop 程序。将出现图 6.11(b)界面，单击"画面撷取"按钮，单击"选择仪器"按钮，出现几种仪器型号界面，选择"USB:……: INSTR"项，单击"识别"，将在界面下部出现"TDS‑1002C‑SC"（仪器型号）。至此 PC 与示波器的通信工作准备完毕。根据被测信号的具体情况，选择"垂直标度"、"水平标度"、"触发方式"、"触发电平"等参数。单击示波器"单次"按钮，示波器显示"ready"，表示已做好触发准备。发出单次电信号，示波器将显示捕捉到的波形。单击"取得画面"，即可在 PC 上显示。

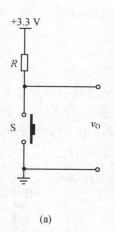

(a)

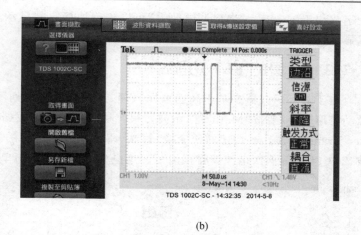

(b)

图 6.11 单次触发

2. 做简单"逻辑分析仪"的使用

利用"单次触发",捕捉连续脉冲序列,可以做简单的逻辑分析仪使用。图 6.12 为 MCU 串口通信时,由 TXD 发出的数据串,其发出的是波特率为 9 600 的单字节数据 0xA5(1O1O0101B,165D)的波形。从波形可以清楚地看出:串口每次仅发送一个字节的数据,其中包括 1 位启动位(START),然后从 D0、D1⋯直到 D7。最后还有 1 位为 1 的停止位。每发送 1 位需时约 104 μs(即波特率=9 600)。每完整的发送一

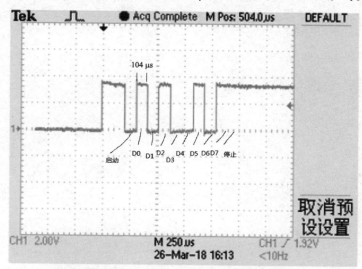

图 6.12 "单次触发"所捕捉到的串口波形

个字节约 1 040 μs。"串口调试助手"可以正确地接收并显示所接收到的数据,却难以显示这些细节。这一点在进行硬件调试时十分有用。

6.7.3 可贵的 FFT 功能

由于数字示波器是基于高速采样原理之上的,故当得到图 6.13(a)所示的半波脉动波形时,只要按"Math"键,示波器很容易根据采集的数据,通过 FFT(Fast Fourier Transformation 快速傅氏变换)算法,得出图 6.13(b)的频谱图。如图所示,基波、2 次、4 次等偶次谐波看得很清楚。这也算得上是一个简单的频谱仪。

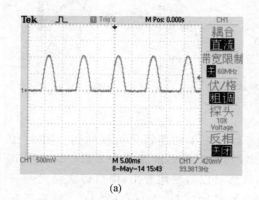
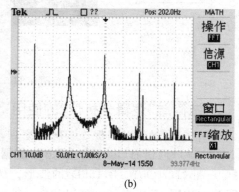

(a)   (b)

图 6.13 FFT 功能

参考文献

[1] 陆坤,奚大顺. 电子设计技术[M]. 成都:电子科技大学出版社,1997.

[2] 余小平,奚大顺. 电子系统设计——基础篇[M]. 2 版. 北京:北京航空航天大学出版社,2012.

[3] 黄虎,奚大顺. 电子系统设计——专题篇[M]. 北京:北京航空航天大学出版社,2010.

[4] 黄争. 德州仪器高性能单片机和模拟器件在高校中的应用和选型指南. 德州仪器半导体技术(上海)有限公司大学计划部,2012.

[5] 沙占友,沙占为等. 新型数字万用表原理与维修[M]. 北京:电子工业出版社,1994.

[6] 康华光. 电子技术基础——模拟部分[M]. 5 版. 北京:高等教育出版社,2006.